普通高等教育"十三五"规划教材

# 环境科学与工程类专业课程实验综合指导教程

### 蒲生彦　王　朋　主编

中国环境出版集团·北京

图书在版编目（CIP）数据

环境科学与工程类专业课程实验综合指导教程/蒲生彦，王朋
主编．—北京：中国环境出版集团，2021.12
普通高等教育"十三五"规划教材
ISBN 978-7-5111-4776-9

Ⅰ．①环…　Ⅱ．①蒲…　②王…　Ⅲ．①环境科学—实验—
高等学校—教学参考资料 ②环境工程—实验—高等学校—教学
参考资料　Ⅳ．①X-33

中国版本图书馆 CIP 数据核字（2021）第 124393 号

出 版 人　武德凯
责任编辑　曹　玮
责任校对　任　丽
封面设计　彭　杉

出版发行　**中国环境出版集团**
　　　　　（100062　北京市东城区广渠门内大街 16 号）
　　　　　网　　　址：http://www.cesp.com.cn
　　　　　电子邮箱：bjgl@cesp.com.cn
　　　　　联系电话：010-67112765（编辑管理部）
　　　　　发行热线：010-67125803，010-67113405（传真）
印　　刷　北京市联华印刷厂
经　　销　各地新华书店
版　　次　2021 年 12 月第 1 版
印　　次　2021 年 12 月第 1 次印刷
开　　本　787×1092　1/16
印　　张　22
字　　数　477 千字
定　　价　88.00 元

# 本书编写组

主　编　蒲生彦　王　朋

编　委　（以姓氏汉语拼音为序）

　　　　陈圣宾　李博文　刘世宾　史　瑞

　　　　唐　博　吴　灿　徐婷婷

# 前　言

生态环境关乎国家和民族的永续发展，是我国经济社会面临的长期性、全局性重大问题。随着环境污染和生态恶化等问题日益加剧，生态环境问题也越来越被人们重视，高等院校环境科学与工程类专业便是为解决人类面临的日益严峻的生态环境问题而发展起来的。在新工科教育背景下，环境生态视野、管理知识和技能会深入各个行业和领域的发展中，社会急需大量具备更高创新创业能力和跨界整合能力的"新工科"生态环境类专业人才。在高等院校实验教学与改革中，坚持基本技能训练与创新能力培养并重的理念，努力提高学生的动手能力和创新性思维能力，是培养创新人才的重要途径。环境科学与工程类专业课程实验教学是把理论知识转化为实际能力的重要环节，也是巩固理论教学、强化动手能力、培养创新意识和创新能力的重要环节。

本书以课程群的方式将环境科学与工程类专业课程实验有机结合起来，注重实验内容的系统性、先进性和实用性，以环境要素"水、大气、固体废物、土壤、生态、物理性污染"等为编写主线，实验安排覆盖了水污染控制工程、大气污染控制工程、固体废物处理处置与资源化、环境土壤学、环境水文地质学、环境生态学、物理性污染控制和环境影响评价等专业核心课程，提高了专业课程实验的综合性和系统性，避免实验内容的碎片化。

本书将环境科学与工程专业各核心课程知识点整合凝练，将碎片化的知识进行重构，综合考虑知识的难点和重点，对原有的实验内容进行筛选与整合，每个部分又包括若干紧密结合理论课程的实验内容，既有基本的验证性实验，也有综合的设计性实验，对学生进行系统的实验理论、方法、技能的培养。针对传统课程实验安排中土壤环境、地下水环境部分的缺失和不足，设置了专门章节，补充和凸显了地学相关知识模块。此外，为打通不同课程之间的共性和个性障碍，解决实验基础知识不足的问题，本书增加了实验设计与数据分析基础、实验室安全与风险防范、实验室质量控制等内容，可兼顾不同层次、多种模式的实验教学。

本书吸收借鉴了成都理工大学环境科学与工程学科群多年来的教学科研成果，是众多环境学科教育工作者和实验室教师长期实践经验和智慧的结晶，也是大批国内外同行研究成果的融合。全书由蒲生彦、王朋统稿。第一～四章由蒲生彦、王朋编写，第五章由唐博、蒲生彦编写，第六章由徐婷婷编写，第七章、第十二章由史瑞编写，第八章、第十一章由吴灿、刘世宾编写，第九章由李博文、蒲生彦编写，第十章由陈圣宾编写，附录由王朋编写。

本书编写过程中查阅参考了大量国内外同行的文献资料，在此向有关人士致以诚挚的谢意。书后列出部分参考书目供学生课外选读，参考文献未能一一列出，特作声明。

本书的出版得到了四川省环境科学与生态学一流学科建设专项和成都理工大学教材出版基金的经费支持。

限于编者水平有限，加之时间仓促，书中错误疏漏在所难免，敬请读者批评指正。

编　者

2021 年 7 月

# 目　录

## 上　篇　基础篇

# 下 篇 实验篇

# 上 篇
## 基础篇

# 第一章　绪　论

## 第一节　课程实验教学的目的和要求

实验教学对促进学生在运用科学知识、培养探究能力、形成科学精神和科学价值观等方面具有明显的优势。通过课程实验，学生可以更深入地理解、掌握理论课程所讲授的基本概念、现象、规律及原理，掌握相关实验方法、仪器设备的使用方法，并具备一定解决实验技术问题的能力。通过编写实验报告，学生可以巩固所学理论知识，提升研究报告和科技论文的写作能力。

环境科学与工程类专业是集自然科学、技术科学、社会科学于一体的综合性学科专业，具有较强的理论性、技术性和实践性，它的教学活动需要足够的实验环节。因为实验教学是培养学生动手能力、独立思考能力和科研素养的重要途径，是理论与实践的有机结合点，也是理论教学工作的重要组成部分。实验教学体系一般包括课程、教学计划、教学大纲（教学内容）、教材、教学方法与手段、考核与评价等内容。实验教学体系是否科学完善，将决定学生培养的质量。虽然实验教学体系涉及多方面的内容，但教学内容是核心，教材的选取是关键，二者是其他内容的落脚点。实验教学内容不合理，会导致预期的教学目标无法实现。

通过课程实验的综合训练，学生应达到以下要求：

1. 通过实验获得感性认识，深入理解和应用水污染控制工程、大气污染控制工程、固体废物处理处置与资源化、环境土壤学、环境水文地质学、环境生态学、物理性污染控制等理论课程中的概念和理论，并能灵活运用所学理论知识指导实验过程。

2. 规范地掌握环境科学与工程类专业课程实验（以下简称课程实验）的基本操作与基本技能，包括水污染控制工程、大气污染控制工程、固体废物处理处置与资源化、环境土壤学、环境水文地质学、环境生态学、物理性污染控制等专业课程的基本实验技能。

3. 具有仔细观察、进而分析判断实验现象的能力，能准确记录实验现象与结果；处理实验结果时具有逻辑性并能够得出正确的结论；在分析实验结果的基础上，能正确运用科学语言进行表达，能够独立撰写实验报告；具有解决实际环境科学问题的实验思维能力和动手能力。

4. 根据实验需要，通过查阅资料，能独立正确地设计较基础的实验（包括实验方法、实验条件、仪器和试剂、环境现象和过程分析等），能够独立撰写实验方案，具有一定的创新意识与创新能力。

5. 具有实事求是的科学精神、勤俭节约的优良作风、认真细致的工作态度、相互协作的团队意识、勇于开拓的创新理念等。

6. 课前进行预习，掌握实验目的与原理，熟悉实验内容与步骤，写出预习报告。

实验教学是培养学生实践能力和创新精神的重要手段，适当减少验证性实验，增加以综合性、设计性和研究探索性为基础的开放性实验对实验教学改革非常重要。本教程中课程实验教学体系彻底打破了二级学科之间的限制，实验内容力求反映本专业相关研究新成果和发展趋势，即由原来单纯的环境污染治理转变到环境工程、环境科学、生物学、环境分析技术以及环境材料学等多学科的交叉融合。实验更加注重培养学生的思考能力、探索能力和实际操作能力，同时综合性实验课程更加重视反映环境工程技术、社会发展现状与企事业单位需求的相互联系。

## 第二节　课程实验体系和教学组织模式

环境科学与工程类专业在我国的兴起和发展仅有 30 多年的时间，它是为满足人类社会发展对解决环境问题需求而形成的一个集自然科学、技术科学与社会科学于一体的交叉学科。该专业旨在培养学生具有可持续发展理念，具备水、大气、噪声、固体废物等污染防治和给排水工程、环境规划和资源保护、能源环境保护等方面的知识，具有进行污染控制工程的设计及运营管理能力、制定环境规划和进行环境管理的能力以及对环境领域的新理论、新工艺和新设备的研究和开发能力。

环境科学的研究对象是一个很复杂的综合体系，即人类-地球环境系统，包含地球科学、化学、生物学及生态学等各种现象和过程。本课程是在普通化学、地学基础及环境生态学、环境化学、环境生物学、环境微生物学等基本原理的指导下，进行环境科学实验方法与技术的技能训练，通过观察实验现象认识环境化学、生物、生态过程，并通过实验数据的分析、验证，初步掌握环境科学的研究方法与技术。

环境工程主要研究运用工程技术和有关学科的原理和方法，保护和合理利用自然资源，防治环境污染，以改善环境质量。该学科主要内容包括大气污染防治、水污染控制、固体废物的处理与处置以及物理性污染控制等。同时还关注环境污染综合防治的方法和措施，以及利用系统工程方法从区域整体上寻求解决环境问题的最佳方案。环境工程内容丰富、概念抽象、原理复杂、理论性强。环境工程基础实验教学是该专业获取新知识的源泉，是知识与能力、理论与实践相结合的关键，是训练技能、培养创新意识的重要手段，是高等院校培养学生的一个重要环节，更是专业教学的重要组成部分，在高等教学体系中占有十分重要的地位。

传统课程实验教学以验证性实验为主，其模式是教师进行前期实验条件控制，学生根据实验方法和步骤完成实验，从而对已有定理或规律加以验证。教师强调实验操作细节并明确实验现象和实际规律，学生按部就班进行实验操作并得出已知规律性的实验结果。这种教学模式下教师全程参与实验过程，增加了学生对书本的依赖性，不利于培养学生独立思考和勤于动手的实践能力，也不符合目前高等教育对创新型、实践型人才培养的要求。加强对实践教学的规律性认识和理论研究，探索实验教学中的可变因素并强化优势作用，是环境科学与工程专业实验课程教学改革任务的重中之重。

本课程实验教学安排需要学生自己设计实验方案，拟定实验步骤，提出可能出现的关键问题和解决方法。教师的角色由原来的全面包办员变为导师，即从资料查询阅读、有用信息整理、实验方案制定、实验操作可行性、实验内容与实验步骤的相关性和衔接性等方面给予指导。学生通过分组，自主完成物理性污染控制、水污染控制、大气污染控制、固体废物处理与处置、环境土壤学、环境水文地质学和环境生态学课程的主要实验，将理论与实验相结合，验证并加深对水处理、大气处理等技术的基本原理的理解，提高组织实验、分工协作的能力，初步掌握环境科学与工程类专业仪器设备使用方法和实验数据处理能力。

本实验教程体系主要分为以下两大类：

（1）专业基础实验。专业基础实验的主要目标是巩固学生的基础理论知识、实验技能、数据处理方法、常规实验仪器与装置的使用等，使学生理论与实际相结合，培养学生的基本实验能力。教师根据环境学科的发展和新理论、新技术的涌现，紧密结合科研成果、重大工程实践以及实验教学改革成果，研究开发适合学生的教学实验项目，自行设计与学科发展水平相一致的实验教学装置，使学生在实验操作能力提高的同时，掌握学科发展动态，建立工程实践和学以致用的思维方式。

（2）专业创新实验。专业创新实验的主要目标是让学生解决污染控制的实际问题，综合运用所学知识，通过实验过程培养分析问题、解决问题的能力。教师根据学科前沿和发展动态，与科研成果和重大工程实践紧密结合的同时，更注重实验项目的实际应用意义。定期组织人员进行实验技术、实验教学思想与教学方法的讨论研究，鼓励从培养学生的实践能力出发，研发设计实验，使其提升为综合性实验，并将其列入培养计划和教学大纲，有依据地规范操作、标准运行，成为专业创新实验教学层次水平提升的重要步骤。

实验教学中，教师要做到如下几点：1）全程指导并规范学生实验操作，培养良好的实验室工作习惯（如必戴护目镜、危险废物独立存储、离开实验室前安全检查、良好的观察与记录习惯等）；2）加强实验室安全意识教育，使学生了解试剂性质并正确使用，切实保障学生人身安全与实验室安全；3）培养学生团结合作和互相帮助的意识，在同一小组、不同实验部分实现实验数据共处理和结果共享等。整个教学实践过程中，教师不仅是导师，还应该是过程考核员，并对实验效果不理想的学生适时进行辅导和鼓励。

## 第三节　课程实验的选题原则和基本要求

### 一、选题原则

课程实验选题需以教学大纲、学科发展的现状与前沿领域、现有的实验条件以及学生掌握的基本操作技能和理论知识为基础，选题设置应既有一定的创新性，又兼有设计性和可操作性。为克服以往环境工程实验课程内容设置模式固定化、实验项目常规化、实验内容单一化的弊端，需要设置灵活可变和多维度的实验项目。

实验选题灵活多变，能够让学生在限定的课题里充分发挥自己的才智。学生所给出的实验方案各不相同，结果只有好坏之意，无对错之分。例如，在碳化材料制备与表征、污染物去除评价方法与机理、批处理实验与柱吸附实验设置的评级体系、数学模型的合理应用等方面的实验内容，需要学生具体情况具体分析。灵活多变的选题，可提供学生充分发挥自我才智的空间，提升学生收集资料并合理设计实验方案的实训技能。

环境科学与工程类专业传统实验课程内容的设置主要集中在水、大气、噪声、固体废物等模块，如水污染控制工程实验中的混凝、过滤、曝气充氧、离子交换与软化除盐实验，大气污染控制工程实验的除尘、脱硫、脱硝实验，以及固体废物的填埋、堆肥实验等。而上述实验内容的设置经典但单一，不能满足当前环境工程技术解决实际环境问题的需求。因此，应培养学生具备扎实的环境工程理论知识、专业技术和工程设计能力，特别是（高浓度）有机废水的生物化学处理、工业废气处理与资源化利用、可持续发展的垃圾填埋处置及环境污染修复的生态工程等方面的理论和技术；同时，培养学生热爱科学的情感和为科学献身的精神，激发科学研究的兴趣，提高科研创新能力。

### 二、基本要求

在扩展实验选题和提升实验内容灵活度的基础上，如何增强实验课题的科学探索性和科研实训度，仍是亟待解决的关键问题之一。综合实验课内容与研究方法具有一定的探索性与前沿性，实验结果与研究结论具有多重影响性和不确定性，需要学生在实验过程中自行观察、记录，并分析得出具有重要发现性的研究成果，以提高科研实训技能。为此，确定选题后，学生需要自行设计实验研究内容和采取的实验方法。课题设计内容及细节随课题具体研究方向的不同而不同。例如，在催化降解实验中设计空白对照、黑暗对照以及实验重复的设置以证明催化效能和降解效率；在现代环境分析技术实验中新建立的测定方法，需要着重考虑方法的选择性、灵敏度、重复性、干扰等问题；污染物吸附去除实验需要重点注意溶液过柱流通性估计等；在环境功能材料的制备和表征中，让学生了解自然光荧光等光学显微、扫描透射等电子显微以及 X-射线衍射（XRD）、X-射线光电能谱（XPS）等微观表征方法的原理及其用途。

在数据处理和提升方面，应充分利用方差分析、回归分析、正交设计、模糊聚类以及多元曲线分辨-交替最小二乘法等数学方法解决数据代表性问题，推导实验结论，通过充分比较实验数据处理前的杂乱无章性与处理后信息规律的完整性，可以丰富实验教学的内容，增加对实验数据信息挖掘的深度，提高学生探索科学问题的积极性。

此外，实验过程中教师要发挥指导性作用。例如，在有机污染物降解产物高效液相色谱分析过程中，学生测不出色谱峰，教师可为学生提供相关文献，并指出可能存在的问题（检测器波长、浓度、柱类型等）；学生在做吸附等温线时，用直线回归模拟，由于实验误差会得出截距为负值的结论，与实际方程常数不符，因此，教师可向学生介绍数据分析软件模拟方法，该方法不仅能解决如何获得正确参数问题，而且还能给出非线性模拟趋势线。

## 第四节　课程实验成绩的评定与教学评价

教学评价是依据教学目标对教学过程及结果进行价值判断并为教学决策服务的活动，是对教学活动现实的或潜在的价值做出判断的过程。一般课程实验考评由实验报告来反映，不能真实显示学生的实际水平。本教程改变传统的通过实验报告、出勤和操作等对学生进行考核的方式，实行多层次评价管理制度，提高实验教学效果。综合性实验成绩可由平时综合素质成绩、兴趣和积极性成绩以及实验报告成绩组成。其中，平时综合素质成绩由创新能力、团队精神、解决实际问题的能力、演说能力、学生的自主评价、规范性实验操作等方面组成；兴趣和积极性成绩包括实验前期资料准备积极性、实验操作积极性、互动积极性、应用所学分析和解决问题的积极性；实验报告成绩包括实验内容设计、实验方案的把握程度、幻灯片制作及表达能力等。实验考核的能力包括查阅文献能力、设计实验能力、实验仪器使用能力、实验步骤的操作能力、实验结果的数据及图片分析处理能力以及实验报告的书写能力。除个人成绩评分以外，实验小组成绩不可或缺。每个小组应撰写与实验内容相关的论文或总结报告 1 篇，并制作幻灯片，由教师根据论文或总结报告的科学性、创新性、实用性等评分标准给出相应成绩。

实验考核的目的是客观、准确地评价学生，促进学生以更主动、更积极的学习态度，通过各层次的实验教学过程，提高应用能力和创新能力。最终的成绩评价体系由实验方案的设计、实验操作过程、实验结果和实验报告四部分组成。其中，实验方案的设计分值占比为 30%，考查学生是否能通过查找、阅读文献，提出完成实验目的要求的完整实验方案；实验操作过程分值占比为 25%，主要考查学生对实验仪器使用的规范性，实验操作步骤的规范性、熟练程度，动手积极性以及实验过程中遇到问题利用文献解决的能力；实验结果分值占比为20%，主要考查每组实验结果的正确性及可靠性，对实验结果的分析及讨论，对实验数据采集、整理、分析、归纳及图表绘制能力；实验报告分值占比为25%，其中报告结构占15%，格式占10%。实验报告的书写结构及格式按照发表论文的要求去书写，包括引言、实验材料和方法、实验结果和讨论、参考文献等几个方面。实验报告中是否恰当地引用文献分析获得的实验结果，是考查学生是否掌握该实验的重要指标。

由于实验过程的重要性、实验形式的多样性，须采用多种考核方法来考核学生的实验过程和实验质量。专业基础实验和专业创新实验的考核方法主要有：

（1）实验过程的平时实验成绩；

（2）实验报告的审阅评审成绩；

（3）对实验的讨论与答辩成绩；

（4）各种比赛、论文撰写及发表的成绩。

实验教学质量控制与考核由四个方面组成：

（1）学校教学督导对实验教学随机抽查；

（2）学院对实验教学的质量检查；

（3）学生对实验教学质量的评价和意见反馈；

（4）实验教学中心定期抽查学生的实验报告，检查与控制学生的实验质量。

# 第二章　实验设计与数据分析基础

实验设计与数据分析处理是数理统计学中的一个重要分支，是以概率论、数理统计及线性代数为理论基础，结合一定的专业知识和实践经验，研究如何经济、合理地安排实验方案以及系统、科学地分析处理实验结果的一项科学技术，从而解决了长期以来在实验领域中，传统的实验方法对于多因素实验往往只能被动地处理实验数据，而对实验方案的设计及实验过程的控制显得无能为力这一问题。环境数据分析是环境科学与工程及相近专业的本科生必须掌握的数据处理方法，通过这部分课程的训练，使学生掌握环境数据分析的基本原理，重点掌握环境数据的收集与整理、环境统计检验方法、环境数据回归分析、环境数据聚类分析、环境数据判别分析、环境数据的主成分分析、环境数据因子分析等统计推断技术及多变量统计分析方法。

## 第一节　实验设计

实验设计是指一种有计划的研究，包括一系列预设的对过程要素进行改变及其效果观测，对这些结果进行统计分析以便确定过程变异之间的关系，从而改变该过程。广义的实验设计指科学研究中的一般程序，它包括从问题的提出、假说的形成、变量的选择等一直到结果的分析、论文的写作一系列内容。它给研究者展示如何进行科学研究的概貌，试图解决研究的全过程。狭义的实验设计特指实施实验处理的一个计划方案以及与计划方案有关的统计分析。狭义的实验设计着重解决的是从如何建立统计假说到做出结论这一过程。

### 一、实验设计类型

根据是否设置控制组（对照组）划分的两种基本设计类型如下：

（1）单组设计。在选择被试编组时不设置控制组，其基本模式是前测—处理—后测，通过前后两次测量的差异检验实验处理的效果。统计结果一般采用 $t$ 检验法。单独使用这种类型的实验设计已不多见。因为在前测与后测中间有许多因素，如前测对后测的影响、测量工具的变形、情境的改变等，与实验处理的效果相混淆，从而降低实验的内在效果。

（2）对比设计。这是实验最常见的设计之一。它把被试分为两组，一组为实验组，施以实验处理（也称处理）；另一组为控制组，不加实验处理。为使两组被试尽量同质，便于比较，一般采用随机分派法分组，通过测量两组的差异检验实验处理的效果。

根据分组与处理方式不同划分的两种基本设计类型如下：

（1）完全随机化设计，又称被试间设计或独立组设计。它起源于抽样理论，即依据概率统计的原则，把被试随机分派到各组，接受各组应进行的处理。由于是随机分派，所以在理论上各组接受处理前各方面是一致的。如果在同样条件下对两个或两个以上组施以相同处理，则各组效果的平均数在统计上应没有显著差异；如果对两个或两个以上组分别施以不同的处理，所得效果平均数的差异可被断定是处理的不同而造成的。这种设计的实验结果一般采用独立样本的 $t$ 检验或方差分析。

（2）随机区组设计，又称被试内设计。它先把被试按某些特质分到不同区组，使各区组内的被试更接近同质，而区组间的被试更加不同。然后将各区组内的被试随机分派接受不同的处理，或按不同顺序接受所有的处理。这样，对于每一个区组来说，一般是接受所有的处理。这一点与完全随机化设计不同。完全随机化设计中被试只分别接受各组所应该接受的处理。与完全随机化设计相比，随机区组设计能把由个别差异造成的变异估计出来。划分区组的依据与要考察的反应变量密切相关，即当同一区组的被试在第 1 个实验处理中得分高于其他区组时，在第 2 个处理中的得分也同样高。因此，随机区组设计的统计方法一般用相关样本的 $t$ 检验或方差分析。另外，如果随机区组设计中的每一区组都进行所有的处理，便称为完全区组设计；如果每区组所进行的处理数小于总的处理数，则称为不完全区组设计。后者虽然每一区组不进行所有的处理，但每一处理所在的区组数须相同。大部分心理学家在实验中的处理数都不太多，基本上是用完全区组设计。若处理数很多（如农业实验中常遇到这种情况），由于实验的总实施次数很大，限于人力、财力及时间，则须采用不完全区组设计。

## 二、实验设计与数据处理应遵循的原则

（1）重复原则：重复实验是减少随机误差的基本手段。

（2）随机化原则：随机化原则可有效排除非实验因素的干扰，从而正确、无偏地估计实验误差，并保证实验数据的独立性和随机性。

（3）局部控制原则：局部控制是指在实验时采取一定的技术措施和方法减少非实验因素对实验结果的影响。

用图形表示如图 2-1 所示。

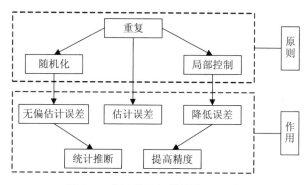

图 2-1 实验设计与数据处理原则

### 三、实验设计与数据处理的作用

（1）有助于研究者掌握实验因素对实验考察指标影响的规律性，即各因素的水平改变时，效应指标的变化情况。

（2）有助于分清实验因素对实验考察指标影响的大小顺序，找出主要因素。

（3）有助于反映实验因素之间的相互影响情况，即因素间是否存在交互作用。

（4）有助于正确估计和有效控制实验误差，提高实验的精度。

（5）能较为迅速地选出最佳工艺条件（或称最优方案），并能预估或控制一定条件下的实验指标值及其波动范围。

（6）通过实验因素对实验考察指标影响规律的分析，可以深入揭示事物内在规律，明确进一步实验研究的方向。

实验设计能够科学合理地安排实验，从而减少实验次数、缩短实验周期，提高经济效益；从众多的影响因素中找出影响输出的主要因素；分析影响因素之间交互作用影响的大小；分析实验误差的影响大小，提高实验精度；找出较优的参数组合，并通过对实验结果的分析、比较，找出达到最优方案的进一步实验的方向；对最优方案的输出值进行预测。

### 四、实验设计方法

#### 1. 单因素实验设计

单因素实验设计是指在实验中只有一个研究因素，即研究者只分析一个因素对效应指标的作用，但单因素实验设计并不是意味着该实验中只有一个因素与效应指标有关联。单因素实验设计的主要目标之一就是如何控制混杂因素对研究结果的影响。它的自变量只有一个，其他能影响结果的因素均作为无关变量而加以控制。这种设计简明易行，当情况比较复杂时，最好使用多因素实验设计。

单因素设计或成组设计是科研中最常用的一种研究设计方法，它是将同质的受试对象随机地分配到各处理组进行实验观察，或从不同总体中随机抽样进行对比研究。该设计适用面广，不受组数的限制，且各组的样本含量可以相等，也可以不相等，但在总体样本量不变的情况下，各组样本量相同时的设计效率最高。

例如，为了研究煤矿粉尘作业环境对尘肺的影响，将 18 只大鼠随机分成甲、乙、丙 3 组，每组 6 只，分别放置在地面办公楼、煤炭仓库和矿井下染尘，12 周后测量大鼠全肺湿重（g），通过评价不同环境下大鼠全肺平均湿重推断煤矿粉尘对尘肺的影响，具体的随机分组可以如下实施：

第一步：将 18 只大鼠编号：1，2，3，…，18；

第二步：用计算机软件一次产生 18 个随机数，每个随意数对应一只大鼠（本例用 SPSS11.0 软件采用均匀分布最大值为 18 时产生的 18 个随机数）；

第三步：最小的 6 个随机数对应编号的大鼠为甲组，排序后的第 7～12 个随机数对应编号的大鼠为乙组，最大的 6 个随机数对应编号的大鼠为丙组，结果见表 2-1。

表 2-1　单因素实验设计分配结果

| 编号 | 1 | 2 | 3 | 4 | 5 | 6 | 7 | 8 | 9 |
|---|---|---|---|---|---|---|---|---|---|
| 随机数 | 3.75 | 8.75 | 16.29 | 11.12 | 5.49 | 3.98 | 13.64 | 16.71 | 1.69 |
| 组别 | 甲 | 乙 | 丙 | 乙 | 乙 | 甲 | 丙 | 丙 | 甲 |
| 编号 | 10 | 11 | 12 | 13 | 14 | 15 | 16 | 17 | 18 |
| 随机数 | 13.62 | 16.36 | 2.12 | 4.74 | 11.54 | 3.98 | 0.13 | 17.35 | 16.38 |
| 组别 | 乙 | 丙 | 甲 | 乙 | 乙 | 甲 | 甲 | 丙 | 丙 |

单因素实验设计方法简单、灵活易用，处理组数和各组样本量都不受限制，统计分析方法也相对简单。如果在实验过程中，某实验对象发生意外，信息损失将少于其他设计。

**2. 双因素实验设计**

双因素实验设计也称多因素实验设计，是自变量为两个或两个以上的实验设计。常用的有完全随机化多因素设计、随机区组多因素设计和拉丁方多因素设计等。

完全随机化多因素设计根据自变量及每个自变量的变化水平（处理）的多少进行随机分组。在 2×2 因素设计中，有两个自变量因素 $A$、$B$，每个因素又有两种水平，共有 4 种可能的处理，即 $A1B1$、$A1B2$、$A2B1$、$A2B2$。这就必须随机地把被试分为 4 组，每组接受一种处理。通过独立样本的 2×2 因素方差分析，可以分析出因素 $A$ 或 $B$ 的单独作用及 $A$ 与 $B$ 的交互作用。

随机区组多因素设计则需在 2×2 因素设计中选一组被试，让每一个被试都接受 4 种处理，在次序上哪个被试先接受哪种处理用随机法决定，这样，每一个被试的 4 种处理结果就是一个区组。该设计所采用的统计方法用相关样本的方差分析。

拉丁方多因素设计能以较少的实验次数达到实验目的。例如，$A$、$B$、$C$ 3 种因素各有 3 个水平，需做 $3^3=27$ 次实验。若采用拉丁方多因素设计就不必做那么多次。在这种设计中，安排 A、B 两个因素，共 9 次实验。同时还要考虑 C，要使它的每一水平与其他两个因素的不同水平各组合 1 次，总实验次数仍为 9 次。由于此设计常用拉丁字母，故称这种排列方式为拉丁方，其统计方法是拉丁方变异数分析。这种设计除了可减少总实验次数外，还有一个最大的优点，即能平衡实验顺序的影响。但利用它时必须符合一定的条件，即假设各因素之间没有交互作用，且因素的个数必须与实验处理水平数相同。

### 3. 正交实验设计

正交实验设计（orthogonal experimental design）是研究多因素多水平的又一种设计方法，它是根据正交性从全面实验中挑选出部分有代表性的点进行实验，这些有代表性的点具备了"均匀分散，齐整可比"的特点，正交实验设计是分析因式设计的主要方法。正交实验设计减少了实验次数，且实验点均匀分散，整齐可比，是一种高效、快速、经济的实验设计方法。

正交实验设计利用正交表既可对实验进行合理安排，挑选少数具有代表性的组合处理实验——以少代多；又可对实施的少数组合处理结果进行科学的分析，做出正确的结论——以少求全。设 A 是 $n×k$ 的矩阵，它的第 $j$ 列元素由 1，2，…，$j$ 构成（也可用别的符号），如果矩阵 A 的任意两列元素都搭配均匀，就称 A 是一个正交表。

正交表的性质：每一列中，不同的数字出现的次数是相等的。例如，在两水平正交表中，任何一列都有数码"1"与"2"，且任何一列中它们出现的次数是相等的；在三水平正交表中，任何一列都有"1""2""3"，且在任一列的出现次数均相等。

任意两列中数字的排列方式齐全而且均衡。例如，在两水平正交表中，任何两列（同一横行内）有序对总共有 4 种：（1，1）、（1，2）、（2，1）、（2，2）。每种对数出现次数相等。在三水平正交表中，任何两列（同一横行内）有序对共有 9 种：（1，1）、（1，2）、（1，3）、（2，1）、（2，2）、（2，3）、（3，1）、（3，2）、（3，3），且每对出现次数也均相等。

以上两点充分体现了正交表的两大优越性，即"均匀分散，整齐可比"。通俗地说，每个因素的每个水平与另一个因素各水平各碰一次，这就是正交性。

### 五、实验设计评价标准

评价一个实验设计可以有许多标准，但主要是看其能否充分发挥以下功能：

（1）恰当地解决研究者所要解决的问题，即实验设计必须与研究问题匹配；

（2）有较好的"内在效度"，即能够有效地控制无关变量，使反应变量的变化完全由自变量决定；

（3）实验结果应具有一定的科学性、普遍性，能够推论到其他被试或其他情境，即有较高的"外在效度"。把数学上的优化理论、技术应用于实验设计中，采用科学的方法来安排实验，处理实验结果，以最少的人力和物力消费，在最短的时间内取得更多、更好的科研成果。

# 第二节 实验数据记录和处理

## 一、实验数据的记录

科学实验要得到准确的结果，不仅要求正确地选用实验方法和实验仪器测定各种量的数值，而且要求正确地记录实验数据和运算。实验所获得的数据，不仅表示某个量的大小，还应反映测量这个量的准确程度。一般地，任何一种仪器标尺读数的最低一位，应该用内插法估计到两刻度线之间间距的1/10。因此，实验中各种量应采用几位数字，运算结果应保留几位数字都是很严格的，不能随意书写和增减。实验数据的正确与否，直接关系到实验的最终结果以及它们是否合理。

在不表示测量准确度的情况下，表示某一测量值所需要的最小位数的数目称为有效数字。换句话说，有效数字就是实验中实际能够测出的数字，其中包括若干个准确的数字和一个（只能是最后一个）不准确的数字。

有效数字的位数取决于测量仪器的精确程度。例如，用最小刻度为 1 mL 的量筒测量溶液的体积为 10.5 mL，其中 10 是准确的，0.5 是估计的，有效数字是 3 位。如果用精度为 0.1 mL 的滴定管来量度同一液体，读数可能是 10.52 mL，其有效数字为 4 位，小数点后第二位 0.02 才是估计值。

有效数字的位数反映测量的误差，若某铜片在分析天平上称量得 0.500 0 g，表示该铜片的实际质量在（0.500 0±0.000 1）g 范围内，测量的相对误差为 0.02%；若记为 0.500 g，则表示该铜片的实际质量在（0.500±0.001）g 范围内，测量的相对误差为 0.2%。准确度比前者低了一个数量级。"0"在数字中可以是有效数字，也可以不是。当"0"在数字中间或有小数的数字之后时都是有效数字，如果"0"在数字的前面，则只起定位作用，不是有效数字。但像 5 000 这样的数字，有效数字位数不好确定，应根据实际测定的精确程度来表示，可写成 $5\times10^3$、$5.0\times10^3$、$5.00\times10^3$ 等。

对于 pH、lg$K$ 等有效数字位数仅由小数点后的位数确定，如 pH=3.48，有效数字是 2 位而不是 3 位。

## 二、实验数据的处理

实验数据的处理方法主要有列表法和作图法。

### 1. 列表法

列表法是表达实验数据最常用的方法之一。将各种实验数据列入一种设计得体、形式紧凑的表格内，可起到化繁为简的作用，有利于对获得的实验结果进行相互比较，有利于分析和阐明某些实验结果的规律性。

设计数据表总的原则是简单明了。作表时要注意以下几个问题：

（1）正确地确定自变量和因变量。一般先列自变量，再列因变量，将数据一一对应地列出。不要将毫不相干的数据列在一张表内。

（2）表格应有序号和简明完备的名称，使人一目了然。如实在无法表达时，也可在表名下用不同字体作简要说明，或在表格下方用附注加以说明。

（3）习惯上表格的横排称为"行"，竖行称为"列"，即"横行竖列"，自上而下为第1、2、…行，自左向右为第 1、2、…列。变量可根据其内涵安排在列首（表格顶端）或行首（表格左侧），称为表头，表头应包括变量名称及量的单位。凡有国际通用代号或为大多数读者熟知的，应尽量采用代号，以使表头简洁醒目，但切勿将量的名称和单位的代号相混淆。

（4）表中同一列数据的小数点对齐，数据按自变量递增或递减的次序排列，以便显示出变化规律。如果表列值是特大或特小的数时，可用科学记数法表示。若各数据的数量级相同时，简便起见，可将 10 的指数写在表头中量的名称旁边或单位旁边。

### 2. 作图法

作图法可以醒目地表达物理量间的变化关系。从图线上可以简便求出实验需要的某些结果（如直线的斜率和截距值等），读出没有进行观测的对应点（内插法），或在一定条件下从图线的延伸部分读到测量范围以外的对应点（外推法）。此外，还可以把某些复杂的函数关系，通过一定的变换用直线图表示出来。例如，半导体热敏电阻的电阻与温度关系为取对数后得到，若用半对数坐标纸，以 $\lg R$ 为纵轴，以 $1/T$ 为横轴画图，则为一条直线。

作图是将实验原始数据通过正确的作图方法画出合适的曲线（或直线），从而形象直观而且准确地表现出实验数据的特点、相互关系和变化规律，如极大、极小和转折点等，并能够进一步求解，获得斜率、截距、外推值、内插值等。因此，作图法是一种十分有用的实验数据处理方法。

## 第三节   误差的基本概念

### 一、误差的概念

误差是一个量的观测值或计算值与其真实值之差，特指统计误差，即一个量在测量、计算或观察过程中由于某些错误或通常由于某些不可控制的因素的影响而造成的变化偏离标准值或规定值的数量。

### 二、误差的分类

根据误差产生的原因及性质，可将误差分为系统误差和偶然误差两类。

### 1. 系统误差

系统误差又称可测误差，它是由分析操作过程中的某些经常发生的因素造成的。

其主要来源有以下几个方面：

①仪器误差：是由使用的仪器本身不够精密所造成的。

②方法误差：是由分析方法本身造成的。

③试剂误差：是由所用试剂含有杂质或使用的试剂不纯造成的。

④操作误差：是由操作人员掌握分析操作的条件不成熟、个人观察器官不敏锐和固有的习惯造成的。

### 2. 偶然误差

偶然误差是指在相同条件下，对同一物理量进行多次测量，由于各种偶然因素，会出现测量值时而偏大、时而偏小的误差现象。

产生偶然误差的原因很多，例如，读数时，视线的位置不正确，测量点的位置不准确，实验仪器环境温度、湿度、电源电压不稳定等。这些因素的影响一般是微小的，而且难以确定某个因素产生的影响的具体大小，因此偶然误差难以找出原因加以排除。

但是实验表明，大量次数的测量所得到的一系列数据的偶然误差都服从一定的统计规律，包括：

（1）绝对值相等的正负误差出现机会相同；

（2）绝对值小的误差比绝对值大的误差出现的机会多；

（3）误差不会超出一定的范围。

实验结果还表明，在确定的测量条件下，对同一物理量进行多次测量，并且用它的算术平均值作为该物理量的测量结果，能够较好地减少偶然误差。

### 三、误差的表示

#### 1. 绝对误差

设某物理量的测量值为 $x$，它的真实值为 $a$，则 $x-a=\varepsilon$；由此式所表示的误差 $\varepsilon$ 和测量值 $x$ 具有相同的单位，它反映测量值偏离真实值的大小，所以称为绝对误差[①]（即测量值与真实值之差的绝对值）。绝对误差可定义为：

$$\Delta=|X-L|$$

式中： $\Delta$ ——绝对误差；

　　　 $X$ ——测量值；

　　　 $L$ ——真实值。

---

注：① 绝对误差有正负性，正性表示测量值大于真实值，负性表示测量值小于真实值。

### 2. 相对误差

误差还有一种表示方法，叫作相对误差，它是绝对误差与测量值或多次测量的平均值的比值。通常将其结果表示成非分数的形式，所以也叫百分误差。

绝对误差可以表示一个测量结果的可靠程度，而相对误差则可以比较不同测量结果的可靠性。

## 第四节　实验数据方差分析

方差分析，又称变量分析，用来检验两个或两个以上样本的平均值差异的显著程度，并由此判断样本究竟是否取自具有同一均值的总体。其实质是关于观察值变异原因的数量分析，是科学研究的重要工具。

方差分析的基本思路是，一方面确定因素的不同水平下均值之间的方差，把它作为对由所有实验数据组成的总体的方差的第一个估计值；另一方面再考虑在同一水平下不同实验数据对于这一水平的均值的方差，由此计算出对由所有实验数据组成的总体的方差的第二个估计值。比较上述两个估计值，如果这两个估计值比较接近，说明因素的不同水平下的均值间的差异并不大，就接受零假设；否则，说明因素的不同水平下的均值间的差异比较大。

方差分析的作用在于：①它能将引起变异的多种因素的各自作用一一剖析出来，做出量的估计，进而辨明哪些因素起主要作用，哪些因素起次要作用；②它能充分利用资料提供的信息将实验中由于偶然因素造成的随机误差无偏地估计出来，从而大大提高对实验结果分析的精确性，为统计假设的可靠性提供科学的理论依据。

## 第五节　常用数据分析软件操作

随着计算机的日益普及，越来越多的检验工作者希望能从一些烦琐的工作中（如绘制标准曲线、绘制质控图、计算检测值等）解脱出来。在掌握环境数据分析基本理论的基础上，能够运用先进的统计软件（如 Excel、Sigmaplot、Origin、SPSS 等）进行有关环境数据的分析处理，是从事环境科学与工程研究定量分析的基础。

### 一、使用 Excel 绘制溶液标准曲线

Excel 是微软办公套装软件的重要组成部分，它可以进行各种数据的处理、统计分析和辅助决策操作，被广泛地应用于管理、统计、数据分析等众多领域。Excel 是介于 Word 文字处理软件与 Access 数据库软件之间的电子表格工具，功能十分强大，特别适合实验数据的简单处理。具体操作步骤如下：

（1）将数据整理好输入 Excel，选取完成的数据区，并点击图表向导。

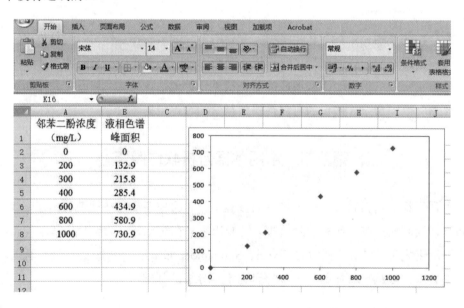

（2）运行图表向导后，在图表类型中选"XY 散点图"，并选取图表类型的"散点图"（第一个没有连线的）。

（3）完成散点图后，需要根据数据进行回归分析，计算回归方程，绘制出标准曲线。先点击图上的标准值点，然后按右键，点击"添加趋势线"。

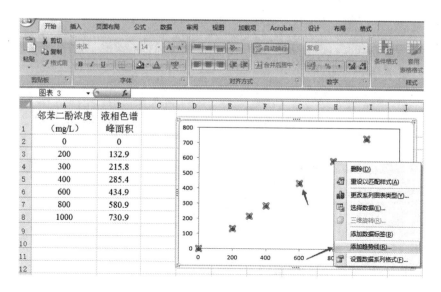

（4）由于本例是线性关系，在趋势线选项中选择"线性"。

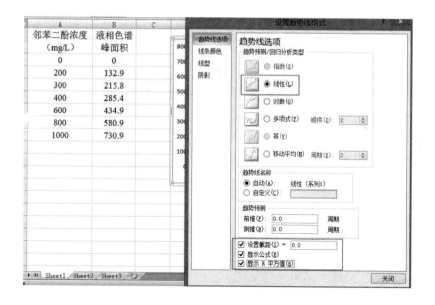

（5）点击"确定"，标准曲线就回归并画好了。标准曲线画好后，怎样获得回归后的方程呢？点击已完成的标准曲线，然后按右键，在"显示公式"和"显示 $R$ 平方值"前点一下，勾上，点击"确定"，公式和相关系数就都出来了。如下图中所示，$R^2$ 为 0.999 5，表明这条标线的线性相当好。

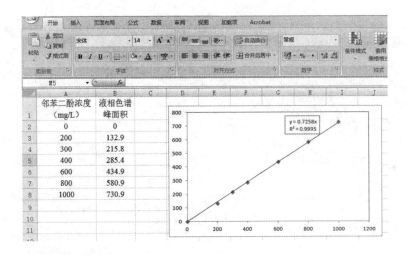

## 二、使用 Sigmaplot 拟合吸附动力学数据

以抗生素在土壤中的吸附动力学为例。

（1）将时间和吸附浓度列入 Sigmaplot 的"Data"表中。

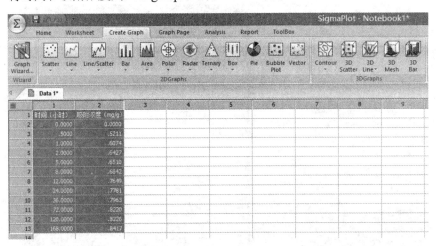

（2）选中这两列数据，点击工具栏中的"Scatter"，选择"Simple Scatter-Plot a single set of XY pairs"，在对话框中选中"XY Pair"，点击"完成"即可。

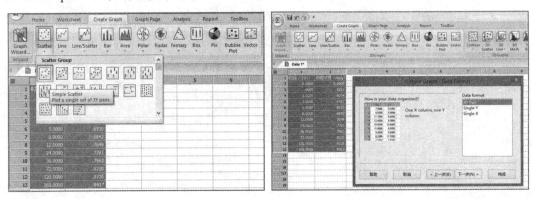

（3）在"Graph Page"中生成如下图所示的散点图，本例中横坐标为时间（h），纵坐标为吸附浓度（mg/g）。

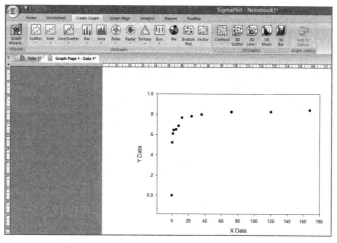

（4）单击数据点，点击右键弹出对话框，选中"Dynamic Curve Fit"，出现如下图右边图中所示的对话框，选择需要的模型方程进行拟合。

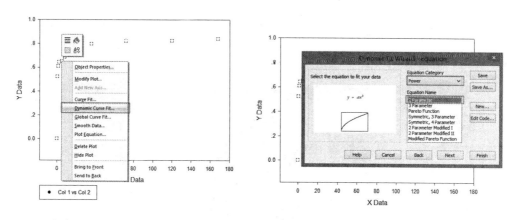

（5）点击"Finish"后，在"Graph Page"中生成拟合曲线（下图左），拟合结果在"Report"表中显示，见下图右所示。

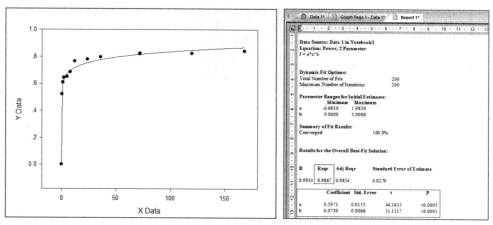

### 三、使用 Origin 绘制误差限图形

以某污染物随着时间的浓度变化数据（三组平行）为例：

（1）将数据输入 Origin 软件的"book"中，编辑好每组数据对应的名称和单位。

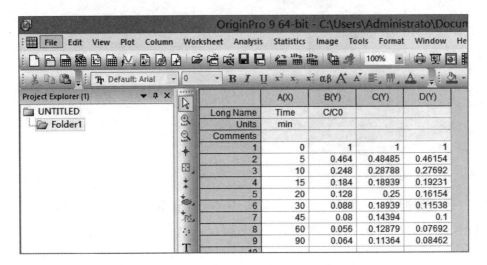

（2）将三组平行数据所在列选中，右键选择"Statistics on Rows"—"Open Dialog"，对数据进行统计处理。

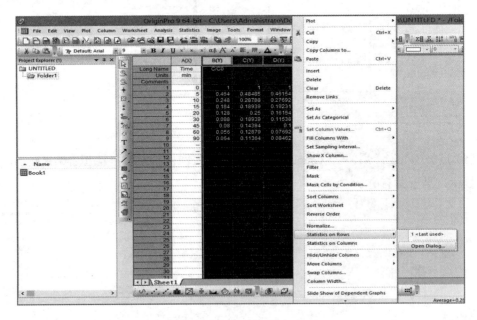

（3）不需要对弹出窗口进行参数设置，点击"OK"。

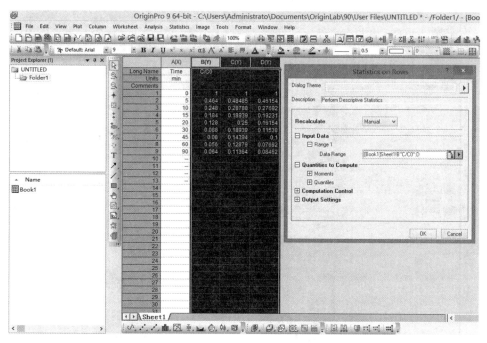

（4）在 book 中出现新的两列数据，分别是经过处理的三组平行数据的平均值（Mean）和标准偏差（SD）。

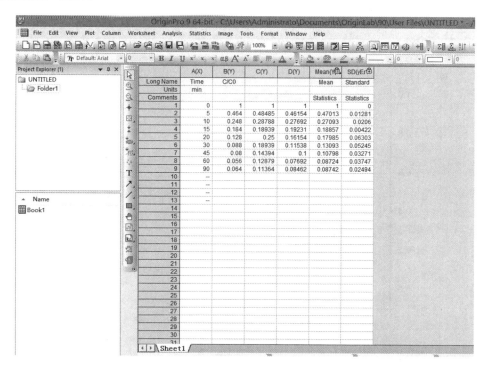

（5）同时选中 A（X）、Mean（Y）和 SD（yEr）列，点击左下角绘制图像（Line + Symbol）选项，对数据进行图像呈现。

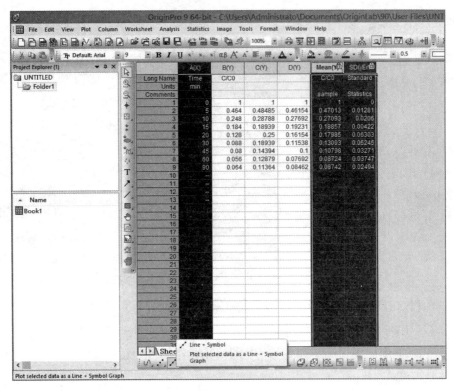

（6）得到呈现误差棒（error bar）的数据图像。

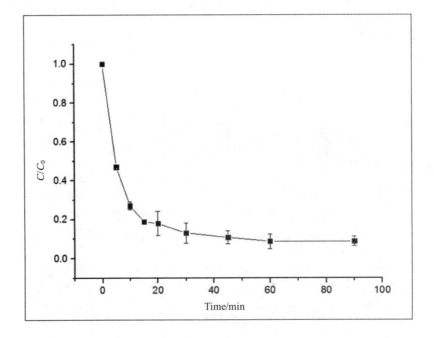

### 四、使用 SPSS 进行相关性分析

（1）打开 SPSS，依次点击"文件"—"打开"—"数据"，进行数据导入。

（2）依次点击"分析"—"相关"—"双变量"。

（3）出现双变量对话框，在左侧的候选对话框选择两个变量（x，y）添加到右边列表框中。

（4）选择系数类型。一般可以选择皮尔逊（Pearson 相关系数），也可以选择其他两个。皮尔逊是系统默认项，即积差相关系数。肯德尔（Kendall）和斯皮尔曼（Spearman）都是等级相关系数。然后勾选"标记显著性相关性"。

（5）最后点击"确定"按钮就可以了。SPSS 软件会在结果输出窗口显示相关性分析结果。

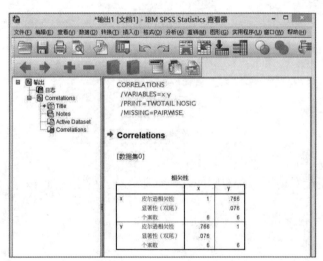

# 第三章　实验室安全与风险防范

　　实验室安全是教育事业不断发展、学生成长成才的基本保障。近年来，教育系统推行安全发展理念，弘扬生命至上、安全第一的思想，而高校实验室安全工作一直是教学管理的重点。但是，高校实验室安全事故仍然时有发生，暴露出实验室安全管理仍存在薄弱环节，突出体现在实验安全责任落实不到位、管理制度执行不严格、宣传教育不充分、工作保障体系不健全等方面。高校实验室事故类型包括火灾爆炸、触电、机伤、腐蚀、辐射、中毒、感染和失盗等，具有实验室类型繁多、易燃易爆物品种类多、实验仪器设备设施多、接触和操作人员不固定等特点。实验室安全管理工作不仅关系到科研工作的顺利进行，也关系到实验人员的生命安全。近些年来，造成人员伤亡的高校实验室安全事故屡见不鲜，其中多起事故都是实验室管埋不当、实验人员培训不到位等造成的。高校应深刻吸取事故教训，切实增强实验室安全管理能力和水平，保障校园安全稳定和师生生命安全，加强实验室安全管理，防范潜在的隐患和风险，这样才能保证实验安全。

## 第一节　实验室安全规则

### 一、实验室安全规范

#### 1. 穿戴相关规定

（1）进入实验室，必须按规定穿戴必要的工作服。

（2）进行危害物质、挥发性有机溶剂、特定化学物质或其他被监管部门列入毒性化学药品的操作实验或研究时，必须要穿戴防护用具（防护口罩、防护手套、防护眼镜）。

（3）进行实验时，严禁戴隐形眼镜（防止化学药剂溅入眼镜而腐蚀眼睛）。

（4）须将长发及松散衣服妥善固定，并且在处理药品的所有过程中需穿着鞋子。

（5）操作高温实验时，必须戴上防高温手套。

#### 2. 饮食相关规定

（1）严禁在实验室饮食且使用化学药品后需先洗净双手方能进食。

（2）严禁在实验室内吃口香糖。

（3）禁止将食物储藏在储有化学药品的冰箱或储藏柜中。

**3．药品领用、存储及操作相关规定**

（1）操作危险性化学药品请务必遵守操作守则，或按照老师所要求的操作流程进行；勿自行更换实验流程。

（2）领取药品时，应确认容器上标识的中文名称是否为需要的实验用药品。

（3）领取药品时，看清楚药品危害标识和图样，弄明白是否有危害。

（4）挥发性有机溶剂和强酸强碱性、高腐蚀性、有毒性的药品必须在特殊排烟柜及桌上型抽烟管下进行操作。做有危害性气体的实验必须在通风橱中进行。

（5）有机溶剂，固体化学药品，酸、碱化合物均须分开存放，挥发性化学药品必须放置于具有抽气装置的药品柜中。

（6）高挥发性或易于氧化的化学药品必须存放于冰箱或冰柜中。

（7）若需进行无人监督的实验，其实验装置对于防火、防爆、防水灾都需有相当的考虑，保持实验室灯开着，并在门上标明紧急联络人电话及可能造成的灾害。

（8）做危险性实验时必须经实验室主任批准，有两人以上在场方可进行，节假日和夜间严禁做危险性实验。

（9）做放射性、激光等对人体危害较重的实验时，应制定严格的安全措施，做好个人防护。

（10）废弃药液、过期药液或废弃物必须依照分类标识清楚，药品使用后的废弃物（废液）严禁倒入水槽或水沟，应倒入专用收集容器中进行回收。

**4．用电安全相关规定**

（1）实验室内的电器设备安装和使用管理必须符合安全用电管理规定，大功率实验设备用电必须使用专线，严禁与照明线共用，谨防因超负荷用电而起火。

（2）实验室用电容量的确定要兼顾实验室发展的增容需要，留有一定余量。但不准乱拉、乱接电线。

（3）实验室内的用电线路和配电盘、板、箱、柜等装置及线路系统中的各种开关、插座、插头等均应经常保持完好可用状态，熔断装置所用的熔丝必须与线路允许的容量相匹配，严禁用其他导线替代。室内照明器具要保持稳固可用状态。

（4）在可能散布易燃、易爆气体或粉体的实验室内，所用电器线路和用电装置均应按相关规定使用防爆电气线路和装置。

（5）对实验室内可能产生静电的部位、装置要心中有数，要有明确标识和警示，对可能造成的危害要有妥善的预防措施。

（6）实验室内所用的高压、高频设备要定期检修，要有可靠的防护措施。凡设备本身要求安全接地的，必须接地；定期检查线路，测量接地电阻。自行设计、制作的实验装置，在使用前必须经实验室与设备处技术安全办公室组织的验收，合格后方可使用。自行设计、制作的设备或装置，其中的电器线路部分，应请专业人员查验无误后再投入使用。

（7）实验室内不得使用明火取暖，严禁吸烟。必须使用明火的实验场所，经批准后才能使用。

（8）手上有水或潮湿时请勿接触电器用品或电器设备；严禁使用水槽旁的电器插座（防止漏电或感电）。

（9）须掌握本实验室的仪器、设备的性能和操作方法，严格按操作规程操作。

（10）机械设备应安装防护设备或其他防护罩。

（11）电器插座请勿接过多插头，以免超过电荷负载，引起电器火灾。

（12）如电器设备无接地设施，请勿使用，以免产生感电或触电。

### 5．气瓶使用相关安全规定

（1）气瓶应专瓶专用，不能随意改装其他种类的气体。

（2）气瓶应存放在阴凉、干燥、远离热源的地方，易燃气体气瓶与明火距离不得小于5 m；氢气瓶最好隔离。

（3）气瓶搬运要轻、要稳，放置要牢靠。

（4）各种气压表一般不得混用。

（5）氧气瓶严禁油污，注意手、扳手或衣服上的油污。

（6）气瓶内气体不可用尽，以防倒灌。

（7）开启气门时应站在气压表的一侧，不准将头或身体对准气瓶总阀，以防阀门或气压表冲出伤人。

（8）搬运气瓶时应确定护盖锁紧后方可进行。

（9）搬运气瓶时不得用电磁铁、吊链、绳子等直接吊运。

（10）移动气瓶时尽量使用手推车，务求安稳直立。用手移动气瓶时，应直立移动，不可卧倒滚运。

（11）使用气瓶时应加固定，气瓶外表颜色应保持明显、容易辨认。

（12）确认气瓶的用途无误时，方可使用。

（13）每月检查管路是否漏气。

（14）检查压力表是否正常。

### 6．环境卫生相关规定

（1）各实验室应注重环境卫生，并须保持整洁。

（2）为减少尘埃飞扬，洒扫工作应于工作时间外进行。

（3）有盖垃圾桶应经常清理消毒以保持环境清洁。

（4）垃圾清除处理必须符合卫生要求，应在指定处所倾倒，不得任意倾倒、堆积，影响环境卫生。

（5）凡有毒性或易燃的垃圾废弃物，均应特别处理，以防火灾或危害人体健康。

（6）窗面及照明器具透光部分均须保持清洁。

（7）须保持所有走廊、楼梯通行无阻。

（8）油类或化学物溢满地面或工作台时，应立即擦拭冲洗干净。

（9）养成随时拾捡地上杂物的良好习惯，以确保实验场所清洁。

（10）垃圾或废弃物不得堆积于实验操作区域或实验室内。

（11）工业消防用水应与饮用水分开使用，不可互换。

（12）盥洗室、厕所、水沟等应经常保持清洁。

## 二、安全防护

### 1. 防火

（1）防止煤气管、煤气灯漏气，使用煤气后一定要把阀门关好。

（2）乙醚、酒精、丙酮、二硫化碳、苯等有机溶剂易燃，实验室不得存放过多，切不可倒入下水道，以免引起火灾。

（3）金属钠、钾、铝粉、电石、黄磷以及金属氢化物要注意使用和存放，尤其不宜与水直接接触。

（4）万一着火，应冷静判断情况，采取适当措施灭火；可根据不同情况，选用水、沙、灭火器等灭火。

### 2. 防爆

（1）化学药品的爆炸分为支链爆炸和热爆炸。

1）氢气、乙烯、乙炔、苯、乙醇、乙醚、丙酮、乙酸乙酯、一氧化碳、水煤气和氨气等可燃性气体与空气混合至爆炸极限，一旦有热源诱发，极易发生支链爆炸。

2）过氧化物、高氯酸盐、叠氮铅、乙炔铜、三硝基甲苯等易爆物质，受震或受热可能发生热爆炸。

（2）防爆措施

1）预防支链爆炸，主要是防止可燃性气体或蒸气散失在室内空气中，保持室内通风良好。当大量使用可燃性气体时，应严禁使用明火和可能产生电火花的电器。

2）预防热爆炸，强氧化剂和强还原剂必须分开存放，使用时轻拿轻放，远离热源。

### 3. 防灼伤

除高温以外，液氮、强酸、强碱、强氧化剂、溴、磷、钠、钾、苯酚、醋酸等物质都会灼伤皮肤；应注意不要与皮肤接触，尤其防止溅入眼中。

### 4. 防辐射

（1）化学实验室的辐射主要是指 X 射线，长期反复接受 X 射线照射会导致疲倦、记忆力减退、头痛、白细胞降低等。

（2）防护的方法就是避免身体各部位（尤其是头部）直接受到 X 射线照射，屏蔽物常用铅、铅玻璃等。

### 三、"三废"处理

#### 1. 废气

（1）产生少量有毒气体的实验应在通风橱内进行，通过排风设备将少量毒气排到室外。

（2）产生大量有毒气体的实验必须配备吸收或处理装置。

#### 2. 废渣

少量有毒的废渣应埋于地下固定地点。

#### 3. 废液

（1）对于废酸液，可先用耐酸塑料网纱或玻璃纤维过滤，然后加碱中和，调节 pH 至 6～8 后可排出，少量废渣埋于地下。

（2）对于剧毒废液，必须采取相应的措施，消除毒害作用后再进行处理。

（3）对于实验室内大量使用的冷凝用水，无污染的，可直接排放。

（4）对于洗刷用水，污染不大的，可排入下水道。

（5）酸、碱、盐水溶液用后应倒入酸、碱、盐污水桶，经中和后排出。

（6）有机溶剂应回收于有机污桶内，采用蒸馏、精馏等分离办法回收。

（7）重金属离子采取沉淀法等集中处理。

### 四、实验室意外事故紧急处理

#### 1. 普通伤口

以生理盐水清洗伤口，以胶布固定。

#### 2. 烧、烫（灼）伤

用冷水冲洗 15～30 min 至散热止痛，用生理盐水擦拭（勿以药膏、牙膏、酱油涂抹或以纱布盖住），紧急送至医院处理（注意事项：水泡不可自行刺破）。

#### 3. 化学药物灼伤

以大量清水冲洗，以消毒纱布或消毒过的布块覆盖伤口，紧急送至医院处理。

## 第二节 实验室常用危险化学品管理

危险品的储存取决于危险化学品的分类、分项、储存方式和消防要求（表 3-1）。应根据危险品的风险等级进行分区、分类储存（表 3-2）。各类危险品不得与禁忌物料混合储存。

表 3-1　常用危险化学品储存禁忌物配置

| 危险化学品分类 | | 爆炸性物品 | | | | 氧化剂 | | | | 压缩气体和液化气体 | | | | 自燃物品 | | 遇水燃烧物品 | | 易燃液体 | | 易燃固体 | | 有毒性物品 | | | | 腐蚀性物品(酸性) | | 腐蚀性物品(碱性) | | 放射性物品 |
|---|---|---|---|---|---|---|---|---|---|---|---|---|---|---|---|---|---|---|---|---|---|---|---|---|---|---|---|---|---|---|
| 危险化学品分类 | | 点火器材 | 起爆器材 | 爆炸及爆炸性药品 | 其他爆炸品 | 一级无机 | 一级有机 | 二级无机 | 二级有机 | 剧毒 | 易燃 | 助燃 | 不燃 | 一级 | 二级 | 一级 | 二级 | 一级 | 二级 | 一级 | 二级 | 剧毒无机 | 剧毒有机 | 有毒无机 | 有毒有机 | 无机 | 有机 | 无机 | 有机 | 放射性物品 |
| 爆炸性物品 | 点火器材 | ○ | | | | | | | | | | | | | | | | | | | | | | | | | | | | |
| | 起爆器材 | ○ | ○ | | | | | | | | | | | | | | | | | | | | | | | | | | | |
| | 爆炸及爆炸性药品 | ○ | × | ○ | | | | | | | | | | | | | | | | | | | | | | | | | | |
| | 其他爆炸品 | ○ | × | × | ○ | | | | | | | | | | | | | | | | | | | | | | | | | |
| 氧化剂 | 一级无机 | × | × | × | × | ① | | | | | | | | | | | | | | | | | | | | | | | | |
| | 一级有机 | × | × | × | × | × | ○ | | | | | | | | | | | | | | | | | | | | | | | |
| | 二级无机 | × | × | × | × | ○ | × | ② | | | | | | | | | | | | | | | | | | | | | | |
| | 二级有机 | × | × | × | × | × | ○ | × | ○ | | | | | | | | | | | | | | | | | | | | | |
| 压缩气体和液化气体 | 剧毒 | × | × | × | × | × | × | × | × | ○ | | | | | | | | | | | | | | | | | | | | |
| | 易燃 | × | × | × | × | × | × | × | × | × | ○ | | | | | | | | | | | | | | | | | | | |
| | 助燃 | × | × | × | × | × | 分 | × | × | ○ | 导 | ○ | | | | | | | | | | | | | | | | | | | |
| | 不燃 | × | × | × | × | 分 | 消 | 分 | 分 | ○ | ○ | ○ | ○ | | | | | | | | | | | | | | | | | | |
| 自燃物品 | 一级 | × | × | × | × | × | × | × | × | × | × | × | × | ○ | | | | | | | | | | | | | | | | | |
| | 二级 | × | × | × | × | × | × | × | × | × | × | × | × | × | ○ | | | | | | | | | | | | | | | | |
| 遇水燃烧物品 | 一级 | × | × | × | × | × | × | × | × | × | × | × | × | × | × | ○ | | | | | | | | | | | | | | | |
| | 二级 | × | × | × | × | × | × | × | × | 消 | × | × | 消 | × | 消 | × | ○ | | | | | | | | | | | | | | |
| 易燃液体 | 一级 | × | × | × | × | × | × | × | × | × | × | × | × | × | × | × | × | ○ | | | | | | | | | | | | | |
| | 二级 | × | × | × | × | × | × | × | × | × | × | × | × | × | × | × | × | ○ | ○ | | | | | | | | | | | | |

| 危险化学品分类 | | 爆炸性物品 | | | | 氧化剂 | | | | 压缩气体和液化气体 | | | | 自燃物品 | | 遇水燃烧物品 | | 易燃液体 | | 易燃固体 | | 有毒性物品 | | | | 腐蚀性物品 酸性 | | 腐蚀性物品 碱性 | | 放射性物品 |
|---|---|---|---|---|---|---|---|---|---|---|---|---|---|---|---|---|---|---|---|---|---|---|---|---|---|---|---|---|---|---|
| 危险化学品分类 | | 点火器材 | 起爆器材 | 爆炸及爆炸性药品 | 其他爆炸品 | 一级无机 | 一级有机 | 二级无机 | 二级有机 | 剧毒 | 易燃 | 助燃 | 不燃 | 一级 | 二级 | 一级 | 二级 | 一级 | 二级 | 一级 | 二级 | 剧毒无机 | 剧毒有机 | 有毒无机 | 有毒有机 | 无机 | 有机 | 无机 | 有机 | 放射性物品 |
| 易燃固体 | 一级 | × | × | × | × | × | × | × | × | × | × | × | × | × | × | × | × | 消 | 消 | ○ | | | | | | | | | | |
| 易燃固体 | 二级 | × | × | × | × | × | × | × | × | × | × | × | × | × | × | × | × | 消 | 消 | ○ | ○ | | | | | | | | | |
| 有毒性物品 | 剧毒无机 | × | × | × | × | 分 | × | 分 | 分 | 分 | 分 | 分 | × | 分 | 消 | 消 | 消 | 消 | 分 | 分 | 分 | ○ | | | | | | | | |
| 有毒性物品 | 剧毒有机 | × | × | × | × | × | × | × | × | × | × | × | × | × | × | × | × | × | 分 | 分 | 消 | 消 | ○ | | | | | | | |
| 有毒性物品 | 有毒无机 | × | × | × | × | 分 | × | 分 | 分 | 分 | 分 | 分 | × | 分 | 消 | 消 | 消 | 消 | 分 | 分 | 分 | 分 | 分 | ○ | | | | | | |
| 有毒性物品 | 有毒有机 | × | × | × | × | × | × | × | × | × | × | × | × | × | × | × | × | × | 分 | 分 | 消 | 消 | ○ | ○ | ○ | | | | | |
| 腐蚀性物品 酸性 | 无机 | × | × | × | × | × | × | × | × | × | × | × | × | × | × | × | × | × | × | × | × | × | × | × | × | ○ | | | | |
| 腐蚀性物品 酸性 | 有机 | × | × | × | × | × | × | × | × | × | × | 消 | 消 | × | × | × | × | × | × | × | × | × | × | × | ○ | × | ○ | | | |
| 腐蚀性物品 碱性 | 无机 | × | × | × | × | 分 | 消 | 分 | 消 | 分 | 分 | 分 | 分 | 分 | 消 | 消 | 消 | 消 | 分 | 分 | 分 | 分 | × | × | × | ○ | × | ○ | | |
| 腐蚀性物品 碱性 | 有机 | × | × | × | × | × | × | × | × | × | × | × | × | × | × | × | × | 消 | 消 | 消 | 消 | × | × | × | × | × | ○ | × | ○ | |
| 放射性物品 | | × | × | × | × | × | × | × | × | × | × | × | × | × | × | × | × | × | × | × | × | × | × | × | × | × | × | × | × | ○ |

说明:"○"符号表示可以混存;"×"符号表示不可以混存;"分"指应按危险化学品的分类进行分区、分类储存,如果物品不多或仓位不够时,因其性能并不互相抵触,也可以混存;"消"指两种物品性能并不互相抵触,但消防施救方法不同,条件许可时最好分存;①说明过氧化钠等氧化物不宜和无机氧化剂混存;②说明具有还原性的亚硝酸钠等亚硝酸盐类,不宜和其他无机氧化剂混存。凡混存物品,货垛与货垛之间,必须留有1 m以上的距离,并要求包装容器完整,不得使两种物品发生接触。

## 表3-2　实验室废液的浓度、收集分类及处理方法

| 分类 | | 对象物质 | 质量分数/10^{-6} | 收集分类 | 处理方法 |
|---|---|---|---|---|---|
| 无机类废液 | 有害物质 | Hg（包含有机Hg） | 0.005 | I | 硫化物共沉淀法、吸附法 |
| | | Cd | 0.1 | II | 氢氧化物沉淀法、硫化物共沉淀法、吸附法 |
| | | Cr（VI） | 0.5 | III | 还原法、中和法、吸附法 |
| | | As | 0.5 | IV | 氢氧化物共沉淀法 |
| | | CN | 1 | V（难以分解的另行分类） | 氯碱法、电解氧化法、臭氧氧化法、普鲁士蓝法 |
| | | Pb | 1 | VI | 氢氧化物共沉淀法、硫化物沉淀法、碳酸盐沉淀法、吸附法 |

| 分类 | | 对象物质 | 质量分数/$10^{-6}$ | 收集分类 | 处理方法 |
|---|---|---|---|---|---|
| 无机类废液 | 污染物质 | 重金属类 | | VII | 氢氧化物共沉淀法、硫化物共沉淀法、碳酸盐法、吸附法 |
| | | Ni | 1 | | |
| | | Co | 1 | | |
| | | Ag | 1 | | |
| | | Sn | 1 | | |
| | | Cr（III） | 2 | | |
| | | Cu | 3 | | |
| | | Zn | 5 | | |
| | | Fe | 10 | | |
| | | Mn | 10 | | |
| | | 其他（Se、W、V、Mo、Bi、Sb 等） | 1 | | |
| | | B | 2 | VIII | 吸附法 |
| | | F | 15 | IX | 吸附法、沉淀法 |
| | | 氧化剂、还原剂 | 1% | X | 氧化法、还原法 |
| | | 酸、碱类物质 | 若不含其他有害物质时，中和稀释后，即可排放 | XI | 中和法 |
| | | 有关照相的废液 | 只排放洗净液 | XII | 氧化分解法 |
| 有机类废液 | 有害物质 | 多氯联苯 | 0.003 | XIII | 碱分解法、焚烧法 |
| | | 有机磷化合物（农药） | 1 | XIV | 碱分解法、焚烧法 |
| | 污染物质 | 酚类物质 | 5 | XV | 焚烧法、溶剂萃取法、吸附法、氧化分解法、水解法、生物化学处理法 |
| | | 石油类物质 | 5 | XVI | |
| | | 油脂类物质 | 30 | XVII | |
| | | 一般有机溶剂（由C、H、O元素组成的物质） | 100 | XVIII | |
| | | 除上项以外的有机溶剂（含S、N、卤素等成分的物质） | 100 | XIX | |
| | | 含有重金属的溶剂 | 100 | XX | |
| | | 其他难以分解的有机物质 | 100 | XXI | |

注：①上表所列的质量分数为金属或所标明的化合物的质量分数。
②有机类废液的质量分数系指含水废液的质量分数。

## 第三节　实验室安全事故典型案例与事故应急预案

　　高校实验室是教学、科研的重要基地，由于实验室中不乏易爆、易燃、辐射、腐蚀、剧毒等危险品，若缺乏系统、完善的实验室管理制度，很容易导致事故发生。火灾和爆炸是实验室事故的主要类型，实验室中的危险化学品、仪器设备和压力容器是引发事故的主要危险因素，而违反操作规程或操作不当、疏忽大意以及电线短路、老化是导致事故的重要原因。除了爆炸与火灾，实验室事故还包括触电、机伤、腐蚀、辐射、中毒、感染等。

### 一、实验室安全事故典型案例

#### 1. 国外典型的实验室安全事故

　　2018 年，宾夕法尼亚州埃克斯顿，Frontage 实验室的 26 岁工人因接触氰化钾而死亡，这是距离目前最近的实验室急性中毒直接致死事件。

　　2018 年 12 月 6 日，印度班加罗尔，28 岁的研究员在科学研究所的高压氢气瓶爆炸中丧生。这是距离现在最近的严重实验室安全致死事件。

　　2010 年 1 月 7 日，美国得克萨斯理工学院化学实验室发生爆炸，造成 1 名研究生左手失去三根手指，眼睛和身体多处受伤。调查报告显示，实验中合成了约 10 g 起爆物硝酸肼镍，这远远超过了 100 mg 的安全剂量。

　　1979 年，俄罗斯的斯维尔德洛夫斯克武器实验室，有人忘记在排气装置上安装过滤器，直接导致 64 人死于接触炭疽病，这是生物实验室有记载以来伤亡最大的感染事件。

　　1974 年，澳大利亚的布里斯班，老师在课堂演示实验中试图展示如何制造火箭发动机时发生爆炸事故，13 名学生和老师在这起实验爆炸事故中丧生。这是有记载以来死亡人数最多的课堂实验事故。

　　1904 年，新泽西州，托马斯·爱迪生门洛公园实验室的 Clarence M. Dally 是有记载以来第一个被 X 射线杀死的人。Clarence M. Dally 于 1896 年被严重烧伤，直到 1898 年仍然接触 X 射线，最终于 1904 年去世。

#### 2. 国内典型的实验室安全事故

　　2021 年 7 月 13 日，南方科技大学一间化学实验室发生火情，现场 1 名博士后实验人员被诊断为轻微烧伤。

　　2021 年 3 月 31 日，中国科学院化学研究所发生实验室安全事故，1 名研究生当场死亡。此次事故的原因是反应釜高温高压爆炸。

　　2019 年 2 月 27 日 0 时 42 分，南京工业大学一间实验室发生火灾。

　　2018 年 12 月 26 日，北京交通大学市政与环境工程实验室发生爆炸燃烧，事故造成 3

人死亡。

2018 年 11 月 11 日，南京中医药大学翰林学院一间实验室在实验过程中发生爆燃，当时身处实验室内的多名师生受伤。

2016 年 9 月 21 日，位于松江大学园区的东华大学化学化工与生物工程学院实验室发生爆炸，2 名学生受重伤，1 名学生受轻微擦伤。

2016 年 1 月 10 日中午，北京化工大学科技大厦一间实验室内起火。不过幸运的是，现场无人员伤亡。

2015 年 12 月 18 日上午 10 时 10 分左右，清华大学化学系何添楼二层的一间实验室发生爆炸火灾事故，1 名正在做实验的博士后当场死亡。事故原因是氢气泄漏，高温实验引发氢气爆炸。

2015 年 6 月 17 日下午 4 时 30 分左右，苏州大学物理楼二层实验室有学生在处理锂块时发生爆炸。

2012 年 3 月 6 日下午 6 时左右，北京大学医学部中心实验楼发生火灾，所幸无人员伤亡，但烟雾弥漫整个大楼，多名被困楼内的人员从三层窗口外二层平台疏散到楼外。

2012 年 2 月 15 日下午 2 时左右，南京大学鼓楼校区化学楼六层发生甲醛泄漏，约 200 名师生被疏散。3 辆警车和 4 辆消防车紧急赶往现场。事故中不少学生出现喉咙痛、流眼泪、感觉不适等。

2011 年 12 月 7 日上午 11 时左右，南开大学 1 名女生在做化学实验时发生了意外，手部严重受伤。

2011 年 10 月 10 日中午 12 时 59 分，中南大学化工学院实验楼四层发生火灾。

2011 年 6 月 21 日下午，济南大学一间实验教学楼内发生玻璃仪器爆炸事故，实验室内 1 名女生面部被炸伤。所幸女生被及时送往医院，眼睛内的碎玻璃也被及时取出。

2011 年 4 月 14 日下午 3 时 45 分左右，四川大学江安校区第一实验楼 B 座 103 化工学院一实验室内 3 名学生在做常压流化床包衣实验过程中，实验物料意外发生爆炸，3 名学生受伤。

2010 年 5 月 25 日晚上 9 点 31 分，浙江工业大学 1 名学生在教室做化学实验时引发火灾。

2009 年 4 月 7 日 19 时 34 分，兰州大学化学实验室发生氨气泄漏。

## 二、化学实验室危险事故应急预案

### 1. 应急原则

（1）先救治，后处理。

（2）先制止，后教育。

（3）先处理，后报告。

#### 2．火灾控制与人员疏散

（1）发现火灾时，应当立即报警。

发生的火灾较小且可以控制时，现场人员应先采取有效措施控制火势，并立即向单位主管领导报告。若火情不能有效控制时，应马上向学校保卫处报告或拨打"119"向公安消防部门报警。

（2）应急疏散程序

在场的教师应根据起火的部位和疏散的路线，在疏散通道楼梯口布置好疏散引导员，引导人员疏散。

（3）烧伤急救处理

烧伤发生时，最好的救治方法是用冷水冲洗，或伤员自己浸入附近水池浸泡，防止烧伤面积进一步扩大。

#### 3．危险化学品事故应急救援

危险化学品主要有：（1）易燃、有毒气体；（2）易燃、腐蚀、有毒液体；（3）化学废液及废旧试剂；（4）存放在生物、化学类实验室的剧毒化学品包装物等。

实验室一旦发生火灾切不可惊慌失措，应保持镇静。首先应立即切断室内一切明火源和电源，然后根据具体情况正确地进行抢救和灭火。常用方法如下：

（1）可燃液体着火，应立即移走着火区域内的　切可燃物质，关闭通风设施，若着火面积较小，可用抹布、湿布、铁片或沙土覆盖，与空气隔绝。覆盖时动作要轻，避免碰坏或打翻盛装可燃溶剂的玻璃器皿，导致更多的溶剂流出而扩大着火面。

（2）酒精及其他可溶于水的液体着火，可用水灭火。

（3）汽油、乙醚、甲苯等有机溶剂着火，应用石棉布或砂土扑灭，绝对不能用水。

（4）金属钠着火，用砂土覆盖灭火。

（5）导线和电器外壳着火，不能立即用水及二氧化碳灭火器灭火，应先切断电源，再用干粉灭火器或覆盖灭火。

（6）衣服烧着时切忌奔走，可用衣服、大衣等包裹身体或躺在地上滚动灭火。

当发生化学废液及废旧试剂外泄时，应立即报告该实验室负责人，并采取有效控制措施及时处理。救援人员首先应从室外总闸切断电源，佩戴个人防护用具，然后迅速开门窗通风，在做好安全保障工作之后再对泄漏源进行控制处理。

#### 4．触电事故应急处理

发现触电事故的任何人员都要在第一时间抢救触电者，必要时要打"120"求援，同时向单位领导报告。

（1）触电解脱方法

1）切断电源。若一时无法切断电源，可用干燥的木棒、木板、绝缘绳等绝缘材料解脱触电者。

2）抓住触电者干燥而不贴身的衣服，将其拖开，切忌碰到金属物体和触电者身体裸露部位。尽量避免触电者解脱后摔倒受伤。

（注意：以上办法仅适用于 220V 电压触电的抢救。高压触电应及时通知学校保卫部门，采取相应的紧急措施，以免发生新的事故。）

（2）现场急救方法

1）若触电者神志清醒，让其就地休息。

2）若触电者呼吸、心跳尚存，神志不清，应让其仰卧，周围保持空气流通，注意保暖。

3）若触电者呼吸停止，应用口对口进行人工呼吸；若触电者心脏停止跳动，应用体外人工心脏按压维持血液循环；若呼吸、心脏全停，则两种方法同时进行。

（注意：现场抢救不能轻易中止抢救，要坚持到医务人员到场后接替抢救。）

4）触电事故发生后，应立即在现场设置警戒线，维护抢救现场的正常秩序，警戒人员应当引导医务人员快速进入事故现场。

# 第四章　实验室质量控制

实验室质量控制是指将研究所得到的分析结果误差控制在允许的范围内所用到的一种技术方法，可使某项研究结果更精确、更标准、更具有权威性，是当采集的具有代表性的有效样品传输到实验室进行检测时，为获得满足质量要求的检测结果，在检测过程中实施的各项控制测试质量的技术方法和规定。

实验室内质量控制又称内部质量控制，是指应用统计技术对分析测量系统进行过程控制，表现为实验室检测人员对分析检测质量进行自我控制以及内部质控人员对其实施质量控制技术管理。实验室间质量控制又称外部质量控制，是指有工作经验和技术水平的第三方检测机构或技术组织、权威机构、政府技术监督管理机构等（如实验室国家认可委员会、技术监督部门或上级测试中心）对各实验室及其检测人员进行定期或不定期的分析检测质量考查的过程。而对于环境科学与工程类专业课程实验而言，实验室内质量控制是必要环节。

## 第一节　质量控制对实验数据分析的意义

实验操作人员应在实验过程中采取适用的质量控制技术，使测定结果的准确度和精密度符合实验分析技术质量控制的要求。现阶段，实验工作一直面临工作强度大、实验分析人员少等问题，实验分析人员疲于应付繁重的日常监测工作，质量管理机构作用没有充分发挥作用，导致质量管理工作边缘化。样品分析过程是实验运行体系的主要过程，控制分析过程中的误差可使分析结果的随机误差控制在最小范围内，同时可判断分析人员对分析方法的掌握程度和适应能力，帮助发现和纠正实验室分析技术和质量管理上存在的问题，以保证监测分析结果具有准确性和可比性。

实验数据质量是环境分析工作的生命线，是客观评价环境质量状况、反映污染治理成效、实施环境管理与决策的基本依据。实验数据质量控制是环境分析保证的重要组成部分，致力于达到分析质量要求；也是避免测试数据不合格的重要手段和措施，贯穿于测试分析的全过程。质量控制的目的在于控制监测人员的实验误差，以保证测试结果的精密度和准确度能在给定的置信水平下，达到允许规定范围的质量要求。质量控制过程实际上是提供一套检测采样误差，从而消除无效或者误导数据的操作程序。只有制定和完善一整套水、土壤、大气等环境采样技术质量控制标准，保障样品采集过程中各步骤都有科学、有效的质量控制措施，才能够证实监测采样方法的有效性，并且满足预期的目的，为突发污染事故的调查提供有效、可靠的操作程序。

我国把发展环境科技作为实现科技和经济发展的重要战略，通过环境检测数据真实反映环境质量，从而为环保部门和有关单位推行环境执法监督制度提供有力的理论依据，环境实验数据的准确性起着关键作用。高校作为环境类人才培养的基地，对相关专业学生在实验数据质量控制方面的能力培养尤为重要，具体内容包括环境样品的采集、检测数据的测定与分析、检测水平的提高。质量控制是完善环境科学与工程类课程实验室管理体系的核心，因此具有严谨的质量检测态度有利于提高实验数据的准确性。在实际的环境检测过程中，管理和质量控制的工作量较大，这就要求人员协同操作，更好地实现环境质量的准确监测。采用不同层次的分析比较可以及时发现工作中存在的问题，并可以采取不同的质量监测手段来改进环境检测工作，从而实现更长远的发展和进步。

## 第二节　实验室数据质量控制的措施

加强质量控制是建立在良好的管理控制制度上，学生应严格按照相关管理体系制度工作，管理人员应安排好人力、物力、财力之间的关系，最大限度地利用资源，并且保证学生按照制定的工作程序开展工作。在明确质量控制的根本含义后，还要加强对实验室各项工作的纠偏与监管，以保证质量达标，加强控制与约束。实验室检测管理与质量控制有着相辅相成的关系，前者包含后者，但是又不是绝对相同。为保证实验室数据检验工作顺利完成，首先应确立实验室的管理制度以及质量控制目标，这需要有明确的体系文件，还要明确影响因素、程序说明，包括对整个体系的评审修改以及控制规定，相关学生需要做好实验室文件的存档。其次要加强对人员的培训，保证计算机的安全，做好仪器与设备的采购工作，还要做好废弃物的处理工作。对于新引进的仪器，还要明确操作规程，做好样本的收集。最后要建立组织，明确管理人员的责任与义务，保证管理人员的工作落到实处，并且严格要求实验室学生，使其认真落实自己的工作职责。

在实验室中，相关工作需要遵循服务宗旨以及质量控制指标，相关学生需要根据实验室的实际情况制定科学的管理方针和有效的工作计划，这是保证实验室检验结果有效的措施。实验室应采用满足实验需求并适合于所进行项目的检测方法，应优先选择使用国家或区域发布的标准方法，并确保其现行有效。首次采用的标准方法，在应用于样品检测前应对方法进行确认（验证实验），以检查实验室所获得的数据是否在标准方法要求的范围内，评价检测人员是否已掌握了标准方法并能正确运用质控方法。实验室内部质量控制的技术方法包括标准物质校核、空白测试、人员比对、方法比对、仪器比对、留样复测、回收率实验、校准曲线的绘制以及使用质量控制图等。

（1）标准物质校核

化学分析实验室自配的标准溶液，应保证所使用的分析天平和各种量器经计量部门检定合格，还必须定期与有证标准物质进行核对（溯源到国际标准或者国家标准），以校正自配标准溶液的浓度，使之与有证标准物质的浓度相一致。质量控制过程通常的做法是实验室直接用合适的有证标准物质或内部标准样品作为监控样品，定期或不定期将监控样品以比对样或密码样的形式与样品检测以相同的流程和方法同时进行，检测室完成后上报检测结果给相关质量控制人员，也可由检测人员自行安排在样品检测时同时插入标准物质，验证检测结果的准确性。一般可用于仪器状态的控制、样品检测过程的控制、实验室内部的仪器比对、人员比对、方法比对以及实验室间比对等。这种方法的特点是可靠性高，但成本高。

（2）空白测试

空白分为溶剂空白、试剂空白和样品空白。空白测试又称空白实验，是指在不加待测样品（特殊情况下可采用不含待测组分，但有与样品基本一致的空白样品代替）的情况下，用与测定待测样品相同的方法、步骤进行定量分析，获得分析结果的过程。空白实验测得的结果称为空白实验值，简称空白值。空白值一般反映测试系统的本底，包括测试仪器的噪声、试剂中的杂质、环境及操作过程中的污染等因素对样品产生的综合影响，它直接关系到最终检测结果的准确性，可从样品的分析结果中扣除。通过这种扣除可以有效降低由于试剂不纯或试剂干扰等所造成的系统误差。实验室通过做空白测试，一方面可以有效评价并校正由试剂、实验用水、器皿以及环境因素带入的杂质所引起的误差；另一方面在保证对空白值进行有效监控的同时，也能够掌握不同分析方法和检测人员之间的差异情况。此外，做空白测试还能够准确评估该检测方法的检出限和定量限等技术指标。

空白值影响方法的检出限和测定结果的重现性，也反映实验室的基本状况和检测人员的技术水平，如纯水的质量、试剂的纯度、试剂配制的质量、玻璃仪器的洁净度、仪器的灵敏度及精密度、实验室的洁净状况、检测人员的操作水平及经验等，都可反映到空白值上。

（3）方法比对

方法比对是不同分析方法之间的比对实验，指同一检测人员对同一样品采用不同的检测方法，检测同一项目，比较测定结果的符合程度，判定其可比性，以验证方法的可靠性。方法比对的考核对象为检测方法，主要目的是评价不同检测方法的检测结果是否存在显著性差异。比对时，通常以标准方法所得检测结果作为参考值，用其他检测方法的检测结果与之进行对比，方法之间的检测结果差异应该符合评价要求，否则，即证明非标准方法是不适用的，或者需要进一步修改、优化。方法比对主要用于考察不同检测方法之间存在的系统误差，监控检测结果的有效性，也用于对实验室涉及的非标准方法的确认。整体的检测方法一般包括样品前处理方法和仪器方法，只要前处理方法不同，不论仪器方法是否相同，都归类为方法比对。但是，如果不同的检测方法中样品的前处理方法相同，仅检测仪器设备不同，一般将其归类为仪器比对。

（4）留样复测

留样复测是指在不同的时间（或合理的时间间隔）内，再次对同一样品进行检测，通过比较前后两次测定结果的一致性来判断检测过程是否存在问题，验证检测数据的可靠性和稳定性。若两次检测结果符合评价要求，则说明实验室该项目的检测能力持续有效；若不符合，应分析原因，采取纠正措施，必要时追溯前期的检测结果。事实上，留样复测可以认为是一种特殊的实验室内部比对，即不同时间的比对。留样复测应注意所用样品的性能指标的稳定性，即应有充分的数据显示或经专家评估，表明留存的样品赋值稳定。留样复测作为内部质量控制手段，主要适用于有一定水平检测数据的样品或阳性样品、待检测项目相对比较稳定的样品以及当需要对留存样品特性的监控、检测结果的再现性进行验证等。采取留样复测有利于监控该项目检测结果的持续稳定性及观察其发展趋势；也可促使检验人员认真对待每一次检验工作，从而提高自身素质和技术水平。但要注意到，留样复测只能对检测结果的重复性进行控制，不能判断检测结果是否存在系统误差。

（5）校准曲线的绘制

校准曲线用于描述待测物质浓度或量与检测仪器相应值或指示值之间的定量关系。通过使用标准溶液，按照正常样品检测程序做简化或完全相同的分析处理，而绘制得到的校准曲线则相应称为校准曲线。为确保校准曲线始终具有良好的精密度和准确度，需要采取相应的方法进行核查。对精密度的核查，通常在校准曲线上取低、中、高 3 个浓度点进行验证；对准确度的核查，通常采用加标回收率实验的方法进行控制。

校准曲线是用来描述被测物质的浓度（或含量）与响应值之间定量关系的曲线。校准曲线的通式为 $y = bx + a$，$b$ 为斜率，$a$ 为截距。校准曲线分为标准曲线和工作曲线两种。标准曲线是省略了某些样品分析步骤的校准曲线，工作曲线是制备过程与样品分析步骤完全相同的校准曲线。

通过校准曲线可由待测物的响应值求得其浓度或绝对值，进而求出原样品中待测物的浓度。绘制校准曲线时应注意：①尽量采用标准溶液；②浓度点为 7~9 个，且应分布在方法的线性范围内；③线性相关系数应大于 0.995；④每次测定样品时应同步绘制校准曲线；⑤校准曲线应标明标题、测定条件和日期等。

校准曲线的绘制是实验室仪器分析中经常采用的方法，通常待测样品组分浓度波动较大，且样品批量较大，而在检测过程中采用的校准曲线的精密度和准确度会受到实验室的检测条件、检测仪器的响应性能、检测人员的操作水平等多种因素的影响。定期的校准一方面可以验证仪器的响应性能、检测人员的操作规范稳定程度等，另一方面也可以同时得到绘制曲线时所用标准溶液的稳定性核查信息。

（6）回收率实验

在日常分析中每批相同基质样品要随机抽取 10%～20%样品进行加标回收实验，回收率（%）=（测定值－本底值）/加标值×100。测定加标回收率时须注意：①添加物浓度应接近待测物的浓度，一般不得大于待测物含量的 3 倍，即加入标准后样品的浓度最好是原浓度的 2 倍，且不能超过曲线测定上限的 90%；②加标物的浓度宜较高且体积不宜过大，加标体积过大将影响回收率，否则回收率计算时应进行体积校正；③加标物的形态应尽量与待测物的形态相同；④当样品中待测物含量低于或接近检出限时，加标量应略高于最低检测浓度，控制在校准曲线的低浓度范围；⑤当待测物浓度较高时，加标量大致与本底值接近，超过曲线范围时，应先稀释后再测定；⑥由于加标样与样品的测试条件完全相同，其中干扰物和不正确操作等因素所致效果相同，故有时以其测定结果计算回收率时，不能准确地反映样品测定结果的实际差错。

（7）测量不确定度的评定

测量不确定度是与测量结果关联的参数，用于表征合理赋予被测量值的分散性。通常测量结果的好坏用测量误差来衡量，但是测量误差只能反映测量的短期质量。测量过程是否持续受控，测量结果是否能保持稳定一致，就需要用测量不确定度来衡量。测量不确定度越大，表示测量能力越差；反之，表示测量能力越强。实验室应具有并应用评定测量不确定度的程序。在评定测量不确定度时，对给定情况下的所有重要不确定度分量，均应采用适当的分析方法加以评定。

测量不确定度评定的基本程序：①测量方法的概述包括方法名称、试料量、试料分解和处理、测量所使用的计量器具和仪器设备、测量的校准物、测量条件、样品测量参数等；②建立数学模型即列出被测量的计算方程式，明确被测量与各输出量的定量关系；③测量不确定度来源的识别；④标准不确定度的评定，包括 A 类不确定度评定和 B 类不确定度评定；⑤合成标准不确定度的评定；⑥扩展不确定度的评定；⑦测量不确定度的表示与报告。

（8）仪器比对

仪器比对是指同一检测人员运用不同仪器设备（包括仪器种类相同或不同等）对相同的样品使用相同检测方法进行检测，比较测定结果的符合程度，判定仪器性能的可比性。仪器比对的考核对象为检测仪器，主要目的是评价不同检测仪器的性能差异（如灵敏度、精密度、抗干扰能力等）、测定结果的符合程度和存在的问题。所选择的检测项目和检测方法应该能够适合和充分体现参加比对的仪器的性能。仪器比对通常用于实验室对新增或维修后的仪器设备的性能情况进行的核查控制，也可用于评估仪器设备之间的检测结果的差异程度。进行仪器比对，尤其要注意保持比对过程中除仪器之外其他所有环节条件的一致性，以确保结果差异对仪器性能的充分响应。

（9）使用质量控制图

质量控制过程为控制检测结果的精密度和准确度，通常需要在检测过程中持续地使用监控样品进行检测控制。对积累的监控数据进行统计分析，通过计算平均值、极差、标准差等统计量，按照质量控制图的制作程序，确定中心线，上、下控制限，以及上、下辅助线和上、下警戒线，从而绘制出分析用质量控制图。通过分析用质量控制图，判断测量过程处于稳定或控制状态后，就可以将分析用质量控制图转换为控制用质量控制图，并将日常测定的控制数据描点上去，判断是否存在系统变异或趋势。质量控制图适用于如下情况：①当希望对过程输出的变化范围进行预测时；②当判断一个过程是否处于统计受控状态时；③当分析过程变异来源是随机性还是非随机性时；④当决定怎样完成一个质量改进项目时，防止特殊问题的出现，或对过程进行基础性的改变；⑤当希望控制当前过程，问题出现时能察觉并对其采取补救措施时。

质量控制图无疑是质量控制活动中的一种重要的评价方法，但需要注意的是，这个方法的结论评价是依托于其他质量控制样品的检测数据而存在的，是通过对质量控制数据的统计分析而实现质量控制的目的。因此，相比其他质量控制方法，它更倾向于作为一种评价质量控制数据的工具。

## 第三节　常见环境类实验数据质量控制措施技术方法

### 一、水样采集的质量控制措施

**1. 水样的三种类型**

（1）瞬时水样是指在某一时间和地点从水体中随机采集的分散水样。

（2）混合水样是指在同一采样点于不同时间所采集的瞬时水样混合后的水样，有时也称时间混合水样（观察平均浓度时非常有用）。

（3）综合水样是指把不同采样点同时采集的各个瞬时水样混合后所得到的样品。

**2. 容器的选择**

（1）容器材料具有化学和生物学惰性，一般不会出现样品组分与容器发生反应造成水样污染情况。

（2）容器壁吸附待测物或吸附极弱。

（3）容易清洗干净，可反复使用。

（4）大小形状适宜，方便使用和储运。

**3. 采样方法**

（1）污（废）水采样：①从浅埋的污水排放管（渠、沟）中采样，一般用采集器直接采集或用聚乙烯塑料长把采样；②对于埋层较深的，将深层采水器或固定负重架的采样容器沉入监测井内一定深度的污水中采样，也可用塑料手摇泵或电动采水泵采样。

（2）地表水/地下水采样：①表层水；直接汲取；系有绳子，带有坠子的采样瓶；②一定深度的水：当到达预定深度，能闭合，汲取；③泉水：自喷-涌口处，不自喷-抽水管汲取；④井水：抽汲；⑤自来水：先放数分钟-排杂质，陈旧水。

### 4. 地表水采样注意事项

（1）不可搅动水底沉积物。

（2）油类：单独采样，全部用于测定，不能用采集水样冲洗容器。

（3）DO、BOD、COD：水样必须注满容器，不留空间，并用水封口。

（4）若水样含沉降性固体，应分离除去，测定总悬浮物和油类的水样除外。

（5）单独采样：油类、$BOD_5$、DO、硫化物、余氯、粪大肠杆菌群、悬浮物、放射性。

（6）现场测定：水温、pH、DO、透明度、电导率、氧化还原电位、浊度。

### 5. 污（废）水采样注意事项

（1）用采样容器直接采样时，须用水样冲洗三次后再进行采样，但当水面有浮油时，采油容器不能清洗。

（2）注意去除水面杂物、垃圾等漂浮物。

（3）在分时间单元采集样品时，测定 pH、COD、$BOD_5$、DO、硫化物、油类、有机物、余氯、粪大肠杆菌群、悬浮物、放射性等物质时，只能单独采样。

（4）凡须现场监测的项目，应进行现场监测。

水质采样时通常分析有机物的样品使用简易玻璃瓶采样，分析无机物时使用塑料瓶采样。引起水样水质变化的原因有物理、化学、生物作用。

### 6. 水样保存方法

（1）冷藏或冷冻保存法。冷藏或冷冻的作用是抑制微生物活动，减缓物理挥发和化学反应速率。

（2）加入化学试剂保存法。

1）加入生物抑制剂：如在测定氨氮、硝酸盐氮、化学需氧量的水样中加入 $HgCl_2$，可抑制生物的氧化还原作用；对测定酚的水样，用 $H_3PO_4$ 调至 pH 为 4，加入适量 $CuSO_4$，即可抑制苯酚菌的分解活动。

2）调节 pH：测定金属离子的水样常用 $HNO_3$ 溶液酸化至 pH 为 1～2，既可防止重金属离子水解沉淀，又可避免金属被器壁吸附；测定氰化物或挥发酚的水样通常加入 NaOH 溶液调 pH 至 12，使之生成稳定的酚盐等。

3）加入氧化剂或还原剂：如测定汞的水样需加入 $HNO_3$（至 pH<1）和 $K_2Cr_2O_7$（0.5 g/L），使汞保持高价态；测定硫化物的水样，加入抗坏血酸，可以防止硫化物被氧化；测定溶解氧的水样则需加入少量 $MnSO_4$ 溶液和 KI 溶液固定（还原）溶解氧等。

应当注意，加入的保存剂不能干扰之后的测定；保存剂的纯度最好是优级纯，还应做相应的空白实验，对测定结果进行校正。

水样的保存期与多种因素有关，如组分的稳定性、浓度、水样的污染程度等。在《水

质 采样样品的保存和管理技术规定》（HJ 493—2009）中，还规定了测定放射学分析等水样的保存方法。

（3）水样的过滤或离心分离。如测定水样中某组分的全量，充分摇匀后取样测定；如测定可滤（溶解）态组分含量，所采水样应用 0.45 μm 微孔滤膜过滤，除去藻类和细菌，提高水样的稳定性，有利于保存；如测定不可滤态的金属时，应保留过滤水样用的滤膜备用。对于泥砂型水样，可用离心方法处理。对含有机质多的水样，可用滤纸或砂芯漏斗过滤。用自然沉降后取上清液的方法测定可滤态组分是不恰当的。

### 7. 水样运输注意事项

水样采集后，应防震、防污、保温，必须尽快送回实验室。根据采样点的地理位置和测定项目最长可保存时间，选用适当的运输方式，并做到以下两点：

（1）为避免水样在运输过程中震动、碰撞导致损失或污染，应将其装箱，并用泡沫塑料或纸条挤紧，在箱顶贴上标记。

（2）需冷藏的样品，应采取制冷保存措施；冬季应采取保温措施，以免冻裂样品瓶。

### 8. 水样预处理的目的及原则

水样预处理是目前分析测试工作的重要环节。样品在采集过程中易被沾污或者因吸附、挥发等造成的损失，往往使监测结果失去准确性，甚至得出错误的结论。水样预处理主要是保证进入自动分析仪的水样能满足仪器的分析要求，水样预处理的技术方法和注意事项是保证监测结果真实可靠的保障。

常用的水样预处理方法有多种。无机物测定的预处理方法常用的有过滤、絮凝沉淀、蒸馏、酸化吹气法等；Cu、Pb、Zn、Cd 等重金属的预处理一般选用消解法；半挥发性有机物的预处理方法主要有液-液萃取，液-固萃取及固相微萃取等；对挥发性有机物的预处理方法主要有吹脱捕集法-顶空法和液-液萃取。

环境水样预处理具体方法的选择应根据处理方法对被测组分的实际影响，测定项目的要求和水样特点等来确定，每种处理方法都有一定的技术要求，操作方法不得当，都会直接影响监测结果的准确性。

## 二、大气样品采集的质量控制措施

### 1. 影响大气环境监测质量的因素分析

影响大气环境监测结果的因素主要有三个：

1）现场采样。现场采样可以分为设置监测点、采集样品和保持样品等程序，这几道程序都会对大气环境监测的结果造成影响，其中监测点设置合理与否直接影响最终结果的准确性和代表性，监测点通常要考虑到天气情况、四周环境以及排污口的位置，一旦监测点设置不当，采集的样本就会有较大的误差，此外样本的采集时间和频率、气象条件，样品的运输及保持都会对采样的质量造成一定的影响。

2）样品分析。在样品采集完成后，需要对样本进行数据分析和测试，此时需要严格注意实验仪器的精度、化学试剂的纯度以及实验环境，同时选择合适的实验方法，大气中的污染物含量相对较低，以上因素会对实验结果造成严重的影响，使实验结果产生较大的偏差。

3）人为因素。在任何工作中，人的因素都是第一位的，大气环境监测工作对相关的技术人员要求非常严格，分析人员需要严格按照相应的规定和标准进行操作，否则结果的准确性就可想而知。此外，操作人员的技术水准及工作态度对监测结果也有较大的影响。

目前我国大气环境监测没有完整的质量控制体系，在实际操作过程中，由于资金缺乏，设备老旧，更新不及时，日常维护力度差，而且工作人员素质偏低，采样的质量得不到保证，分析过程中存在大量误差，最终导致数据偏差较大。

### 2. 大气环境监测质量控制措施探析

在大气环境监测质量控制中，要最终得到准确的大气环境质量监测数据，首先要保证监测工作过程中的每一个环节都能得到有效的控制，而监测过程中的各个环节是由不同人员来完成的，而且有室外工作和室内工作之分，所以要完善大气环境质量监测，首先要建立一套完善的大气环境监测质量体系和标准，这样既可以保证监测工作过程中的采样精确性和代表性，又可以使整个监测工作过程有完整的标准可以遵守和执行。

其次，要保证现场采样工作的质量。现场采样的样品质量主要分为采样代表性和采样精确性，其中采样代表性是指综合考虑样品的地理位置、采样时间和周期，要结合当地的实际情况做好规划，从而最大限度地保证采样的代表性；而采样精确性是指样本在收集过程中的质量精确，要将样品分类整理好，做好样本的管理和保存，并选择专人进行监督，保证样品的精确性，不可二次采集。此外，对于采集好的样品进行加标、分类，并放到样品存放器中进行严格管理和控制。

最后，提高监测人员的自身素质、理论水平和实际操作能力，也是提高监测质量的重要手段之一，提高监测人员的综合素质和专业技能是减少数据误差、保证数据准确性的重要手段，相关单位应该定期组织技术人员进行培训，并进行理论知识和操作水平的考试，从而达到提高监测人员技术水平、操作能力和理论知识的目的。

## 三、土壤环境监测质量控制

### 1. 样品采样、运输、制备的质量控制

要提高土壤环境监测结果的准确度，样品采集是第一步，也是最为基础、最为重要的一步，如果采样不够规范，会对监测结果造成很大的误差。

（1）监测点位的布设。样品要具有代表性，有一定的说明价值，因此点位的布设既要随机，又要等量。样品数量的多少可根据均方差和绝对偏差、变异系数和相对偏差等各项参数计算得出；布点数量要充分考虑到是否能够满足样本基本容量。

（2）样品的采集。分为前期、正式以及补充 3 个采集阶段，具体要根据环境背景、土

壤类型、监测需求选取适宜的采集办法，严格安全规范操作流程开展作业。样品采集过程中要做好记录，贴好标签，对样品基本信息进行详细的登记，核对无误后再根据不同类别进行装箱运输。样品送达实验室，交接过程中要做好清点核对工作，确认无误后签字，双方最好留有备份，以便日后查阅。

（3）样品的制备。风干室具有良好的通风条件，必须干净整洁，无其他挥发性化学物质存在，样品要避光保存。制备工具、容器配置齐全，严格按照规范要求进行操作，对标签与样品之间要仔细核对，避免混淆。

（4）样品保存。特性不稳定的样品要在低温条件下进行保存，特殊土样对保存温度和容器都有要求，土样采集要够量，在保存期限内完成检测工作。注意对于有机物的样品要采取棕色玻璃器皿来保存。总之，要根据样品特性选择适合的容器，并注意不同样品的有效保存期限。预留样品要在样品库中等级造册，无论是入库、领用还是做最终的清理处理都要记录。

**2. 实验室的质量控制**

（1）实验室内部的质量控制。样品进入实验室，由检测人员对样品进行分析，在此过程中，质量控制关键在于准确度的控制、精密度控制，此外还要注意处理检测过程中出现的干扰情况。在土壤环境监测的过程中，每一批样品每一个项目都要有平行样品，平行样品根据样品数量而定。平行双样测定允许有误差存在，如果在允许的范围之内则为合格，反之则需要重新测定样品，同时增加平行样直至测定合格。在准确度的控制方面，可采取标准物质或质量控制样品，或通过测定加标回收率进行控制。准确度的控制是建立在精密度合格的基础之上的，质量控制样测定值必须在规定范围内才为合格。如果测定项目缺乏质量控制样品，那么就需要通过加标回收实验来对准确度予以测定。《土壤环境监测技术规范》中指出，必测项目要配备有准确度质量控制图，其作用在于对质量自控进行评测，以测试结果质量是否具有可信度，从而更准确地反映土壤环境的实际情况。在对样品进行检测分析的过程中，可能会有一些突发状况发生，如停电、停水，会对检测的质量产生影响，干扰检测结果的准确性，对此，只能采取重新测定的办法。如果仪器突发故障，则要采用满足检测要求的备用仪器重新测定。

（2）实验室间的质量控制。定期开展实验室间比对和能力验证活动，以检验实验室的技术水平和质量控制能力，从而提高数据的准确性和有效性。如果通过实验室间的比对发现结果偏差较大，应该查找原因，积极纠正，并通过实验对数据的有效性进行再次验证。

**3. 实验室管理的质量控制**

（1）人员方面的质量控制。监测工作是由人来操作执行的，因此质量控制与工作人员也有直接的关系。监测人员的专业素质与业务技能水平的高低对监测结果的质量有直接的影响。对于监测人员来说，要充分认识到质量控制的重要性，加强意识，本着严谨、规范、负责的态度来进行操作，最大限度地减少甚至避免人为失误，科学处理数据。对于监测机构来说，加强人才队伍建设也是一项重要的工作内容，应不断提高监测人员的综合素质和职业技能。

（2）仪器设备的质量控制。土壤环境监测使用的仪器和设备要保证良好的性能，事先做好检修调试工作，尽可能避免在使用过程中出现故障，影响监测工作的效率。日常要注意对仪器设备保养和维护，定期进行检测和校准。对于重点仪器或者使用率高的仪器，处理检测和校准还要定期进行核查。

（3）监测报告的质量控制。监测报告是土壤环境监测的最终环节，是监测结果的最终呈现。对于监测报告，要严格进行审核，保证监测数据的准确性。可采取质量管理责任制，逐级对监测报告进行审核，做到分工明确，责任明确，层层把关。对于有疑问的数据，要积极进行查证，分析问题、解决问题，不拖沓、不推卸。报告编制人员要不断提高业务水平，定期开展学习和培训，减少人为失误，争取编制报告无错误、无疏漏。

### 四、生态环境监测质量控制

#### 1. 生态环境监测实验室管理与质量控制要求

（1）严格按照程序进行操作，确定操作流程。在进行生态环境监测实验室管理与质量控制时，要以保证实验结果准确为前提，明确标准，严格按照程序进行操作，优化数据分析步骤。明确工作规程，严格按照实验室的工作流程和相关规定进行操作。明确操作方法，不得使用规定范围外的操作手段进行质量控制与管理。要结合行业通用标准与国际标准加强对实验室的质量控制，并且所采用的监测方法都要经过实验室的方法确认并通过省级质量技术监督部门计量认证后才可以正式投入使用。监测人员要及时对采样样品进行预处理，其目的是保证样品不受到环境等其他因素的影响，从根源上保证数据准确。根据质量控制要求，对样品进行测试，按照相关要求进行操作，操作完毕后，再对每一个样品测试结果进行复核，确保数据符合要求，保证结果准确。

（2）加强对实验设备的维护，提高数据准确性。为了提高实验数据结果的准确性，要保证硬件合格。先进的实验器材与设备是保证实验数据结果准确的关键。首先，实验室内的所有设备均有有效期限，要在这一期限内定期对设备加强维护、检定和校准，提高设备的可靠性，延长设备的使用寿命。在使用设备进行实验和分析之前，有必要进行校准和检查，保证设备精度，方可投入实验环节。要制定完善的实验设备维护规章制度，将设备的维护与保养工作常态化、规范化。制订健全的设备检查计划，对设备定期开展检查与维护。确保实验室的管理人员、实验人员对设备的性能、使用方法熟练掌握，同时还要正确维护设备，一旦设备发生问题，需及时进行维修，保证设备可以正常使用。严格按照设备的操作要求进行维护，降低设备出现问题的可能性。提高实验室管理人员的专业水平，使其具有实验设备维护与管理意识，全面保证监测数据的准确性和可靠性。

### 2. 生态环境监测实验室管理与质量控制具体措施

（1）实现全过程监控，提高实验质量。在开展实验室管理与质量控制时，为了保证最终的监测结果准确，要对实验的全过程进行监控，保证每一个环节不出差错。生态环境监测实验室质量控制的全程监控体现在样品采集、样品运输和交接、样品分析、数据处理、质量控制检查和结果评价等多个方面，因此，要对这些环节仔细、全面地检查，实现全过程质量控制。选择业务素质过硬和具有责任感的监测人员进行监督和控制；选择经验丰富的实验人员把关实验过程，结合相应规定对实验过程进行全面把关和控制，从而提高实验数据的准确性。

（2）明确各项规定，采取有效措施保证实验结果准确。要加强对实验室的质量控制，建立健全实验室质量管理体系，为生态环境监测创造良好的实验室内部环境，规范操作，明确各项规定，包括对实验人员、仪器设备、试剂耗材、国家法律法规和标准、实验环境等做出具体规定。为了保证最终实验结果准确，在进行测量与分析时，要结合不同的样品对实验结果进行分析，可以采用平行样分析、加标回收分析、密码样分析、标准物质或质量控制样对比分析，也可使用相同的方法在不同实验室或不同人员间进行比对，进一步提高实验结果的准确性，保证实验顺利完成，为生态环境监测提供可靠依据。

（3）加强实验监督，改进问题与不足。为进一步提高实验质量、保证数据结果准确，要加大监督力度，采取合理、科学的管理方式促进实验顺利进行，严格把关实验质量。建立健全、完善的监督管理流程，保证操作人员能够严格遵守各项制度，对实验进行高效处理，把关好每一个细节，遵循相关制度与要求，完善质量监督规定，将监督与管理贯穿实验始终，及时改进实验中的薄弱环节，提高实验质量。在正式实验之前，相关人员要了解实验的流程与目的，掌握正确的实验操作方法，对实验过程中可能存在的问题进行预测，并制定相应的改进措施。

为进一步提高生态环境监测质量，保证监测结果准确，要加强对实验室的管理与质量控制。完善的实验室管理与质量控制工作能有效提高实验数据的准确性，对生态环境监测与治理工作提供相应的参考依据。

# 下 篇
## 实验篇

# 第五章　水污染控制工程实验

水污染控制工程实验是环境科学与工程类专业的必修课程，本教程为加深学生对水污染控制技术基本原理的理解，打破常规单一实验教学的局限性，设置了多个实验组合的综合性实验，可培养学生设计和实施水处理实验方案的初步能力。本课程实验的设置旨在加深学生对基本概念的理解，巩固所学的理论知识，同时通过综合性、设计性实验培养学生独立分析问题、解决问题的能力，创新精神和团队合作的意识，严谨的实验态度和基本测试技术，能够对实验结果进行分析与解释，具备解决水处理中复杂工程问题的能力。

## 实验一　自由沉淀实验

自由沉淀实验是研究浓度较小的单颗粒的沉淀规律。一般是通过沉淀柱静沉实验获取颗粒沉淀曲线。它不仅具有理论指导意义，而且也是水处理工程中某些构筑物（如沉砂池、沉淀池）设计的重要依据。

### 一、实验目的与要求

1. 通过观察沉淀过程，加深对自由沉淀的特点、基本概念及规律的理解。

2. 初步掌握颗粒自由沉淀的实验方法，并能对实验数据进行分析、整理、计算。

3. 进一步了解和掌握自由沉淀规律，根据实验结果绘制自由沉淀曲线，包括时间-沉淀效率（$t\text{-}E$）的关系曲线、颗粒沉速-沉淀效率（$u\text{-}E$）的关系曲线。

### 二、实验原理

沉淀是指从液体中借重力作用去除固体颗粒的一种过程。根据液体中固体物质的浓度和性质，可将沉淀过程分为自由沉淀、絮凝沉淀、成层沉淀和压缩沉淀等四类。当废水中的悬浮物浓度不高时，在静沉过程中颗粒之间互不干扰、碰撞，呈单颗粒状态下沉，这种沉淀属于自由沉淀。

自由沉淀时颗粒是等速下沉，下沉速度与沉淀的高度无关，因而自由沉淀可在一般的沉淀柱内进行。为使沉淀颗粒不受器壁的干扰，沉淀柱的直径一般应不小于100 mm。

如果沉淀柱的有效水深为 $H$，如图 1 所示，通过不同的沉淀时间 $t$，可求得不同的沉速 $u$，$u=H/t$。如沉淀时间为 $t$，相应的沉速为 $u_0$，则颗粒的去除率（也称沉淀效率，$E$）由两部分构成：当 $u \geqslant u_0$，颗粒能全部去除，去除率为 $E_1$；当 $u < u_0$，颗粒能部分去除，去除率为 $E_2$，则有 $E=E_1+E_2$。设所有沉速 $u < u_0$ 的颗粒占总颗粒数的百分数为 $P_0$，其中某一种沉速为 $u_x$ 的颗粒的去除百分数为 $u_x/u_0$，则所有沉速 $u < u_0$ 的颗粒的去除率为 $E_2=\int_0^{P_0} \frac{u_x}{u_0} \mathrm{d}p$。沉速 $u \geqslant u_0$ 的颗粒所占的百分数为 $1-P_0$，$E_1=1-P_0$，则总去除率为

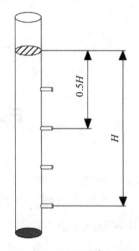

图 1　沉淀柱示意图

$$E=(1-P_0) + \int_0^{P_0} \frac{u_x}{u_0} \mathrm{d}p \qquad (1)$$

但沉速 $u < u_0$ 的颗粒占总颗粒数的百分数 $P_0$ 不易统计，故 $E_2$ 较难计算。实验中可按以下方法进行去除率的计算。

在 $t=0$ 时，沉淀柱中任何一点的悬浮物（SS）质量浓度是一致的，等于 $\rho_0$。随着沉淀的进行，沉淀柱中悬浮物质量浓度不再是均匀的，其质量浓度随水深而增加，从沉淀柱下部取样测出的质量浓度将大于上部和中部的质量浓度，严格来说，经过沉淀时间 $t$ 后，应将沉淀柱中有效水深内的水样全部取出，混匀后测出其质量浓度 $\rho_t$，从而计算沉淀时间为 $t$ 的沉淀效率 $E_t$。

$$E_t = \frac{\rho_0 - \rho_t}{\rho_0} \times 100\% \qquad (2)$$

在不同的沉淀时间 $t_1$、$t_2$、…分别取样，可绘制出 $t$-$E$ 曲线、$u$-$E$ 曲线。

由于上述实验的工作量太大。经简化，可以从有效水深内的上、中、下部取相同数量的水样混匀后求出有效水深内（污泥层以上）的平均悬浮物浓度。或者，可以假定悬浮物浓度沿深度呈直线变化，这样，将取样口设在沉淀柱中部 $0.5H$ 处，则该处水样的悬浮物浓度可近似地代表整个有效水深内的平均浓度，据此计算出沉淀时间为 $t$ 的沉淀效率。在不同的沉淀时间 $t_1$、$t_2$、…分别从中部取样，测出其悬浮物质量浓度 $\rho_1$、$\rho_2$、…，并量出水深的变化 $H_1$、$H_2$、…（如沉淀柱直径足够大，则水深变化可忽略不计），可计算出 $u_1$、$u_2$、…（等于 $H_1/t_1$、$H_2/t_2$、…），根据所测数据可绘制出 $t$-$E$ 曲线、$u$-$E$ 曲线。

### 三、实验仪器与试剂

#### 1. 仪器

自由沉淀装置（图 2）；分析天平；称量瓶；烘箱；滤纸；漏斗；漏斗架；量筒；烧杯。

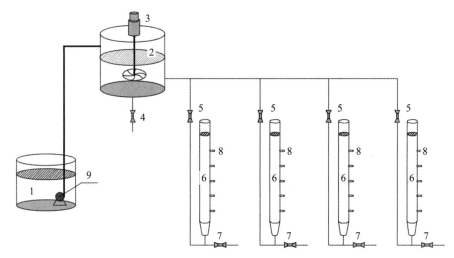

1—低位水箱；2—高位水箱；3—搅拌装置；4—放空阀；5—进水阀；
6—沉淀柱；7—排水阀；8—取样口；9—泵。

**图2 自由沉淀装置**

**2．试剂**

可采用生活污水、浊度不太大的工业废水（如造纸废水、轧钢废水等），或用高岭土、硅藻土配制水样。

**五、实验步骤**

1．实验前将各阀门关闭，将水样倒入低位水箱，用泵将水样送至高位水箱，开启搅拌装置，搅拌约 10 min，使水样中的悬浮物颗粒分布均匀。然后打开高位水箱放空阀取 3 次水样，分别测定水样的悬浮物质量浓度，其平均值即为初始质量浓度$\rho_0$。每次取样后关闭放空阀。

2．打开进水阀，使水样进入沉淀柱内，到达适当高度后，关闭进水阀。同时开始计时，沉淀实验开始。

3．隔 5 min、10 min、20 min、30 min、45 min、60 min、90 min，由取样口取样，并记录沉淀柱内液面高度。注意取样前，先排出取样管中的积水约 10 mL。

4．观察悬浮物沉淀特点和现象。

5．测定水样中悬浮物质量浓度，以 mg/L 计。测定每一沉淀时间的水样的悬浮物的质量浓度方法如下：首先调烘箱至 105±1℃，叠好滤纸放入称量瓶，打开盖子，将其放入 105℃烘箱中至恒重，称取重量，然后将恒重好的滤纸取出放在玻璃漏斗中，过滤水样，并用蒸馏水冲净，使滤纸上得到全部悬浮物。最后将带有滤渣的滤纸移入称量瓶中称重（重复烘干至恒重的过程）。

6. 每次取样体积要适当，如 100 mL 或 200 mL。

实验数据记录到表 1 中。

表 1　自由沉淀实验记录　　　　　　　　　　　　　　水温：

| $t/$ min | 取样体积/ mL | （称量瓶+滤纸）/ g | （称量瓶+滤纸+SS）/ g | SS/ g | $\rho/$ (mg/L) | $\rho_{平均}/$ (mg/L) | $H/$ cm |
|---|---|---|---|---|---|---|---|
| 0 | | | | | | | |
| 5 | | | | | | | |
| 10 | | | | | | | |
| 20 | | | | | | | |
| 30 | | | | | | | |
| 45 | | | | | | | |
| 60 | | | | | | | |
| 90 | | | | | | | |

注：除 $\rho_0$ 取 3 次水样外，其余均只取 2 次水样。

## 六、实验数据记录与整理

1. 将实验原始数据按表 2 进行整理，以备分析之用。

表 2　实验数据整理

| $H/$cm | | | | | | | |
|---|---|---|---|---|---|---|---|
| $t/$min | | | | | | | |
| $u/$（mm/s） | | | | | | | |
| $E（\%）=\dfrac{\rho_0-\rho_t}{\rho_0}\times100\%$ | | | | | | | |

2. 分别以 $t$、$u$ 为横坐标，$E$ 为纵坐标绘制 $t$-$E$ 曲线和 $u$-$E$ 曲线。

### 七、思考题

1．简述自由沉淀的特点。

2．简述绘制自由沉淀曲线的意义。

3．在层流区时，颗粒沉速可用什么公式描述？说明公式中各项变化对沉速的影响。

4．说明理想沉淀池的 4 个假设。

5．水中颗粒的相对密度为 2.6，粒径为 0.1 mm，求在水温 10℃时的单颗粒沉降速度。

## 实验二　混凝实验

混凝实验是水处理的基础实验之一，被广泛应用于科研、生产中。分散在水中的胶体颗粒带有电荷，同时在布朗运动及其表面水化膜作用下，长期处于稳定分散状态，不能用自然沉淀法去除。向这种水中投加混凝剂后，可以使分散颗粒相互结合聚集增大，从水中分离出来。由于各种原水有很大差别，混凝效果不尽相同。混凝剂的混凝效果不仅取决于混凝剂投加量，还取决于水的 pH、水流速度梯度等因素。通过混凝实验，不仅可以选择投加药剂种类、数量，还可以确定混凝最佳条件。

### 一、实验目的与要求

1．学会求得某水样最佳混凝条件（包括 pH、投药量）的基本方法。

2．了解混凝的现象及过程，观察矾花的形成及混凝沉淀效果。

3．加深对混凝机理的理解。

### 二、实验原理

化学混凝法用来去除水中无机和有机胶体颗粒。通常废水中胶体颗粒的大小变化在 100Å～10 μm，胶粒之间的静电斥力、胶粒的布朗运动及胶粒表面的水化作用使胶粒具有分散稳定性，靠自然沉淀不能除去。混凝过程包括胶体的脱稳和颗粒增大的凝聚作用，随后这些大颗粒可用沉淀、气浮或过滤法去除。

消除或降低胶体颗粒稳定因素的过程叫脱稳，脱稳是通过投加强的阳离子电解质（如 $Al^{3+}$、$Fe^{3+}$）或阳离子高分子电解质来降低 Zeta 电位，或者是由于形成了带正电荷的含水氧化物而吸附胶体，或者是通过阴离子和阳离子高分子电解质的自然凝聚，或者是由于胶体被围在含水氧化物的矾花内等方式来完成的。混凝剂使胶体脱稳的主要作用是压缩双电层和吸附架桥。脱稳后的胶粒，在一定的水力条件下，能形成较大的絮凝体（俗称矾花），该过程称为凝聚。

由布朗运动造成的颗粒碰撞絮凝叫作异向絮凝；由机械运动或液体流动造成的颗粒碰

撞絮凝叫作同向絮凝。异向絮凝只对微小颗粒起作用，当粒径大于 5 μm 时，布朗运动基本消失。

从胶体颗粒变成较大的矾花是一个连续过程，为了研究方便可划分为混合阶段和反应阶段。混合阶段要求混凝剂和废水快速混合均匀，一般在几秒钟或 1 min 内完成，该阶段只能产生肉眼难以看见的微絮凝体；反应阶段要求搅拌强度随矾花的增大而逐渐降低，以免结大的矾花被打碎而影响混凝的效果，反应时间为 15～30 min，该阶段微絮凝体形成较密实的大粒径矾花。

### 三、实验仪器与试剂

#### 1. 仪器

六联电动搅拌器（图 1）；浊度仪；酸度计；1 000 mL 和 200 mL 烧杯；移液管；温度计；100 mL 注射器；1 000 mL 量筒若干个。

#### 2. 试剂

混凝剂（如硫酸铝、三氯化铁、聚合氯化铝、聚丙烯酰胺等）；NaOH 溶液；盐酸等。

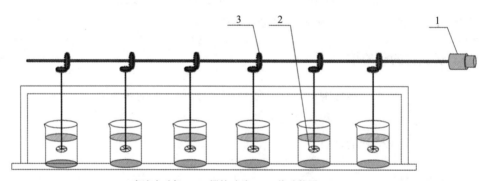

1—变速电动机；2—搅拌叶片；3—传动装置。

**图 1　六联电动搅拌器**

### 四、实验步骤

混凝实验分为最佳投药量和最佳 pH 两部分。在进行最佳投药量实验时，先选定一种搅拌速度变化方式和 pH，求出最佳投药量。然后按照最佳投药量求出最佳 pH。在混凝实验中所用的实验药剂可参考下列浓度进行配制：

1. 精制硫酸铝 $[Al_2(SO_4)_3 \cdot 18H_2O]$，质量浓度为 10 g/L；

2. 三氯化铁（$FeCl_3 \cdot 6H_2O$），质量浓度为 10 g/L；

3. 聚合氯化铝 $[Al_2(OH)_mCl_{6-m}]$，质量浓度为 10 g/L；

4. 化学纯盐酸（HCl），质量浓度为 1 mol/L；

5．化学纯氢氧化钠（NaOH），质量浓度为 1 mol/L。

## （一）最佳投药量实验步骤

1．确定原水水质特征，即测定原水水样浑浊度、pH、温度。如有条件，测定胶体颗粒的 Zeta 电位。

2．确定形成矾花所需的最小混凝剂量。方法是通过慢速搅拌（100 r/min 或 50 r/min）烧杯中的 200 mL 原水，并每次增加 0.5 mL 或 1 mL 混凝剂投加量，直至出现矾花为止。这时的混凝剂量作为形成矾花的最小投加量。

3．用 6 个 1 000 mL 的烧杯，分别倒入 1 000 mL 原水，置于实验搅拌机平台上。

4．确定实验时的混凝剂投加量。根据步骤 2 得出形成矾花的最小投加量，取其 1/4 作为 1 号烧杯的混凝剂投加量，取其 2 倍作为 6 号烧杯的混凝剂投加量，用依次增加混凝剂投加量相等的方法求出 2～5 号烧杯混凝剂投加量。

5．启动搅拌机，转速为 300～500 r/min，把混凝剂分别加入 1～6 号烧杯中，快速搅拌 30 s、中速搅拌 5 min 左右，转速约 100 r/min；慢速搅拌 5～10 min、转速为 50～80 r/min。

如果用污水进行混凝实验，污水胶体颗粒比较脆弱，搅拌速度可适当放慢。

6．关闭搅拌机、抬起搅拌桨、静止沉淀 5～15 min，用 50 mL 注射针筒抽出烧杯中的上清液（共抽 3 次约 100 mL）放入 200 mL 烧杯内，立即用浊度仪测定浊度（每杯水样测定 3 次），记入表 1 中。

## （二）最佳 pH 实验步骤

1．取 6 个 1 000 mL 烧杯分别放入 1 000 mL 原水，置于实验搅拌机平台上。

2．确定原水特征，测定原水浑浊度、pH、温度。本实验所用的原水和最佳投药量实验时相同。

3．调整原水 pH，用盐酸和 NaOH 溶液将原水 pH 分别调整为 4、5、6、7、8、9。启动搅拌机，快速搅拌 30 s，转速约 300 r/min。随后从各烧杯中分别取出 50 mL 水样放入锥形瓶，用酸度计测定各水样 pH 并记入表 2 中。测定后将水样倒回烧杯。

4．启动搅拌机，转速为 300～500 r/min，把最佳投药量的混凝剂分别加入 1～6 号烧杯中，快速搅拌 30 s、中速搅拌 5 min 左右，转速约 100 r/min；慢速搅拌 5～10 min、转速为 50～80 r/min。

5．关闭搅拌机，静置 5～15 min，用 50 mL 注射针筒抽出烧杯中的上清液（共抽 3 次约 100 mL）放入 200 mL 烧杯中，立即用浊度仪测定浊度（每杯水样测 3 次），记入表 2 中。

## 五、实验数据记录与整理

原水温度：　　　　　　　　　原水浊度：　　　　　　原水 pH：

混凝剂：　　　　　　　　　　混凝剂浓度：

最小混凝剂量/mL：　　　　　　相当于/（mg/L）：

### 表 1　最佳混凝剂投加量

| 水样编号 | 1 | 2 | 3 | 4 | 5 | 6 |
|---|---|---|---|---|---|---|
| 投药量/mL | | | | | | |
| 质量浓度/（mg/L） | | | | | | |
| 初矾花时间/min | | | | | | |
| 剩余浊度 | | | | | | |
| 最佳投药量/（mg/L） | | | | | | |

| 快速搅拌　　min | 中速搅拌　　min | 慢速搅拌　　min | |
|---|---|---|---|
| 转速　　r/min | 转速　　r/min | 转速　　r/min | 沉淀时间　　min |

### 表 2　最佳 pH　　　　　　　　　　　　　　质量浓度：　　mg/L

| 水样编号 | 1 | 2 | 3 | 4 | 5 | 6 |
|---|---|---|---|---|---|---|
| pH | | | | | | |
| 剩余浊度 | | | | | | |
| 最佳 pH | | | | | | |

| 快速搅拌　　min | 中速搅拌　　min | 慢速搅拌　　min | |
|---|---|---|---|
| 转速　　r/min | 转速　　r/min | 转速　　r/min | 沉淀时间　　min |

## 六、思考题

1. 混凝对水力条件有何要求？
2. 简述混凝机理。
3. 简述高分子混凝剂的作用。
4. 铝盐混凝剂的作用过程有哪些？
5. 为什么最大加药量时，混凝效果并不是最好？过量的混凝剂可以使混凝效果更好吗？

# 实验三　离子交换实验

离子交换法在水处理工程中有广泛的应用，是处理电子、医药、化工等工业用水的普遍方法，也是锅炉给水中最常用的除盐方法。

## 一、实验目的与要求

1．加深对阳离子交换树脂交换容量的理解。
2．掌握测定阳离子交换树脂交换容量的方法。

## 二、实验原理

离子交换剂是一种不溶于水的多孔性固体物质，在其孔表面及孔隙内的一定部位附有特定的离子交换基团，它能从溶液中吸附某种阳离子或阴离子，同时把本身所含的另外一种相同电荷的离子等当量地交换出来，释放到溶液中，反应式为 $B^+ + R^-A^+ = A^+ + R^-B^+$，式中 $R^-$ 为离子交换剂的母体（也称骨架）。离子交换剂包括天然沸石、人造沸石、磺化煤、离子交换树脂等，其中离子交换树脂应用最多。按照所交换离子的种类，离子交换剂可分为阳离子交换剂和阴离子交换剂两大类。天然或人造沸石、磺化煤都是阳离子交换剂。本实验使用离子交换树脂。

树脂的交换容量是树脂最重要的性能，它定量地表示树脂交换能力的大小。树脂交换容量在理论上可以从树脂单元结构式中粗略地计算出来。以强酸性苯乙烯系阳离子交换树脂为例，其单元结构式为

$$—CH—CH_2—$$

SO₃H 的结构图

单元结构式中共有 8 个碳原子、8 个氢原子、3 个氧原子、1 个硫原子，其摩尔质量为 184.2 g/mol，只有强酸基团 $SO_3H$ 中的 H 遇水电离形成的 $H^+$ 离子可以交换，即每 184.2 g 干树脂只有 1 g 可交换离子。

强酸性阳离子交换树脂交换容量测定前需经过预处理，即经过酸碱轮流浸泡，以去除树脂表面的可溶性杂质。测定阳离子交换树脂容量常采用碱滴定法，用酚酞作指示剂，按下式计算交换容量：

$$E = \frac{cV}{W \times 固体含量} \tag{1}$$

式中：$c$——NaOH 标准溶液的浓度，mmol/mL；

$V$——NaOH 标准溶液的用量，mL；

$W$——样品湿树脂质量，g。

### 三、实验仪器与试剂

#### 1. 仪器

万分之一精密天平；烘箱；干燥器；250 mL 锥形瓶；10 mL 移液管。

#### 2. 试剂

强酸性阳离子交换树脂；1 mol/L HCl 溶液；1 mol/L NaOH 溶液；0.5 mol/L NaCl 溶液；1%酚酞乙醇溶液；0.1 mol/L NaOH 溶液。

### 四、实验步骤

1. 强酸性阳离子交换树脂的预处理：取样品约 10 g 以 1 mol/L HCl 和 1 mol/L NaOH 轮流浸泡，即按"酸—碱—酸—碱—酸"的顺序浸泡 5 次，每次 2 h，浸泡液体体积为树脂体积的 2～3 倍。在酸碱互换时应用 200 mL 去离子水进行洗涤。5 次浸泡结束后用去离子水洗涤至溶液呈中性。

2. 测强酸性阳离子交换树脂固体含量（%）：称取树脂样品 1 g（精确至 0.1 mg），置于 105～110℃烘箱内约 2 h，烘干至恒重后放入氯化钙干燥器中冷却至室温，称量，记录干燥后的树脂质量。

$$固体含量=干燥后的树脂质量/样品质量 \tag{2}$$

3. 强酸性阳离子交换树脂交换容量的测定：称取树脂样品 1 g（精确至 0.1 mg），放入 250 mL 锥形瓶中，加入 0.5 mol/L NaCl 溶液 100 mL，摇动 5 min，放置 2 h 后加入 1%酚酞乙醇溶液 3 滴，用标准 0.1 mol/L NaOH 溶液进行滴定，至呈微红色 15 s 不退，即为终点。记录 NaOH 标准溶液的浓度及用量。

若时间允许，平行测定 3 组数据，将测定的数据记录在表 1 和表 2 中。

表 1 强酸性阳离子交换树脂固体含量记录

| 湿树脂样品质量/g | 烘干后树脂样品质量/g | 固体含量/% | 平均固体含量/% |
|---|---|---|---|
|  |  |  |  |
|  |  |  |  |
|  |  |  |  |

表 2　强酸性阳离子交换树脂交换容量测定记录

| 湿树脂样品质量/g | NaOH 标准溶液浓度/（mmol/mL） | NaOH 标准溶液用量/mL | 交换容量/（mmol/g 干氢树脂） | 平均交换容量/（mmol/g 干氢树脂） |
|---|---|---|---|---|
|  |  |  |  |  |
|  |  |  |  |  |
|  |  |  |  |  |

### 五、实验数据整理

1. 根据实验测定数据计算树脂固体含量。
2. 根据实验测定数据计算树脂全交换容量。

### 六、思考题

1. 测定强酸性阳离子交换树脂的交换容量为何用强碱液 NaOH 滴定？
2. 写出本实验有关化学反应式。
3. 交换剂的全交换容量是什么？
4. 离子交换除盐和离子交换软化系统有什么区别？
5. 离子交换剂分为哪儿类？

# 实验四　活性炭吸附实验

　　活性炭处理工艺是运用吸附的方法来脱色、去除异味、某些离子以及难以进行生物降解的有机污染物。在吸附过程中，活性炭比表面积起着主要作用。同时，被吸附物质在溶剂中的溶解度也直接影响吸附的速度。此外，pH 的高低、温度的变化和被吸附物质的分散程度也对吸附速度有一定影响。

### 一、实验目的与要求

1. 加深理解吸附的基本原理。
2. 验证 Freundlich 公式及 Langmuir 公式。
3. 掌握活性炭吸附公式中常数的确定方法。

### 二、实验原理

　　活性炭对水中所含杂质的吸附既有物理吸附现象，也有化学吸附作用。被吸附物质优先在活性炭表面上积聚浓缩，继而进入固体晶格原子或分子之间被吸附，还有一些特殊物质则与活性炭分子结合而被吸附。

当活性炭吸附水中所含杂质时，水中的溶解性杂质在活性炭表面积聚而被吸附，同时也有一些被吸附物质由于分子的运动而离开活性炭表面，重新进入水中同时发生解吸现象。当吸附和解吸附处于动态平衡状态时，称为吸附平衡。这时活性炭和水（即固相和液相）之间的溶质浓度，具有一定的分布比值。如果在一定压力和温度条件下，用 $m$ g 活性炭吸附溶液中的溶质，被吸附的溶质为 $x$ mg，则单位重量的活性炭吸附溶质的数量 $q_e$，即吸附容量可按下式计算：

$$q_e = \frac{x}{m} = \frac{V(\rho_0 - \rho_e)}{m} \tag{1}$$

式中：$q_e$——吸附容量，mg/g；

$\quad\quad V$——溶液体积，L；

$\quad\quad \rho_0$、$\rho_e$——分别为溶质的初始质量浓度和平衡质量浓度，mg/L；

$\quad\quad m$——活性炭质量，g。

$q_e$ 的大小除了取决于活性炭的品种，还与被吸附物质的性质、浓度、水的温度及 pH 有关。一般来说，当被吸附的物质能够与活性炭发生结合反应、被吸附物质又不容易溶解于水而受到水的排斥作用，且活性炭对被吸附物质的亲和作用力强、被吸附物质的浓度又较大时，$q_e$ 值就比较大。

常用的描述吸附容量 $q_e$ 与吸附平衡时溶液浓度 $\rho_e$ 的关系有 Fruendlieh 和 Langmuir 吸附等温式。

在水和污水处理中通常用 Fruendlich 表达式来比较不同温度和不同溶液浓度时的活性炭的吸附容量，即

$$q_e = K\rho_e^{\frac{1}{n}} \tag{2}$$

式中：$K$——与吸附比表面积、温度有关的系数；

$\quad\quad n$——与温度有关的常数，$n>1$；

$\quad\quad \rho_e$——吸附平衡时的溶液质量浓度，mg/L。

这是一个经验公式，通常用图解方法求出 $K$、$n$ 的值。为了方便易解，往往将式（2）变换成线性对数关系式：

$$\lg q_e = \lg K + \frac{1}{n}\lg \rho_e \tag{3}$$

由实验数据按式（3）作图得一直线（图 1），其斜率为 $\frac{1}{n}$，截距等于 $\lg K$。一般认为，$\frac{1}{n}$ 值介于 0.1~0.5，则易于吸附；$\frac{1}{n}>2$ 时，难以吸附。利用 $K$ 和 $\frac{1}{n}$ 两个常数，可以比较不同吸附剂的特性。

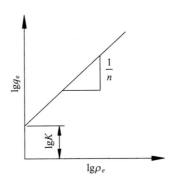

图 1  Fruendlich 模型

根据 Langmuir 单分子层吸附理论导出公式如下:

$$q_e = \frac{ab\rho_e}{1+b\rho_e} \qquad (4)$$

由（4）式得

$$\frac{\rho_e}{q_e} = \frac{1}{a}\rho_e + \frac{1}{ab} \qquad (5)$$

$$\frac{1}{q_e} = \frac{1}{ab}\frac{1}{\rho_e} + \frac{1}{a} \qquad (6)$$

根据吸附实验数据，按上式作图，可求 $a$、$b$ 值（图 2）。式（6）适用于 $\rho_e$ 值小于 1 的情况，式（5）则适用于 $\rho_e$ 较大的情况，因为这样便于作图。

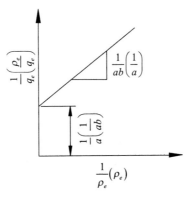

图 2  Langmuir 模型

由式（4）可知，当吸附量很少时，$b\rho_e$ 远小于 1，此时 $q_e = ab\rho_e$，即 $q_e$ 与 $\rho_e$ 成正比，等温线近似于一直线；当吸附量很大时，$b\rho_e$ 远大于 1，此时 $q_e \approx a$，即平衡吸附量接近于定值，等温线趋向水平。

### 三、实验仪器与试剂

#### 1. 仪器

振荡器；250 mL 磨口玻塞锥形瓶；漏斗；移液管；滴定管。

#### 2. 试剂

活性炭；醋酸；标准氢氧化钠溶液；酚酞指示剂。

### 四、实验步骤

1. 取 6 个洗净烘干的磨口玻塞锥形瓶编号，每瓶中各称量约 1 g 活性炭（精确至 mg）。

2. 按照表 1 要求，配制各瓶中醋酸水溶液。

表 1  配制各瓶中醋酸水溶液

| 瓶号 | 1 | 2 | 3 | 4 | 5 | 6 |
|---|---|---|---|---|---|---|
| 约 0.4 mol/L HAc/mL | 100 | 75 | 50 | 25 | 20 | 10 |
| 蒸馏水/mL | 0 | 25 | 50 | 75 | 80 | 90 |

3. 各瓶用磨口塞塞好，振荡 3 h，使吸附达到平衡。

4. 将各瓶的溶液用洗净的漏斗进行过滤，滤后应立即盖上瓶塞。

5. 按照下列数值吸取滤液，以标准氢氧化钠溶液滴定，并记录消耗的毫升数。1、2 号瓶各取 10 mL，3、4 号瓶各取 20 mL，5、6 号瓶各取 40 mL。

### 五、实验数据记录与整理

1. 将实验数据记录在表 2 中。

2. 作 $\lg q_e$-$\lg \rho_e$ 曲线，并由斜率和截距求出 $n$ 和 $K$。

3. 作 $1/q_e$-$1/\rho_e$ 曲线和 $\rho_e/q_e$-$\rho_e$ 曲线，比较实验数据更接近哪个公式，求出 $a$、$b$ 值。

表 2  活性炭吸附实验数据记录及整理

温度：_____℃，原配 HAc 浓度：_____mol/L，NaOH 浓度：_____mol/L

| 项目 | 瓶号 | | | | | |
|---|---|---|---|---|---|---|
| | 1 | 2 | 3 | 4 | 5 | 6 |
| $\rho_0$/（mol/L） | | | | | | |
| $\rho_0$/（mg/g） | | | | | | |
| 活性炭/g | | | | | | |
| 滤液用量/mL | | | | | | |
| NaOH 用量/mL | | | | | | |
| 平衡浓度 $\rho_e$/（mol/L） | | | | | | |

| 项目 | 瓶号 | | | | | |
|---|---|---|---|---|---|---|
| | 1 | 2 | 3 | 4 | 5 | 6 |
| 平衡浓度 $\rho_e$/（mg/L） | | | | | | |
| 平衡吸附量 $q_e$/（mg/g） | | | | | | |
| $\lg q_e$ | | | | | | |
| $\lg \rho_e$ | | | | | | |
| $1/q_e$ | | | | | | |
| $1/\rho_e$ | | | | | | |
| $\rho_e/q_e$ | | | | | | |

### 六、思考题

1. 吸附作用与哪些因素有关？
2. 试举出几种吸附剂。
3. 吸附剂表面的吸附作用力有哪几种？
4. 活性炭再生的方法有哪些？
5. 简述吸附在水处理中的应用。

## 实验五　曝气充氧实验

活性污泥法处理过程中曝气设备的作用是使空气、活性污泥和污染物三者充分混合，使活性污泥处于悬浮状态，促使氧气从气相转移到液相，从液相转移到活性污泥上，保证微生物有足够的氧气进行物质代谢。由于氧气的供给是保证生化处理过程正常进行的主要因素之一，因此，工程设计人员和操作管理人员常需通过实验测定氧的总传递系数 $K_{La}$，评价曝气设备的供氧能力和动力效率。

### 一．实验目的与要求

1. 掌握测定曝气设备的氧总传递系数的方法。
2. 对比表面曝气器在不同位置下的曝气效果。

### 二．实验原理

评价曝气设备充氧能力的实验方法有两种：①不稳定状态下的实验，即实验过程水中溶解氧质量浓度是变化的，由零增加到饱和浓度；②稳定状态下的实验，即实验过程水中溶解氧质量浓度保持不变。实验可以用清水或在生产运行条件下进行。本实验采用在不稳定状态下进行实验。

在生产现场用自来水或曝气池出流的上清液进行实验时，先用亚硫酸钠（或氮气）进行脱氧，使水中溶解氧降到零，然后再曝气，直至溶解氧升高到接近饱和水平。假定这个过程中液体是完全混合的，符合一级动力学反应，水中溶解氧的变化可用式（1）表示：

$$\frac{d\rho}{dt} = K_{La}(\rho_s - \rho) \tag{1}$$

式中：$d\rho/dt$——氧转移速率，mg/（L·h）；

    $K_{La}$——氧的总转递系数可以认为是一混合系数，其倒数表示使水中的溶解氧由$\rho$变到$\rho_s$所需要的时间，是气液界面阻力和界面面积的函数，$h^{-1}$；

    $\rho_s$——实验条件下自来水（或污水）的溶解氧饱和质量浓度，mg/L；

    $\rho$——相应于某一时刻 $t$ 的溶解氧质量浓度，mg/L。

将式（1）积分得

$$\ln(\rho_s - \rho) = -K_{La} \cdot t + 常数 \tag{2}$$

式（2）表明，通过实验测得$\rho_s$和相应于每一时刻 $t$ 的溶解氧$\rho$值以后，绘制出的$\ln(\rho_s-\rho)$与 $t$ 关系曲线，其斜率即$-K_{La}$。另一种方法是先作$\rho$与 $t$ 关系曲线，再作对应于不同$\rho$值的切线得到相应的$d\rho/dt$，最后作$d\rho/dt$与$\rho$关系曲线，也可以求得$K_{La}$。

温度对$K_{La}$的影响可用下式表示：$K_{La(T)} = K_{La(20℃)} \times 1.024^{(T-20℃)}$，可利用该式计算出$K_{La(20℃)}$。充氧能力（OC）可以用下式表示：

$$OC = K_{La(20℃)}\rho_{s(标)}V \times 1000 \tag{3}$$

式中：$V$——曝气池体积，$m^3$；

    $\rho_{s(标)}$——标准条件下氧的饱和质量浓度，mg/L。所谓标准条件是：水温 20℃，气压为 101.33 kPa。

动力效率（$E$）常被用以比较各种曝气设备的经济效率，计算公式如下：

$$E = \frac{OC}{N} \tag{4}$$

式中：OC——标准条件下的充氧能力，$kgO_2/h$；

    $N$——采用叶轮曝气时，$N$ 为轴功率，kW。

上述方法适用于完全混合型曝气设备充氧能力的测定。推流式曝气池中$K_{La}$、$\rho_{sw}$是沿池长方向变化的，不能采用上述方法进行测定。

### 三、实验仪器与试剂

#### 1. 仪器

实验装置的主要部分为泵型叶轮和模型曝气池。为保持曝气叶轮转速在实验期间恒定不变，电动机要接在稳压电源上。

硬塑料制模型曝气池；铜制泵型叶轮；电动机；溶解氧测定仪；卷尺；秒表；200 mL 烧杯。

**2．试剂**

$Na_2SO_3$；$CoCl_2$。

### 四、实验步骤

1．确定曝气池内测定点（或取样点）位置。通常在平面上测定点可以布置在三等分池子半径的中点和终点，在立面上布置在离池面和池底 0.3 m 处，以及池子一半深度处，共取 12 个测定点（或 9 个测定点）。但本实验模型较小，故可以仅确定一个测定点，无须布置 9～12 个测定点。

2．曝气池内注入自来水，水面没过叶轮 5 cm 左右，测定曝气池内水的体积，并测定水中溶解氧。

3．计算 $CoCl_2$ 和 $Na_2SO_3$ 的需要量：

$$Na_2SO_3 + \frac{1}{2}O_2 \xrightarrow{CoCl_2} Na_2SO_4$$

从反应式可知，每去除 1 mg 溶解氧需要投加 7.9 mg $Na_2SO_3$。根据池子的容积和自来水（或污水）的溶解氧质量浓度可以算出 $Na_2SO_3$ 的理论需要量。实际投加量应为理论值的 150%～200%。计算方法如下：

$$W_1 = V \times \rho \times 7.9 \times (150\% \sim 200\%) \tag{5}$$

式中：$W_1$——$Na_2SO_3$ 的实际投加量，mg；

$V$——曝气池体积，L。

$\rho$——水中溶解氧质量浓度，mg/L。

催化剂氯化钴的投加量，按维持池子中的钴离子质量浓度为 0.05～0.5 mg/L 计算，计算方法如下：

$$W_2 = V \times 0.5 \times \frac{129.9}{58.9} \tag{6}$$

式中：$W_2$——$CoCl_2$ 的投加量，mg。

4．将 $Na_2SO_3$ 和 $CoCl_2$ 溶解后直接投入在曝气池内，搅拌 1～2 min 使 $Na_2SO_3$ 扩散至完全混合。

5．待溶解氧降到零并达到稳定时，开始正常曝气，计时每隔 30～60 s 测定溶解氧质量浓度，并做记录，直到溶解氧达饱和值时结束实验。

6．若时间允许，重复实验 1 次，投加适量 $Na_2SO_3$ 搅拌，并将溶解氧降至零后，将水面高度下降到叶轮表面，正常曝气每隔 30～60 s 记录溶解氧质量浓度，直至饱和。

注意事项：

1．溶解氧测定仪需在指导下正确操作，用完后用蒸馏水仔细冲洗探头，并用吸水纸小心吸干探头膜表面的水珠，盖上探头套待用。

2．注意实验期间要保证供气量恒定。

## 五、实验数据记录与整理

1．记录实验设备及操作条件的基本参数。

实验日期：_____年___月___日

模型曝气池　　体积 $V$=_____L=_____m³；水温_____℃；室温_____℃

实验条件下自来水的质量浓度 $\rho_s$_____mg/L

标准条件下氧的饱和质量浓度 $\rho_s$_____ mg/L

电动机输入功率_____W

CoCl₂ 投加量_____g

Na₂SO₃ 投加量_____g

表 1　实验数据记录

| 时间/min | $\rho$/(mg/L) | $\rho_s-\rho$/(mg/L) | $\ln(\rho_s-\rho)$ | 时间/min | $\rho$/(mg/L) | $\rho_s-\rho$/(mg/L) | $\ln(\rho_s-\rho)$ |
|---|---|---|---|---|---|---|---|
|  |  |  |  |  |  |  |  |
|  |  |  |  |  |  |  |  |
|  |  |  |  |  |  |  |  |
|  |  |  |  |  |  |  |  |
|  |  |  |  |  |  |  |  |
|  |  |  |  |  |  |  |  |
|  |  |  |  |  |  |  |  |
|  |  |  |  |  |  |  |  |

表 2　不同 $\rho$ 的 $d\rho/dt$

| $\rho$/(mg/L) |  |  |  |  |  |  |
|---|---|---|---|---|---|---|
| $d\rho/dt$/[mg/(L·min)] |  |  |  |  |  |  |

2．记录不稳定状态下充氧实验测得的溶解氧值，并进行数据整理。

3．以溶解氧质量浓度 $\rho$ 为纵坐标，时间 $t$ 为横坐标，作 $\rho$ 与 $t$ 关系曲线。

4．根据 $\rho$ 与 $t$ 实验曲线计算相应于不同 $\rho$ 值的 $d\rho/dt$，以 $d\rho/dt$ 为纵坐标，浓度 $\rho$ 为横坐标，绘制出实验曲线。再以 $\ln(\rho_s-\rho)$ 为纵坐标，时间 $t$ 为横坐标，绘制出实验曲线。

5．分析在不同埋深高度下叶轮曝气的 $K_{La}$、OC 及 $E$。

### 六、思考题

1. 活性污泥法中曝气的作用是什么？
2. 影响氧转移的因素有哪些？
3. 活性污泥法中常用的曝气方法有哪些？
4. 表示曝气装置技术性能的主要指标有哪些？
5. 说出活性污泥法常用的曝气设备有哪些。

# 实验六 活性污泥性质的测定

活性污泥是活性污泥法中最重要的组成部分之一，活性污泥的质量直接影响污水处理效果。故活性污泥的一些性质是要经常进行测定的。同时，通过活性污泥某些性质的变化可以指导活性污泥法的运行。

### 一、实验目的与要求

1. 加深对活性污泥的理解。
2. 掌握几种污泥性质的测定方法。

### 二、实验原理

活性污泥是人工培养的生物絮凝体，它是由好氧和兼氧微生物及其吸附的有机物和无机物组成的。活性污泥具有吸附和分解废水中有机物的能力，显示出生物化学活性。在活性污泥法处理系统的运行和管理中，除用显微镜观察外，污泥沉降比、污泥浓度、混合液挥发性悬浮固体浓度、污泥指数等指标是经常要进行测定的。这些指标反映了污泥的活性，它们与剩余污泥排放量及处理效果等都有密切关系。

### 三、实验仪器

高温炉；过滤装置；分析天平；100 mL 量筒、500 mL 烧杯、玻璃棒等若干个；烘箱。

### 四、实验步骤

#### 1. 污泥沉降比（SV）

曝气池中的混合液在沉降柱内静置 30 min 后所形成的沉淀污泥容积占原混合液容积的百分比，称污泥沉降比。根据污泥沉降比可用于控制剩余污泥的排放，还可及早发现污泥膨胀等异常现象。对于城市污水，SV 一般为 15%～30%。实验时取 100 mL 混合液置于 100 mL 量筒中，静置 30 min 后，观察沉降的污泥占整个混合液的比例，记下结果（表 1）。

## 2. 污泥浓度（MLSS）

又称混合液悬浮固体浓度，即在单位容积混合液中所有活性污泥固体物质的总质量（干重）g/L 或 mg/L。

测定方法：

1）将滤纸放在 105℃烘箱内干燥至恒重，称量并记录（$W_1$）。

2）将测定沉降比的 100 mL 量筒内的污泥进行过滤（用水冲净量筒，并将冲洗水也倒入漏斗进行过滤），将载有污泥的滤纸放入 105℃烘箱内烘干恒重，称量并记录（$W_2$）。

3）计算：污泥浓度 MLSS（g/L）=（$W_2-W_1$）×10。

## 3. 污泥指数（SVI）

污泥指数全称为污泥容积指数，指曝气池混合液经 30 min 静沉后，1 g 干污泥所形成的沉淀污泥所占的容积。

$$SVI = \frac{混合液（1L）30min静沉形成的活性污泥容积（mL）}{混合液（1L）中悬浮固体干重（g）} = \frac{SV（mL/L）}{MLSS（g/L）} = \frac{SV（\%）×10}{MLSS（g/L）} \tag{1}$$

SVI 值的表示单位为 mL/g，但一般只取数字，把单位省略。SVI 值反映活性污泥的凝聚沉淀性能，一般城市污水的 SVI 值介于 50～150。SVI 值过低说明泥粒细小，无机物含量高，缺乏活性；SVI 值过高，说明污泥沉降性能不好，可能已产生膨胀。不同废水水质 SVI 值不同，若废水中溶解性有机物含量高，正常的 SVI 值可能偏高；若废水中无机物含量高，正常的 SVI 值可能偏低。

## 4. 混合液挥发性悬浮固体浓度（MLVSS）

指混合液中活性污泥中有机性固体物质浓度，它包括微生物和有机物。干污泥经灼烧（600℃）后剩下的灰分称为污泥灰分。

测定方法：

1）先将已知恒重的瓷坩埚称量并记录（$W_3$），再将测定过污泥干重的滤纸和干污泥一起放入瓷坩埚中，先在普通电炉上加热炭化，然后放入高温炉（600℃）中灼烧 40 min，取出放入干燥器内冷却，称量（$W_4$）。

2）计算：

$$污泥灰分=（W_4-W_3）/（W_2-W_1） \tag{2}$$

$$MLVSS=\frac{（W_2-W_1）-（W_4-W_3）}{100}×1\ 000\ （g/L） \tag{3}$$

在一般情况下，MLVSS/MLSS 的比值是相对稳定的，对处理生活污水的曝气池内的活性污泥来说，其比值常在 0.75 左右。

## 五、实验数据记录与整理

表 1 活性污泥性能测定记录

| 项目 | 1 | 2 | 3 | 平均 |
|---|---|---|---|---|
| $W_1$/g | | | | |
| $W_2$/g | | | | |
| $W_2-W_1$/g | | | | |
| $W_3$/g | | | | |
| $W_4$/g | | | | |
| $W_4-W_3$/g | | | | |
| SV/% | | | | |
| MLSS/（g/L） | | | | |
| MLVSS/（g/L） | | | | |
| SVI/（mL/g） | | | | |

## 六、思考题

1. 活性污泥去除有机物的过程大致分为哪两个阶段？每个阶段有何特征？

2. 活性污泥沉降性能测定的意义是什么？

3. 活性污泥微生物增长分为哪几个阶段？对指导活性污泥系统的运行有何意义？

4. 说出活性污泥法的几种运行方式。

5. 活性污泥法中的污泥负荷率是什么？

# 实验七 污泥比阻的测定

污泥比阻（或称比阻抗）是表示污泥脱水性能的综合性指标，污泥比阻越大，脱水性能越差，反之脱水性能越好。该指标对工程实践具有重要指导意义，通过这一实验能够测定污泥脱水性能，以此作为选定脱水工艺流程和脱水机械型号的依据之一，也可作为使用混凝剂种类、用量及运行条件的依据。

## 一、实验目的与要求

1. 掌握测定污泥比阻的实验方法。

2. 掌握污泥脱水药剂的种类、浓度及投药量。

3. 评价污泥脱水性能。

### 二、实验原理

污泥经重力浓缩或消化后，含水率在97%左右，体积大不便于运输。因此一般多采用机械脱水，以减小污泥体积。常用的脱水方法有真空过滤、压滤、离心脱水等。

污泥机械脱水是以过滤介质两面的压力差作为推动力，使污泥水分被强制通过过滤介质，形成滤液；而固体颗粒被截留在介质上，形成滤饼，从而达到脱水的目的。造成压力差（过滤的推动力）的方法有4种：①依靠污泥本身厚度的静压力（如污泥自然干化场的渗透脱水）；②在过滤介质的一面造成负压（如真空过滤脱水）；③加压污泥把水分压过滤介质（如压滤脱水）；④产生离心力作为推动力（如离心脱水）。

影响污泥脱水的因素较多，主要有：①原污泥浓度，取决于污泥性质及过滤前浓缩的程度；②污泥含水率；③污泥预处理方法；④压力差大小；⑤过滤介质种类、性质等。

经过实验推导出过滤基本方程式：

$$\frac{t}{V} = \frac{\mu \cdot r \cdot \omega}{2PA^2}V + \frac{\mu R_f}{PA} \tag{1}$$

式中：$t$——过滤时间，s；

$V$——滤液体积，$m^3$；

$P$——过滤压力，$kg/m^2$；

$A$——过滤面积，$m^2$；

$\mu$——滤液动力黏度，$kg \cdot s/m^2$；

$\omega$——滤过单位体积的滤液在过渡介质上截流的干固体重量，$kg/m^3$；

$r$——污泥比阻，$m/kg$；

$R_f$——过滤介质的阻抗，$m^{-1}$。

公式给出了在压力一定的条件下过滤，滤液的体积 $V$ 与时间 $t$ 的函数关系，指出了过滤面积 $A$、压力 $P$、污泥性能 $\mu$、污泥比阻 $r$ 值等对过滤的影响。

污泥比阻 $r$ 值是表示污泥过滤特性的综合指标。其物理意义是单位过滤面积上，单位干重滤饼所具有的阻力，即单位重量的污泥在一定压力下过滤时在单位面积上的阻力。

其大小根据过滤方程有：

$$r = \frac{2PA^2}{\mu} \cdot \frac{b}{\omega} \tag{2}$$

该式是由实验推导而来，参数 $b$、$\omega$ 均要通过实验测定，不能用公式直接计算。而 $b$ 为过滤基本方程式（1）中 $t/V$-$V$ 直线的斜率。

$$b = \frac{\mu \cdot r \cdot \omega}{2PA^2} \tag{3}$$

故以定压下抽滤实验为基础，测定一系列的 $t$-$V$ 数据，即测定不同过滤时间 $t$ 时滤液

量 $V$，并以滤液 $V$ 为横坐标，以 $t/V$ 为纵坐标，所得直线斜率即为 $b$。

根据定义，按式（4）可求得 $\omega$ 值：

$$\omega = \frac{(Q_0 - Q_y)}{Q_y} \cdot \rho_g \tag{4}$$

式中：$Q_0$——污泥量，mL；

　　　$Q_y$——滤液量，mL；

　　　$\rho_g$——滤饼中固体物质质量浓度，g/mL。

根据液体平衡关系可写出：

$$Q_0 = Q_y + Q_g \tag{5}$$

根据固体物质的平衡关系可写出：

$$Q_0 \rho_0 = Q_y \rho_y + Q_g \rho_g \tag{6}$$

式中：$\rho_0$——原污泥中固体物质质量浓度，g/mL；

　　　$\rho_y$——滤液固体物质质量浓度，g/mL；

　　　$Q_g$——滤饼量，mL。

由以上各式得

$$Q_y = \frac{Q_0(\rho_0 - \rho_g)}{\rho_y - \rho_g} \tag{7}$$

简化后得

$$\omega = \frac{\rho_g \cdot \rho_0}{\rho_g - \rho_0} \tag{8}$$

则由式（2）可求得 $r$ 值，根据 $r$ 值可判断污泥脱水性能。

$r = 10^{13} \sim 10^{14}$ m/kg，污泥难以过滤；$r = (0.5 \sim 0.9) \times 10^{13}$ m/kg，污泥过滤性能尚可；$r < 0.4 \times 10^{12}$ m/kg，污泥易于过滤。

在应用中由于单位制的不同，污泥比阻还有一个单位：$s^2/g$。两者之间换算关系为

$$1 \text{ m/kg} = 9.81 \times 10^3 \text{ s}^2/\text{g} \tag{9}$$

即 $r = 10^8 \sim 10^9$ $s^2/g$，污泥难以过滤；$r = (0.5 \sim 0.9) \times 10^9$ $s^2/g$，污泥过滤性能尚可；$r < 0.4 \times 10^9$ $s^2/g$，污泥易于过滤。

活性污泥的比阻为 $(16.8 \sim 28.8) \times 10^9$ $s^2/g$ ［或 $(164.8 \sim 282.5) \times 10^{12}$ m/kg］，属于难过滤污泥。故在污泥脱水中，往往要进行化学调节，即采用向污泥中投加混凝剂的方法降低污泥比阻，达到改善污泥脱水性能的目的，而影响化学调节的因素，除污泥本身的性质外，一般还有混凝剂的种类、浓度、投加量和化学反应时间。在相同实验条件下，采用不同药剂、浓度、投加量、反应时间，可以通过污泥比阻实验选择最佳条件。

### 三、实验仪器及试剂

#### 1. 仪器

真空泵；分析天平；具塞 100 mL 玻璃量筒；烘箱；秒表。

实验装置如图 1 所示。

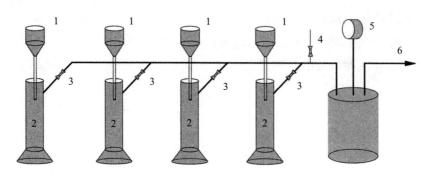

1—布氏漏斗；2—量筒；3—调节阀；4—放气阀；5—真空表；6—接真空泵。

**图 1    污泥比阻测定的实验装置**

#### 2. 试剂

10 g/L $FeCl_3$；10 g/L $Al_2(SO_4)_3$。

### 四、实验步骤

1. 测定污泥的固体物质质量浓度 $\rho_0$。

2. 配制 $FeCl_3$（10 g/L）和 $Al_2(SO_4)_3$（10 g/L）混凝剂溶液。

3. 用 $FeCl_3$（10 g/L）混凝剂调节污泥（每组加一种混凝剂量，加量分别为污泥干重的 5%、6%、7%、8%、9%、10%）。污泥中加入混凝剂后应充分搅拌混合。

4. 在布氏漏斗上放置快速滤纸（直径大于漏斗，最好大于 1 倍），用水润湿，贴紧周底。

5. 启动真空泵，用调节阀调节真空压力到比实验压力小约 1/3，实验压力为 35.5 kPa（真空度 266 mmHg）或 70.9 kPa（真空度 532 mmHg），使滤纸紧贴漏斗底，关闭真空泵。

6. 放 50～100 mL 调节好的污泥在漏斗内（污泥高度不超过滤纸高度），使其依靠重力过滤 1 min，启动真空泵，调节真空压力到实验压力，记下此时计量筒内的滤液体积 $V_0$。启动秒表，在整个实验过程中，仔细调节真空度调节阀，以保持实验压力恒定。

7. 每隔一定时间（开始过滤时每隔 10～15 s，滤速减慢后可每隔 30～60 s），记下记量筒内相应的滤液体积 $V'$。

8. 定压过滤至滤饼破裂，真空破坏，如真空长时间不破坏，则过滤 20 min 后即可停止。

9. 测出定压过滤后滤饼的厚度及固体浓度。

10. 另取加 $Al_2(SO_4)_3$（10 g/L）混凝剂的污泥及不加混凝剂的污泥，按实验步骤 4～9

分别进行实验。

## 五、实验数据记录与整理

实验真空度：　　　kPa；FeCl$_3$ 质量浓度：　　　mg/L；Al$_2$(SO$_4$)$_3$ 质量浓度：　　　mg//L；

原污泥质量浓度：　　　mg/L；滤饼质量浓度：　　　mg/L

表 1　污泥比阻实验记录

| 时间 $t$/s | 计量管内滤液 $V'$/mL | 滤液量（$V'-V_0$）/mL | $t/V/$（s/m$^3$） |
|---|---|---|---|
| | | | |
| | | | |
| | | | |
| | | | |
| | | | |
| | | | |
| | | | |
| | | | |
| | | | |
| | | | |
| | | | |
| | | | |
| | | | |
| | | | |
| | | | |
| | | | |

1. 以 $t/V$ 为纵坐标，$V$ 为横坐标作图，求 $b$。
2. 根据原污泥质量浓度和滤饼质量浓度求 $\omega$。
3. 计算实验条件下的污泥比阻 $r$。

## 六、思考题

1. 污泥过滤时，造成压力差（过滤的推动力）的方法有哪几种？
2. 测定污泥比阻在工程上有何实际意义？
3. 污泥机械脱水前进行预处理的方法有哪几种？
4. 污泥脱水常用的混凝剂有哪些？
5. 常用的污泥机械脱水的方法有哪些？

# 实验八　萃取实验

萃取处理法实际上是利用某些污染物质在废水中和某种溶剂中的溶解度不同而对废

水进行处理的一种方法。采用的溶剂称为萃取剂，其不溶于水或难溶于水。被萃取的污染物称为溶质，萃取后的萃取剂称萃取液（萃取相），残液称萃余液（萃余相）。目前萃取处理法主要应用于含酚废水处理。

## 一、实验目的与要求

通过对含酚废水的处理，了解逆流萃取处理的基本原理和方法。

## 二、实验原理

萃取的实质是溶质在水中和在萃取剂中有不同的溶解度。溶质从水中转入萃取剂的推动力是废水中实际浓度与平衡浓度之差。当达到平衡时，溶质在萃取剂中及水中的浓度呈一定的比例关系：

$$K=Y/X \tag{1}$$

式中：$K$——分配系数；

$Y$——平衡时溶质在萃取相（$Z$）中的浓度；

$X$——平衡时溶质在萃余相（$R$）中的浓度。

由于萃取剂不可能绝对不溶于水，分离时也难以非常彻底，因此萃取后废水或多或少会混入新的污染物，这是萃取法的主要缺点。在废水处理中，萃取操作主要包括 3 个步骤：①使废水与萃取剂充分接触，使杂质从废水中传递到萃取剂中；②使萃取剂与废水进行分离；③将萃取剂进行再生。

在液液萃取中，萃取剂的选择是一个重要的问题，它不仅影响萃取产物的产量及组成，而且又直接影响被萃取物质的分离程度。萃取剂应尽量满足下列各项要求：

1. 具有良好的选择性，即萃取剂对废水中各种杂质的分离能力，应选用高分配系数（$K$ 值大）的萃取剂。

2. 萃取剂易于回收和再生，可重复使用。

3. 萃取剂与废水的比重差要大，有利于分离。

4. 具有适当的表面张力。表面张力太大，与废水的分散程度差，影响两相充分接触；表面张力太小，易于水中乳化，影响分离。

5. 具有一定的化学稳定性，不与废水中杂质发生化学反应，无腐蚀性。

6. 热稳定性好，黏度小，凝固点低，着火点高，毒性小，便于储存运输。

7. 不溶于水或难溶于水。

8. 价格低廉，容易获得。

但实际上某种萃取剂往往不能同时满足上述要求，应根据具体情况，抓住主要因素加以选择。

逆流萃取的主要特点是料液和溶剂分别在两端加入，萃取相和萃余相逆流流动进行接触传质，最终萃取相从加料一端排出，萃余相从加入溶剂一端排出。因为最终萃取相是从溶质浓度最高的加料端排出，可以达到较高浓度，而最终萃余相是从溶质浓度极低的溶剂加入端排出，可以达到很低的浓度，也即料液的分离程度较高，所耗溶剂较少，故在工业上获得广泛的应用。四级逆流萃取工艺所如图1所示。

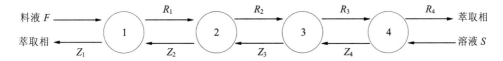

**图 1  逆流萃取流程示意图**

在多级逆流萃取过程中，要分离某种混合液达到规定的组成，溶剂比的确定是很重要的工作。当缺乏萃取物的平衡数据时，较切实可行的办法是进行间歇模拟实验。即应用普通分液漏斗按预定方案实验，模拟连续逆流萃取（图2）。

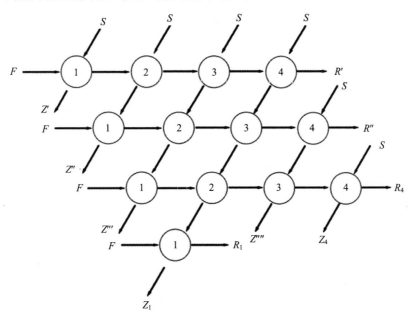

**图 2  四级逆流萃取模拟实验**

### 三、实验仪器与试剂

#### 1．仪器

分液漏斗；721 分光光度计；100 mL 容量瓶。

#### 2．试剂

含 0.5%酚溶液（料液 $F$），pH 约为 4；煤油 $N_{235}$（溶剂 $S$）；10% NaOH；2% 4-氨基安

替比林；pH=10 缓冲溶液；8% $K_3[Fe(CN)_6]$。

### 四、实验步骤

图 2 中每一圆圈代表一个分液漏斗，通常所需要的分液漏斗数目与假定的理论级数相同。在分液漏斗中经充分混合和分层后，可以达到一个平衡级。图中箭头指明了每个分液漏斗的物料来源和去向，注有 $F$ 的是料液，$S$ 是新鲜溶剂。按图示方案的实验过程的主要步骤：

1. 将 100 mL 料液 $F$ 与 10 mL 溶剂 $S$ 置于分液漏斗①中，将此混合物充分摇动，使两相达到平衡，静置，两相完全分层澄清后，将萃取相 $Z'$ 放出。萃余相移入分液漏斗②中。

2. 在分液漏斗②中加入 10 mL 溶剂 $S$，充分摇动后经静置分层后，将萃取相称入分液漏斗①中，萃余相移入分液漏斗③中。

3. 在分液漏斗①中加入 100 mL 料液 $F$，在分液漏斗③中加入 10 mL 溶剂 $S$，其处理步骤同上述步骤 1 和 2。显然由分液漏斗①得到的 $Z'$ 和分液漏斗④得到的 $R'$，和工艺要求的 $Z_1$ 和 $R_4$ 是不同的。按图示方案进行，稳定后的 $Z_1$ 和 $R_4$ 与四级逆流萃取过程的要求基本一致，即为过程所需要的理论级数。

4. $Z_1$ 所得的萃取相加 10% NaOH 溶液 10 mL，充分摇动，静置分层，油层为再生溶剂，可待下次实验用，水层为回收液，测酚含量。

5. 将 $R_4$ 溶液取样分析，测酚含量。

6. 将 $Z'$、$Z''$、$Z'''$、$Z''''$ 和 $Z_4$ 进行再生，以便下次实验使用。

### 五、实验数据记录及结果计算

表 1　实验数据记录

| 料液 $F$ 中酚浓度 | $Z_1$ 中酚浓度 | $R_4$ 中酚浓度 |
| --- | --- | --- |
|  |  |  |

计算：

$$回收率（\%）=\frac{回收总量}{酚总量}\times100 \tag{2}$$

$$萃取率（\%）=\frac{（酚总量-排放总量）}{酚总量}\times100 \tag{3}$$

### 六、思考题

1. 简述萃取的原理。

2. 什么是分配系数，在萃取处理中有何意义？

3. 萃取操作主要包括哪几个步骤？

4. 萃取剂应尽量满足的要求有哪些？

5. 萃取操作最主要的缺点是什么？

# 实验九　加压溶气气浮实验

气浮是溶气系统在水中产生大量的微细气泡，使空气以高度分散的微小气泡形式附着在悬浮物颗粒上，造成密度小于水的状态，利用浮力原理使其浮在水面，从而实现固-液分离的水处理设备。气浮分为超效浅层气浮、涡凹气浮、平流式气浮。目前在给水、工业废水和城市污水处理方面都有应用。其优点在于固-液分离设备具有投资少、占地面积小、自动化程度高、操作管理方便等特点。

气浮是一种固-液或液-液分离技术。它是将水、污染杂质和气泡这样一个多相体系中含有的疏水性污染粒子，或使附有表面活性的亲水性污染粒子，有选择地从废水中吸附到气泡上，以泡沫形式从水中分离去除的一种操作过程。水中的杂质有些是亲水性的，而有些是疏水性的。亲水性的杂质不易于被气泡所吸附，即使能够吸附形成的气泡杂质混合体也不牢固；而疏水性杂质易于被气泡所吸附，形成牢固而稳定的气泡杂质混合体，从而可以分离去除。加压气浮是国内外最常用的气浮分离法。

## 一、实验目的与要求

1. 加深对加压溶气气浮基本概念及原理的理解。

2. 掌握加压溶气气浮实验方法，并能熟练操作各种仪器。

3. 通过对实验系统的运行，掌握加压溶气气浮的工艺流程。

## 二、实验原理

加压溶气气浮是将空气在加压条件下溶于水中（在溶气罐内进行），而在常压下析出（在气浮池中进行），并与污染粒子一起形成气浮体上浮分离。

## 三、实验仪器与试剂

### 1. 仪器

加压溶气气浮实验装置如图 1 所示。

### 2. 试剂

硫酸铝 [$Al_2(SO_4)_3$]；废水；水质（SS）分析所需要的器材及试剂。

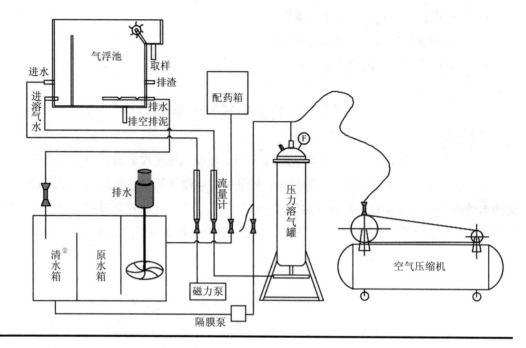

**图 1　加压溶气气浮实验装置**

## 四、实验步骤

1. 首先检查气浮实验装置是否完好。

2. 把自来水加到回流加压水箱与气浮池中，至有效水深的 90%高度。

3. 将含有悬浮物或胶体的废水加到原水箱中，投加混凝剂后搅拌混合（混凝剂及投药量由混凝实验确定）。

4. 启动隔膜泵，全开旁路阀，然后调整出水阀的开启度，使溶气罐内的液位达到液位计中间高度（一般不超过 2/3 高度）。

5. 开启空气压缩机，微微调节出气阀，调整溶气罐内的压力达到设定值（一般为 0.3～0.4 MPa），关进气阀门并静置 10 min，使罐内水中溶解空气达到饱和。

6. 启动搅拌电机，微开加药阀，启动磁力泵向气浮池进水。

7. 当空气在气浮池中释放并形成大量微小气泡时，再启动磁力进水泵，微开溶气水释放阀，观察气浮反应过程。

8. 待运行正常后，取样分析测定废水预处理水的水质（SS）。进水取样从原水池取、出水取样从气浮池的取样口取。

---

① 清水箱到达高位将溢流进入原水箱，以实现系统连续运转，但原水的浓度会下降。

### 五、思考题

1. 画出加压溶气气浮实验装置图。

2. 观察实验装置运行是否正常，气浮池内的气泡是否很微小，若不正常，是什么原因？如何解决？

# 实验十 氧传递系数测定实验

传递系数反映了传递过程阻力的大小，实质上也就是围绕催化剂颗粒外表面上层流边界层的厚薄。温度差和浓度差产生于层流边界层的两侧。处理实际的浓度也做均一的假定。这实质上是假定层流边界层的厚度处处相等，这样的假设将相间传递问题作为一维问题来处理，使复杂的问题大为简化而又保持足够的近似。

传递阻力对于传递速率的影响至关重要，阻力越大则传递系数越小。流体与固体颗粒间的传质系数与颗粒的几何形状及尺寸、流体力学条件以及流体的物理性质有关。影响流体与颗粒间传热系数的因素同样是这些。

### 一、实验目的与要求

1. 熟悉测氧仪的基本构造及操作方法。
2. 进一步理解双膜理论。

### 二、实验原理

空气中的氧向水中转移的理论，一般用双膜理论来解释。当气、水两相做相对运动时，气、水两相接触面（界面）的两侧分别存在着气体边界层（气膜）和水边界层（水膜），见图 1。氧在气相主体内以对流扩散方式到达气膜，以分子扩散方式通过气膜，最后以对流扩散方式转移到水相主体。由于对流扩散的阻力比分子扩散的阻力小得多，所以氧的转移阻力集中在双膜上。

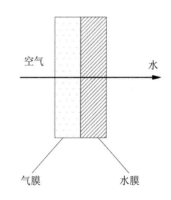

图 1 空气中的氧向水中转移的理论

根据传质原理，氧向水中转移速率与水中亏氧量及气液两相接触面积成正比。

$$dc/dt = K_L \cdot A/V \cdot (\rho_s - \rho_t) \qquad (1)$$

式中：$dc/dt$——液相主体中溶解氧质量浓度变化速度（或氧转移速度），mg/（L·min）；

$K_L$——液膜中氧分子传质系数，m/min；

$A$——气液两相接触界面面积，$m^2$；

$V$——液相主体的容积，$m^3$；

$c_s$——水中饱和溶解氧质量浓度，mg/L；

$c_t$——$t$ 时间水中实际溶解氧质量浓度，mg/L。

由于 $A$ 值难测，一般采用总转移系数 $K_{La}$ 代替 $K_L \cdot A/V$。因此，上式改写为

$$dc/dt = K_{La} \cdot (\rho_s - \rho_t) \tag{2}$$

式中：$K_{La}$——氧总转移系数，此值表示在曝气过程中氧的总传递性，当传递过程中阻力大时，则 $K_{La}$ 值低，反之，则 $K_{La}$ 值高。

将上式积分得

$$-\ln(\rho_s - \rho_t) = K_{La} \cdot t + b \tag{3}$$

以 $-\ln(\rho_s - \rho_t)$ 对 $t$ 作图，得一直线，直线的斜率即为 $K_{La}$。

## 三、实验仪器与试剂

### 1. 仪器

实验设备见图 2。

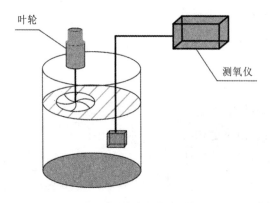

叶轮

测氧仪

**图 2　平板叶轮表面曝气**

### 2. 试剂

亚硫酸钠；氯化钴。

## 四、实验步骤

1. 在水槽中放进一定量的清水，测定其溶解氧含量，投入还原剂亚硫酸钠及催化剂氯化钴，其投药量为每 1 mg/L 的氧需 8～12 mg/L 亚硫酸钠和 2 mg/L 氯化钴。彻底混合水槽中的水以除去溶解氧，一般 1～2 min 即能把氧除掉。

2．在一定条件下，开动曝气装置。用测氧仪每隔 1 min（前 5 min 每隔 30 s）测定水中的溶解氧。测氧仪的探头应放置在水半深处。

运行条件可采用下列数据：

叶轮圆周线速度 3～4 m/s，叶轮浸深 1～5 cm。

## 五、实验数据记录与整理

表 1　平板叶轮表面曝气充氧实验记录

| 水槽 | | | | 水温 | 饱和溶解氧（标态） | 水槽水中溶解氧变化/（mg/L） | | | | | | | | | | | | | | | $K_{La}$ | 注 |
|---|---|---|---|---|---|---|---|---|---|---|---|---|---|---|---|---|---|---|---|---|---|---|
| 长/ m | 宽/ m | 高/ m | 体积/ m³ | ℃ | 理论/（mg/L） | 充氧过程/min | | | | | | | | | | | | | | | | |
| | | | | | | 0.5 | 1 | 1.5 | 2 | 2.5 | 3 | 3.5 | 4 | 4.5 | 5 | 6 | 7 | 8 | 9 | 10 | | |
| | | | | | 8.39 | | | | | | | | | | | | | | | | | |

## 六、思考题

1．氧传递系数的计算步骤有哪些？

2．与亚硫酸钠氧化法测定 $K_{La}$ 相比，测氧仪具有哪些优势？

3．怎样求一定的溶氧浓度对应的曲线在该点处的斜率？

# 实验十一　电解实验

电解广泛应用于冶金工业中，如从矿石或化合物提取金属（电解冶金）或提纯金属（电解提纯），以及从溶液中沉积出金属（电镀）。金属钠和氯气是由电解熔融氯化钠生成的；电解氯化钠的水溶液则产生氢氧化钠和氯气。电解水产生氢气和氧气，水的电解就是在外电场作用下将水分解为氢气和氧气。电解是一种强有力的促进氧化还原反应的手段，许多很难进行的氧化还原反应，都可以通过电解来实现。例如，可将熔融的氟化物在阳极上氧化成单质氟，熔融的锂盐在阴极上还原成金属锂。电解工业在国民经济中具有重要作用，许多有色金属（如钠、钾、镁、铝等）和稀有金属（如锆、铪等）的冶炼及金属（如铜、锌、铅等）的精炼，基本化工产品（如氢、氧、烧碱、氯酸钾、过氧化氢、乙二腈等）的制备，还有电镀、电抛光、阳极氧化等，都是通过电解实现的。

## 一、实验目的与要求

1．掌握电解的原理。

2．熟练操作电解装置。

3．学习衡量电解法处理效果的方法。

## 二、实验原理

电解法是化学氧化还原法的一种。电解质溶液在直流电流的作用下，两电极上分别产生氧化反应和还原反应的过程叫作电解。电解时，将电能转化为化学能的装置称为电解槽。与电源负极相连的电极从电源接受电子，称为电解槽的阴极；与电源正极相连的电极把电子转给电源，称为电解槽的阳极。在电解过程中，阴极放出电子，电解质溶液中的某些阳离子得到电子而被还原，因此阴极起到还原剂的作用；阳极得到电子，使电解质中的某些阴离子因失去电子而被氧化，阳极起到氧化剂的作用。废水就可以通过电解法来进行处理，从而降低废水中有毒物质的浓度。电解法处理废水的实质，就是直接或间接地利用电解作用，把水中污染物去除，或把有毒物质变成无毒、低毒物质。含铬废水、含银废水、含氰废水及含酚废水等均可用电解法处理。

本实验以稀硫酸铜溶液中回收铜离子为例，将稀硫酸铜溶液加入电解槽中通以直流电，则阴阳两极发生如下反应：

阳极反应：$2H_2O = O_2 + 4H^+ + 4e$（酸性条件下）

阴极反应：$Cu^{2+} + 2e = Cu$，$2H^+ + 2e = H_2$

铜离子在阴极析出。

电解法处理效果的好坏，可用电效率、电耗和离子去除率三项指标来衡量。本实验以铜离子去除率指标来衡量。

$$铜离子去除率（\%）=（\rho_0 - \rho）/\rho_0 \times 100 \tag{1}$$

式中：$\rho_0$——原来稀硫酸铜溶液中铜的含量，g/L；

$\rho$ ——处理后的铜含量，g/L。

## 三、实验仪器与试剂

### 1. 仪器

隔膜电解池；直流电源；络合滴定仪器。

### 2. 试剂

稀硫酸铜。

## 四、实验步骤

1. 配制含 Cu 离子 2~4 g/L 的稀硫酸铜溶液 1 L 加入电解槽。

2. 打开开关进行电解反应，一般最佳时间在 5~20 min。

3. 电解完成，关闭开关。

4. 取水样进行分析，并与原水样对比，以评判处理效果（络合滴定分析水样）。

5．实验结束后，应将电解槽在自来水下冲洗并盛清水浸泡。

## 五、实验结果

1．评判处理效果。

2．提出实验改进意见、建议。

## 六、注意事项

1．仪器的正确操作。

2．潮湿环境下防止漏电。

3．实验过程中防止触电。

# 实验十二　膜分离实验装置

膜分离是在 20 世纪初出现，20 世纪 60 年代后迅速崛起的一门分离新技术。膜分离技术由于既有分离、浓缩、纯化和精制的功能，又有高效、节能、环保、分子级过滤及过滤过程简单、易于控制等特征，因此，目前已广泛应用于食品、医药、生物、环保、化工、冶金、能源、石油、水处理、电子、仿生等领域，产生了巨大的经济效益和社会效益，已成为当今分离科学中最重要的手段之一。

## 一、实验目的与要求

1．了解超滤膜分离的主要工艺设计参数。

2．了解液相膜分离技术的特点。

3．训练并掌握超滤膜分离的实验操作技术。

4．熟悉浓差极化、截流率、膜通量、膜污染等概念。

## 二、实验原理

膜分离是近数十年发展起来的一种新型分离技术。常规的膜分离是采用天然或人工合成的选择性透过膜分离介质，在浓度差、压力差或电位差等推动力的作用下，使原料中的溶质或溶剂选择性地透过膜而进行分离、分级、提纯或富集。通常原料一侧称为膜上游，透过一侧称为膜下游。膜分离法可以用于液-固（液体中的超细微粒）分离、液-液分离、气-气分离以及膜反应分离耦合和集成分离技术等方面。其中液-液分离包括水溶液体系、非水溶液体系、水溶胶体系以及含有微粒的液相体系的分离。不同的膜分离过程所使用的膜不同，而相应的推动力也不同。目前已经工业化的膜分离过程包括微滤（MF）、反渗透（RO）、纳滤（NF）、超滤（UF）、渗析（D）、电渗析（ED）、气体分离（GS）和渗透汽化（PV）等，而膜蒸馏（MD）、膜基萃取、膜基吸收、液膜、膜反应器和无机膜的应用等则是目前膜分离技术研究的热点。膜分离技术具有操作方便、设备紧凑、工作环境安全、节约能量和化学试剂等优点，因此在 20 世纪 60 年代，膜分离方法出现后不久就很快在海水淡化工程中得到大规模的商业应用。目前除海水、苦咸水的大规模淡化以及纯水、超纯水的生产外，膜分离技术还在食品工业、医药工业、生物工程、石油、化学工业、环保工程等领域得到推广应用。

表 1    各种膜分离方法的分离范围

| 膜分离类型 | 分离粒径/μm | 近似分子量 | 常见物质 |
| --- | --- | --- | --- |
| 过滤 | >1 | — | 砂粒、酵母、花粉、血红蛋白 |
| 微滤 | 0.06~10 | >500 000 | 颜料、油漆、树脂、乳胶、细菌 |
| 超滤 | 0.005~0.1 | 6 000~500 000 | 凝胶、病毒、蛋白、炭黑 |
| 纳滤 | 0.001~0.011 | 200~6 000 | 染料、洗涤剂、维生素 |
| 反渗透 | <0.001 | <200 | 水、金属离子 |

超滤膜分离基本原理是在压力差推动下，利用膜孔的渗透和截留性质，使得不同组分得到分级或分离。超滤膜分离的工作效率以膜通量和物料截流率为衡量指标，两者与膜结构、体系性质以及操作条件等密切相关。影响膜分离的主要因素有：①膜材料，指膜的亲疏水性和电荷性会影响膜与溶质之间的作用力大小；②膜孔径，膜孔径的大小直接影响膜通量和膜的截流率，一般来说在不影响截流率的情况下尽可能选取膜孔径较大的膜，这样有利于提高膜通量；③操作条件（压力和流量）。另外，料液本身的一些性质（如溶液 pH、盐浓度、温度等）都对膜通量和膜的截流率有较大的影响。

从动力学上讲，膜通量的一般形式为

$$J_V = \frac{\Delta P}{\mu R} = \frac{\sum P}{\mu(R_m + R_c + R_f)} \tag{1}$$

式中：$J_V$——膜通量，$m^3/(m^2 \cdot S)$；

$\quad\quad R$——膜的过滤总阻力，$m^{-1}$；

$\quad\quad R_m$——膜自身的机械阻力，$m^{-1}$；

$\quad\quad R_c$——浓差极化阻力，$m^{-1}$；

$\quad\quad R_f$——膜污染阻力，$m^{-1}$；

$\quad\quad P$——压力，Pa；

$\quad\quad \mu$——过滤液的黏度，$N \cdot S/m^2$。

过滤时，由于筛分作用，料液中的部分大分子溶质会被膜截留，溶剂及小分子溶质则能自由地透过膜，从而表现出超滤膜的选择性。被截留的溶质在膜表面处积聚，其浓度会逐渐上升，在浓度梯度的作用下，接近膜面的溶质又以相反方向向料液主体扩散，达到平衡状态时膜表面形成一溶质浓度分布的边界层，对溶剂等小分子物质的运动起阻碍作用。这种现象称为膜的浓差极化，是一个可逆过程。

膜污染是指处理物料中的微粒、胶体或大分子由于与膜存在物理化学相互作用或机械作用而引起的在膜表面或膜孔内吸附和沉积造成膜孔径变小或孔堵塞，使膜通量的分离特性产生不可逆变化的现象。

膜分离单元操作装置的分离组件采用超滤中空纤维膜。当欲被分离的混合物料流过膜组件孔道时，某组分可穿过膜孔而被分离。通过测定料液浓度和流量可计算被分离物的脱除率、回收率及其他有关数据。当配置真空系统和其他部件后，可组成多功能膜分离装置，能进行膜渗透蒸发、超滤、反渗透等实验。

### 三、实验仪器与试剂

#### 1. 仪器

超滤膜分离综合实验装置及流程如图 1 所示。中空纤维超滤膜组件规格为：① PS10 截留分子量为 10 000，内压式，膜面积为 $0.1\ m^2$，纯水通量为 3～4 L/h；② PS50 截留分子量为 50 000，内压式，膜面积为 $0.1\ m^2$，纯水通量为 6～8 L/h；③ PP100 截留分子量为 100 000，外压式，膜面积为 $0.1\ m^2$，纯水通量为 40～60 L/h。

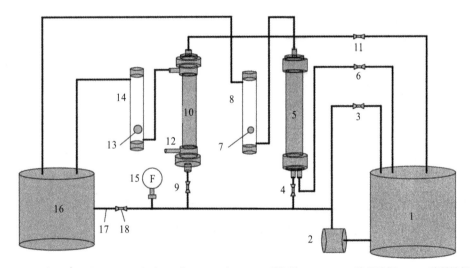

1—原料液水箱；2—循环泵；3—旁路调压阀 1；4—阀 2；5—膜组件 PP100；6—浓缩液阀 4；7—流量计阀 5；
8—透过液转子流量计；9—阀 3；10—膜组件 PS10；11—浓缩液阀 6；12—反冲口；13—流量计阀 7；
14—透过液转子流量计；15—压力表；16—透过液水箱；17—反冲洗管路；18—反冲洗阀门。

**图 1 超滤膜分离实验装置流程**

本实验将 PVA 料液由输液泵输送，经粗滤器和精密过滤器过滤后经转子流量计计量后从下部进入中空纤维超滤膜组件中，经过膜分离将 PVA 料液分为两股：一股是透过液——透过膜的稀溶液（主要由低分子量物质构成）经流量计计量后回到低浓度料液储罐（淡水箱）；另一股是浓缩液——未透过膜的溶液（浓度高于料液，主要由大分子物质构成）经回到高浓度料液储罐（浓水箱）。

溶液中 PVA 的浓度采用分光光度计分析。

在进行一段时间实验以后，膜组件需要清洗。反冲洗时，只需向淡水箱中接入清水，打开反冲阀，其他操作与分离实验相同。

中空纤维膜组件容易被微生物侵蚀而损伤，故在不使用时应加入保护液。在本实验系统中，拆卸膜组件后加入保护液（1%～5%甲醛溶液）进行保护膜组件。

电压：大约 220V；

功率：90W；

最高工作温度：50℃；

最高工作压力：0.1 MPa。

### 2. 试剂

甲醛；聚乙二醇；硝酸铋；冰乙酸；碘化钾；醋酸钠；聚乙二醇。

## 四、实验步骤

### 1. 准备工作

（1）配制 1%～5%的甲醛作为保护液。

（2）配制 1%的聚乙二醇溶液。

（3）发色剂的配制：

① A 液：准确称取 1.600 0 g 次硝酸铋置于 100 mL 容量瓶中，加冰乙酸 20 mL，溶解后用蒸馏水稀释至刻度，有效期半年。

② B 液：准确称取碘化钾 40.000 0 g 置于 100 mL 棕色容量瓶中，蒸馏水稀释至刻度。

③ Dragendoff 试剂：量取 A 液、B 液各 5 mL 置于 100 mL 棕色容量瓶中，加冰乙酸 40 mL，蒸馏水稀释至刻度，有效期半年。

④醋酸缓冲溶液的配制：称取 0.2 mol/L 醋酸钠溶液 590 mL 及 0.2 mol/L 冰乙酸溶液 410 mL 置于 1 000 mL 容量瓶中，配制成 pH 为 4.8 的醋酸缓冲溶液。

（4）打开 721 型分光光度计预热。

（5）用标准溶液测定工作曲线。

用分析天平准确称取在 60℃下干燥 4 h 的聚乙二醇 1.000 g，精确到 mg，溶于 1 000 mL 的容量瓶中，配制成溶液，分别吸取聚乙二醇溶液 1.0 mL、3.0 mL、5.0 mL、7.0 mL、9.0 mL 溶于 100 mL 的容量瓶内配制成浓度为 10 mg/L、30 mg/L、50 mg/L、70 mg/L、90 mg/L 的标准溶液。再各准备量取 25 mL 加入 100 mL 容量瓶中，分别加入发色剂和醋酸缓冲溶液各 10 mL，稀释至刻度，放置 15 min 后用 1 cm 比色池用分光光度计测量光密度。以去离子水为空白，作标准曲线。

### 2. 实验操作

（1）用自来水清洗膜组件 2～3 次，洗去组件中的保护液。排尽清洗液，安装膜组件。

（2）打开阀 1，关闭阀 2、阀 3 及反冲洗阀门。

（3）将配制好的料液加入原料液水箱中，分析料液的初始浓度并记录。

（4）开启电源，使泵正常运转，这时泵打开循环水。

（5）选择需要做实验的膜组件，打开相应的进口阀。

（6）组合调节阀门 1、浓缩液阀门，调节膜组件的操作压力。超滤膜组件进口压力为 0.015～0.018 MPa。

（7）启动泵稳定运转 5 min 后，分别取透过液和浓缩液样品，用分光光度计分析样品中聚乙烯醇的浓度。然后改变流量，重复进行实验，共测 1～3 个流量。其间注意膜组件进口压力的变化情况，并做好记录，实验完毕后方可停泵。

（8）清洗中空纤维膜组件。待膜组件中料液放尽之后，用自来水代替原料液，在较大流量下运转 20 min 左右，清洗超滤膜组件中残余的原料液。

（9）实验结束后，把膜组件拆卸下来，加入保护液至膜组件的 2/3 高度。然后密闭系统，避免保护液损失。

（10）将分光光度计清洗干净，放在指定位置，切断电源。

（11）实验结束后检查水、电是否关闭，确保所用系统水电关闭。

**五、实验数据记录与整理**

1. 实验条件和数据记录如下：

压强（表压）：_____MPa；温度：_____℃

表 2　膜分离实验记录

| 实验序号 | 起止时间 | 质量浓度/（mg/L） | | | 流量/（L/h） |
| --- | --- | --- | --- | --- | --- |
| | | 原料液 | 浓缩液 | 透过液 | 透过液 |
| | | | | | |
| | | | | | |
| | | | | | |
| | | | | | |
| | | | | | |
| | | | | | |
| | | | | | |
| | | | | | |

2. 数据处理

（1）料液截留率

$$R = \frac{c_0 - c_1}{c_0} \times 100 \tag{2}$$

式中：$R$——聚乙二醇的截留率，%；

　　　$c_0$——原料初始质量浓度，mg/L；

　　　$c_1$——透过液质量浓度，mg/L。

（2）透过液通量

$$J = \frac{V}{\theta \cdot S} \tag{3}$$

式中：$V$——渗透液体积，L；

　　　$S$——膜面积，$m^2$；

　　　$\theta$——实验时间，min。

（3）浓缩因子

$$N = \frac{c_2}{c_0} \tag{4}$$

式中：$N$——浓缩因子；

　　　$c_2$——浓缩液质量浓度，mg/L。

## 六、注意事项

1. 泵启动之前一定要"灌泵"，即将泵体内充满液体。

2. 样品取样方法：从表面活性剂料液储罐中用移液管吸取 5 mL 浓缩液配成 100 mL 溶液；同时在透过液出口端和浓缩液出口端分别用 100 mL 烧杯接取透过液和浓缩液各约 50 mL，然后用移液管从烧杯中吸取透过液 10 mL、浓缩液 5 mL 分别配成 100 mL 溶液。烧杯中剩余的透过液和浓缩液全部倒入表面活性剂料液储罐中，充分混匀后，随后进行下一个流量实验。

3. 分析方法：PVA 浓度的测定方法是先用发色剂使 PVA 显色，然后用分光光度计测定。首先测定工作曲线，然后测定浓度。吸收波长为 690 nm。具体操作步骤为：取定量中性或微酸性的 PVA 溶液加入 50 mL 的容量瓶中，加入 8 mL 发色剂，然后用蒸馏水稀释至标线，摇匀并放置 15 min 后，测定溶液吸光度，经查标准工作曲线即可得到 PVA 溶液的浓度。

4. 进行实验前必须将保护液从膜组件中放出，然后用自来水认真清洗，除掉保护液；实验后，也必须用自来水认真清洗膜组件，洗掉膜组件中的 PVA，然后加入保护液。加入保护液的目的是防止系统生菌和膜组件干燥而影响分离性能。

5. 若长时间不用实验装置，应将膜组件拆下，用去离子水清洗后加上保护液保护膜组件。

6. 受膜组件工作条件限制，实验操作压力须严格控制：建议操作压力不超过 0.10 MPa，工作温度不超过 45℃，pH 为 2～13。

## 七、思考题

1．请简要说明超滤膜分离的基本机理。

2．超滤组件长期不用时，为何要加保护液？

3．在实验中，如果操作压力过高会有什么后果？

4．提高料液的温度对膜通量有什么影响？

# 实验十三　水中溶解氧的测定（碘量法）

溶解在水中的分子态氧称为溶解氧，水中溶解氧的含量与空气中氧的分压、水的温度都有密切关系。在自然情况下，空气中的含氧量变动不大，水温是主要的因素，水温越低，水中溶解氧的含量越高。溶解氧通常记作 DO，用每升水里氧气的毫克数表示。水中溶解氧的含量是衡量水体自净能力的一个指标。

## 一、实验目的与要求

1．掌握生活饮用水及自然水体中溶解氧的测定原理及方法。

2．掌握测定溶解氧自来水水样的采集方法。

3．正确使用溶解氧瓶及固定水中溶解氧的方式。

4．巩固碘量法操作。

## 二、实验原理

硫酸锰与氢氧化钠作用生成氢氧化锰，氢氧化锰与水中溶解氧结合生成含氧氢氧化锰（或称亚锰酸），亚锰酸与过量的氢氧化锰反应生成偏锰酸锰，在酸性条件下偏锰酸锰与碘化钾反应析出碘，用硫代硫酸钠标准溶液滴定析出的碘。根据硫代硫酸钠标准溶液的消耗量求得水样中溶解氧的含量。

## 三、实验仪器与试剂

### 1. 仪器

250 mL 溶解氧瓶；250 mL 碘量瓶；酸式滴定管；气压计；温度计；采样用乳胶管。

### 2. 试剂

（1）硫酸锰溶液：称取 48 g $MnSO_4 \cdot 4H_2O$（AR）溶于水中至 100 mL，过滤后使用。

（2）碱性碘化钾：称取 50 g NaOH（AR）溶于 40 mL 蒸馏水中，另称取 15 g KI（AR）溶于 20 mL 蒸馏水中，待 NaOH 溶液冷却后，合并两溶液，加水至 100 mL。静置 24 h 后取上清液备用。

（3）浓硫酸（AR）。

（4）1%淀粉指示剂：称取 1 g 可溶性淀粉，置于小烧杯中，加少量纯水调成糊状，在不断搅拌下将糊状液倒入 100 mL 正在沸腾的纯水中，继续煮沸 2～3 min，冷后移入瓶中使用。

（5）6 mol/L HCl。

（6）0.1 mol/L 硫代硫酸钠标准溶液配制：称取 13 g 硫代硫酸钠 $Na_2S_2O_3 \cdot 5H_2O$（AR）置于烧杯中，溶于 500 mL 煮沸放冷的纯水中，此溶液的浓度为 0.1 mol/L。移入棕色瓶中 7～10 d 进行标定。

（7）0.025 mol/L 硫代硫酸钠标准溶液：应先配成 0.1 mol/L 的浓度，标定出准确浓度后，再用纯水稀释至 0.025 mol/L。

### 3．标定方法

将 $K_2Cr_2O_7$ 于烘箱烤至恒重，用减重法精确称取 $K_2Cr_2O_7$ 1.1 g 左右，置于小烧杯中，加纯水使其完全溶解，并移入 250 mL 容量瓶中，用少量纯水洗涤小烧杯多次，洗涤液一并移入容量瓶中，定容。

移取 25.00 mL $K_2Cr_2O_7$ 于 250 mL 碘量瓶中，加 20 mL 水，加 2 g KI 晶体，再加 6 mol/L HCl 溶液 5 mL，密塞，摇匀，水封，在暗处静置 10 min。加纯水 50 mL，用待标定的 $Na_2S_2O_3$ 标准溶液滴定至溶液呈淡黄色时（近终点），加入 2 mL 1%淀粉指示剂，继续滴至溶液从蓝色变为亮绿色为止。记录 $Na_2S_2O_3$ 溶液消耗的量（平行测定 3 次）。计算出 $Na_2S_2O_3$ 标准溶液浓度。

### 四、实验步骤

#### 1．采样（采集自来水）

先打开水龙头放水几分钟，用橡皮管接在水龙头上，将橡皮管的另一头插到瓶底部，待瓶中水满外溢数分钟后，取出橡皮管，盖好瓶塞。同时测定气温和大气压。

#### 2．溶解氧的固定

打开溶解氧瓶，将吸管尖端沿瓶口插入水样液面以下，缓加硫酸锰 2.0 mL、碱性碘化钾溶液 2.0 mL。盖好瓶塞，颠倒摇合至少 15 次，此时将有黄到棕色沉淀物形成。

#### 3．碘的游离

待沉淀物下降至瓶高一半时，将吸管尖端沿瓶口插入水样液面以下，加入浓硫酸 2.0 mL，盖紧瓶塞，颠倒混合至瓶中的沉淀物全部溶解。不完全溶解则补加硫酸。

#### 4．滴定游离碘

取两份上述水样各 100.0 mL，分别置于 250 mL 碘量瓶中，用 0.025 mol/L 硫代硫酸钠标准溶液滴定至淡黄色，加入 1 mL 淀粉溶液，继续滴定至蓝色刚好褪去，记录消耗量。取两次测定的平均值。

5．计算

$$DO（mg/L）＝（0.025\ 00×V×8×1\ 000）/100＝2V$$

溶解氧饱和百分率（%）＝水样所测得的溶解氧含量（mg/L）/在采样地点当时的大气压力及水温下，氧在水中的溶解度（mg/L）×100。

### 五、注意事项

1．应将移液管尖端插入液面之下，慢慢加入，以免将空气中氧带入水样中引起误差。

2．应该先将溶液由棕色滴定至淡黄色时再滴加淀粉指示剂。

3．若水样中存在有大量 $Fe^{2+}$ 时，会消耗游离出来的碘，使测定结果偏低。此时应加入 $KMnO_4$ 溶液将 $Fe^{2+}$ 氧化为 $Fe^{3+}$，再加入 NaF。

4．水样中的悬浮物质较多时会吸附游离碘而使结果偏低，此时预先用明矾 $[KAl(SO_4)_2]$ 在碱性条件下水解，生成 $Al(OH)_3$ 后再凝聚水中的悬浮物质，取上清液测定溶解氧。

## 实验十四　水质氨氮的测定

氨氮（$NH_3$-N）以游离氨（$NH_3$）或铵盐（$NH_4^+$）形式存在于水中，两者的组成比取决于水的 pH 和水温。当 pH 偏高时，游离氨的比例较高。反之，铵盐的比例高，水温则相反。

氨氮的测定方法主要有纳氏比色法、气相分子吸收法、苯酚-次氯酸盐（或水杨酸-次氯酸盐）比色法和电极法等。本节将主要介绍纳氏比色法和蒸馏-酸滴定法。

当水样带色或浑浊以及含有其他一些干扰物质，会影响氨氮的测定。为此，在分析时需做适当的预处理。对于较清洁的水，可采用絮凝沉淀法（加适量的硫酸锌于水样中，并加氢氧化钠使成碱性，生成氢氧化锌沉淀，再经过滤除去颜色和浑浊）；对于污染严重的水或工业废水，则用蒸馏法消除干扰（调节水样的 pH 在 6.0～7.4 的范围，加入适量氧化镁使成微碱性，蒸馏释放出的氨被吸收于硫酸或硼酸溶液中。采用纳氏比色法或酸滴定法时，以硼酸溶液为吸收液；采用水杨酸-次氯酸盐比色法时，则以硫酸溶液为吸收液）。

**实验目的与要求**

1．掌握水样预处理的方法。

2．掌握氨氮的测定原理及测定方法的选择。

3．掌握分光光度计的使用方法，学习标准系列的配制和标准曲线的制作。

## Ⅰ．纳氏试剂光度法

### 一、实验原理

碘化汞和碘化钾与氨反应生成淡红棕色胶态化合物，此颜色在较宽的波长内具强烈吸收。通常测量用 410～425 nm 范围。

### 二、实验仪器与试剂

#### 1．仪器

分光光度计；pH 计；20 mm 比色皿；50 mL 比色管。

#### 2．试剂

（1）纳氏试剂：可任意选择以下两种方法中的一种。

①称取 20 g 碘化钾溶于约 100 mL 水中，边搅拌边分次少量加入二氯化汞结晶粉末（约 10 g），至出现朱红色沉淀不易溶解时，改为滴加饱和二氯化汞溶液，并充分搅拌，当出现微量朱红色沉淀不易溶解时，停止滴加二氯化汞溶液。

另称取 60 g 氢氧化钾溶于水，并稀释至 250 mL，充分冷却至室温后，将上述溶液在搅拌下，缓慢注入氢氧化钾溶液中，用水稀释至 400 mL，混匀。静置过夜。将上清液移入聚乙烯瓶中，密塞保存待用。

②称取 16 g 氢氧化钠，溶于 50 mL 水中，充分冷却至室温。

另称取 7 g 碘化钾和 10 g 碘化汞溶于水，然后将此溶液在搅拌下缓慢注入氢氧化钠溶液中，用水稀释至 100 mL，储于聚乙烯瓶中，密塞保存待用。

（2）酒石酸钾钠溶液：称取 50 g 酒石酸钾钠（$KNaC_4H_4O_6 \cdot 4H_2O$）溶于 100 mL 水中，加热煮沸以去除氨，放冷，定容 100 mL。

（3）铵标准储备溶液：称取 3.819 g 经 100℃ 干燥过的优级纯氯化铵（$NH_4Cl$）溶于水中，移入 1 000 mL 容量瓶中，稀释至标线。此溶液每毫升含 1.00 mg 氨氮。

（4）铵标准使用液：移取 5.00 mL 铵标准储备液于 500 mL 容量瓶中，用水稀释至标线。此溶液每毫升含 0.010 mg 氨氮。

### 三、实验步骤

#### 1．标准曲线的制作

（1）吸取 0 mL、0.50 mL、1.00 mL、3.00 mL、5.00 mL、7.00 mL 和 10.00 mL 铵标准使用液于 50 mL 比色管中，加水至标线，加 1.0 mL 酒石酸钾钠溶液，摇匀。加 1.5 mL 纳氏试剂，混匀。放置 10 min 后，在波长 420 nm 处，用光程 20 mm 比色皿，以水为参比，测量吸光度。

（2）由测得的吸光度减去空白的吸光度后，得到校正吸光度，以氨氮含量（mg）对校正吸光度的统计回归标准曲线。

### 2. 水样的测定

（1）取适量经絮凝沉淀预处理后的水样（使氨氮含量不超过 0.1 mg），加入 50 mL 比色管中，稀释至标线，加 1.0 mL 酒石酸钾钠溶液。以下同标准曲线的制作（步骤 1）。

（2）取适量经蒸馏预处理后的馏出液，加入 50 mL 比色管中，加一定量 1 mol/L 氢氧化钠溶液以中和硼酸，稀释至标线。加 1.5 mL 纳氏试剂，混匀。放置 10 min 后，同标准曲线制作（步骤 1）测量吸光度。

### 3. 空白实验

以无氨水代替水样，做全程序空白测定。

## 四、实验结果计算

由水样测得的吸光度减去空白实验的吸光度后，用标准曲线计算出氨氮质量 $m$，结果计算：

$$氨氮（N，mg/L）= \frac{m}{V} \times 1\,000 \tag{1}$$

式中：$m$——由标准曲线查得的氨氮质量，mg；

$V$——水样体积，mL。

## 五、注意事项

1. 纳氏试剂中碘化汞与碘化钾的比例，对显色反应的灵敏度有较大影响。静置后生成的沉淀应去除。

2. 滤纸中常含痕量铵盐，使用时注意用无氨水洗涤。所用玻璃器皿应避免实验室空气中氨的污染。

3. 脂肪胺、芳香胺、醛类、丙酮、醇类和有机氯胺类等有机化合物，以及铁、锰、镁和硫等无机离子，因产生异色或浑浊而引起干扰，水中颜色和浑浊亦影响比色，因此应进行预处理。

4. 本方法最低检出质量浓度为 0.025 mg/L（光度法），测定上限为 2 mg/L。采用目视比色法，最低检出质量浓度为 0.02 mg/L。

5. 水样经适当的预处理后，本法可适用于地表水、地下水、工业废水和生活污水中氨氮的测定。

## II．滴定法

### 一、实验原理

滴定法仅适用于已进行蒸馏预处理的水样。调节试样 pH 至 6.0～7.4，加入氧化镁使呈微碱性。加热蒸馏，释出的氨被硼酸溶液吸收，以甲基红-亚甲蓝为指示剂，使用酸标准溶液滴定馏出液中的铵。

### 二、实验仪器与试剂

#### 1．仪器

1 000 mL 容量瓶；500 mL 容量瓶；150 mL 锥形瓶；滴定管。

#### 2．试剂

（1）混合指示液：称取 200 mg 甲基红溶于 100 mL 95%乙醇；另称取 100 mg 亚甲蓝溶于 50 mL 95%乙醇。以两份甲基红溶液与 1 份亚甲蓝溶液混合后供用（可使用一个月）[①]。

（2）0.05%甲基橙指示剂：称取甲基橙 50 mg 溶于 100 mL 水中。

（3）（1+9）硫酸溶液：量取 1 份硫酸（$\rho$=1.84）与 9 份水混合均匀。

（4）硫酸标准溶液：$c$（1/2H$_2$SO$_4$）=0.020 mol/L：

分取 5.6 mL（1+9）硫酸溶液于 1 000 mL 容量瓶中，稀释至标线，混匀。按下述操作进行标定。

#### 3．标定方法

称取经 180℃干燥 2 h 的基准试剂级无水碳酸钠（Na$_2$CO$_3$）约 0.5 g（准确称取至 0.000 1 g），溶于新煮沸放冷的水中，移入 500 mL 容量瓶中，稀释至标线。移取 25.00 mL 碳酸钠溶液于 150 mL 锥形瓶中，加 25 mL 水，加 1 滴 0.05%甲基橙指示剂，用硫酸溶液滴定至淡橙红色为止。记录用量，用下式计算硫酸标准溶液的浓度：

$$\text{硫酸标准溶液浓度 } c\ (1/2\text{H}_2\text{SO}_4,\ \text{mol/L}) = \frac{W \times 1\ 000}{V \times 52.995} \times \frac{25.00}{500.0} \tag{2}$$

式中：$W$——碳酸钠的重量，g；

$V$——硫酸标准溶液的体积，mL；

52.995——（1/2Na$_2$CO$_3$）摩尔质量，g/mol。

---

[①] 为使滴定终点明显，必要时添加少量甲基红溶液或亚甲蓝溶液于混合指示液中，以调节二者的比例至合适为止。

### 三、实验步骤

#### 1．水样的测定

于全部经蒸馏预处理、以硼酸溶液为吸收液的馏出液中，加 2 滴混合指示液，用标定过的硫酸标准溶液滴定至绿色转变成淡紫色为止，记录硫酸标准溶液的用量。

#### 2．空白实验

以无氨水代替水样，同水样处理及滴定的全程序步骤进行测定。

### 四、实验结果计算

$$\text{氨氮（N，mg/L）} = \frac{(A-B) \times c \times 14 \times 1\,000}{V} \tag{3}$$

式中：$A$——滴定水样时消耗硫酸标准溶液体积，mL；

$B$——空白实验消耗硫酸标准溶液体积，mL；

$c$——硫酸标准溶液浓度，mol/L；

$V$——水样体积，mL；

14——氨氮（N）摩尔质量，g/mol。

### 五、注意事项

1．当水样中含有可被蒸馏出并在滴定时能与酸反应的物质，如挥发性胺类等，则将使测定结果偏高。

2．使用 205 mL 水样，实际测定的最低检出浓度为含氮 0.2 mg/L。

## 实验十五　紫外光和双氧水脱色实验

光氧化脱色法是利用光和氧化剂联合作用时产生的强烈氧化作用，氧化分解废水中的有机污染物质，使废水的 BOD、COD 和色度大幅度下降的一种处理方法。光氧化脱色法中常用的氧化剂是氯气，有效光是紫外线。紫外线对氧化剂的分解和污染物质的氧化起催化作用。有时，某些特殊波长的光对某些物质有特效作用。光氧化脱色印染废水，除对一小部分分散染料的脱色效果较差外，其他染料脱色率都在 90%以上。

### 一、实验目的与要求

1．掌握紫外光和双氧水脱色的原理。

2．熟悉实验装置操作过程。

### 二、实验原理

工业废水排放量大，排出废水占用水量的 70%～90%。在废水中由于含有大量的有色的有机物，因此有些废水色度高。色度又是公众容易产生意见的感官指标之一，而且去除较难。目前，降低废水色度主要采用如下五大类方法：（1）活性炭吸附，这种方法工艺比较简单，但活性炭需要高温再生，造成能耗、成本高；设备、占地面积大。活性炭的频繁反洗，带来了操作不便、耗费大量的水而且排放废液易造成二次污染的弊病。（2）用混凝法处理应用广泛，但存在如下缺点：设备占地面积大，需耗费大量混凝剂，混凝沉降后产生的污泥会造成二次污染。（3）用臭氧法，效果较好，但因为还需配有制氧设备，造成处理费用高，耗电也大。另外，现场制备臭氧造成处理废水色度的运行费用高。（4）用双氧水（$H_2O_2$）处理，效果比较差，即使将 $H_2O_2$ 浓度提高到 0.1 mol/L，经 2 h 后，色度降低仍很有限。（5）用传统的水处理方法，例如，氧化塘法、塔式生物滤池和接触氧化法等降低废水色度时，脱色效果一般都不理想。

185 nm 紫外线是一种波长较短、能量较高的紫外线，其能量相当于 6.7 eV，而一般用于水中的 254 nm 紫外线，其能量相当于 4.88 eV。185 nm 紫外光直接作用于水，引起水的均裂反应：

$$H_2O \xrightarrow{\text{185 nm UV}} \cdot OH + \cdot H \tag{1}$$

$$H_2O \xrightarrow{\text{185 nm UV}} H^+ + \cdot OH + e_{aq} \tag{2}$$

反应（1）的产率为 0.33，反应（2）的产率为 0.05，因而 185 nm 紫外线照射水时，在 185 nm 紫外线所能照射的范围内可以产生高浓度的活性中间体·OH、·H 和 $e_{aq}$（水合电子），而且 $H_2O_2$ 在紫外线的作用下也可以生成·OH：

$$H_2O_2 \xrightarrow{\text{UV}} 2 \cdot OH \tag{3}$$

这些活性中间体再与有机物的发色基团发生亲电或亲核反应，引起有机物的降解，从而使废水色度降低。用 185 nm UV 加 $H_2O_2$ 降低废水的色度，适用多种颜色的废水。现以罗丹明 B（RhB，红色）、Orange I（橙色）、Brilliant Blue（蓝色）为例，其降解脱色过程如下：

$$RhB（Orange\,I、Brilliant\,Blue） \xrightarrow{\text{OH}} 无色中间产物 \xrightarrow{\text{进一步氧化}}$$

$$CO_2 + H_2O + NH_4^+ + NO_3^- + Cl^- \tag{4}$$

### 三、实验仪器及试剂

1. 双氧水，含量不少于 30%；

2. 紫外灯，波长 185 nm 或 254 nm；

3. 水泵，储水槽；

4. 测色度所需仪器。

### 四、实验步骤

1. 原水配制：取印染废水或自配污水。

2. 将足够量的原水装入储水槽，测原水色度，并记录。

3. 向原水中加 $H_2O_2$，保持其浓度 0.001～0.1 mol/L，搅拌均匀，然后按流量计上的显示流量为 0.14～0.70 L/min，泵入装有市售的 185（254）nm UV 灯的反应器中，并按 20～60 L/h 的循环流量，循环处理 5 min 后，再由出水水槽取样，测色度，并记录。

### 五、实验数据分析

对进行脱色前后的水样进行色度的比较和分析。

1. 加入 $H_2O_2$ 后，水样要搅拌均匀。

2. 水样加入量应足够填充反应器容积，以便能够进行循环处理。

### 六、思考题

1. 单独用 RhB 进行脱色效果会怎样？

2. RhB 加入量，紫外光波长，水流流速对脱色效果有何影响？

**附件：**

（1）色度的测试方法将澄清后的废水用水稀成不同的倍数，分别置于液面高度一致的 50 mL 比色管中，比色管底部衬一白色瓷板。分析者对着液面，由上至下观察废水颜色的深浅，并与液面高度相同的水做比较。将废水样稀释至刚好看不见颜色时为止，记下此时的稀释倍数，即为色度。

（2）废水排放标准废水的色度（稀释倍数）：一级标准：50；二级标准：100《纺织染整工业水污染物排放标准》（GB 4287—2012）。

1989 年 1 月 1 日之前立项的纺织染整工业建设项目及其建成后投产的企业按表 1 执行。

表1

| 分级 | 最高允许排水量/(m³/百米布) | 最高允许排放浓度/（mg/L） | | | | | | | | | |
|---|---|---|---|---|---|---|---|---|---|---|---|
| | | 生化需氧量（BOD₅） | 化学需氧量（CODcr） | 色度（稀释倍数） | pH | 悬浮物 | 氨氮 | 硫化物 | 六价铬 | 铜 | 苯胺类 |
| Ⅰ级 | 2.5 | 60 | 180 | 80 | 6～9 | 100 | 25 | 1.0 | 0.5 | 0.5 | 2.0 |
| Ⅱ级 | | 80 | 240 | 160 | 6～9 | 150 | 40 | 2.0 | 0.5 | 1.0 | 3.0 |
| Ⅲ级 | | 300 | 500 | — | 6～9 | 400 | — | 2.0 | 0.5 | 2.0 | 5.0 |

1989年1月1日—1992年6月30日立项的纺织染整工业建设项目及其建成后投产的企业按表2执行。

表2

| 分级 | 最高允许排水量/(m³/百米布) | 最高允许排放浓度/（mg/L） | | | | | | | | | |
|---|---|---|---|---|---|---|---|---|---|---|---|
| | | 生化需氧量（BOD₅） | 化学需氧量（CODcr） | 色度（稀释倍数） | pH | 悬浮物 | 氨氮 | 硫化物 | 六价铬 | 铜 | 苯胺类 |
| Ⅰ级 | 2.5 | 30 | 100 | 50 | 6～9 | 70 | 15 | 1.0 | 0.5 | 0.5 | 1.0 |
| Ⅱ级 | | 60 | 180 | 100 | 6～9 | 150 | 25 | 1.0 | 0.5 | 1.0 | 2.0 |
| Ⅲ级 | | 300 | 500 | — | 6～9 | 400 | — | 2.0 | 0.5 | 2.0 | 5.0 |

1992年7月1日以后立项的纺织染整工业建设项目及其建成后投产的企业按表3执行。

表3

| 分级 | 最高允许排水量/(m³/百米布)① | | 最高允许排放浓度/（mg/L） | | | | | | | | | | |
|---|---|---|---|---|---|---|---|---|---|---|---|---|---|
| | 缺水区 | 丰水区② | 生化需氧量（BOD₅） | 化学需氧量（CODcr） | 色度（稀释倍数） | pH | 悬浮物 | 氨氮 | 硫化物 | 六价铬 | 铜 | 苯胺类 | 二氧化氯 |
| Ⅰ级 | — | — | 25 | 100 | 40 | 6～9 | 70 | 15 | 1.0 | 0.5 | 0.5 | 1.0 | 0.5 |
| Ⅱ级 | 2.2 | 2.5 | 40 | 180 | 80 | 6～9 | 100 | 25 | 1.0 | 0.5 | 1.0 | 2.0 | 0.5 |
| Ⅲ级 | | | 300 | 500 | — | 6～9 | 400 | — | 2.0 | 0.5 | 2.0 | 5.0 | 0.5 |

注：① 百米布排水量的布幅以914 mm计；宽幅布按比例折算。

② 水源取自长江、黄河、珠江、湘江、松花江等大江、大河为丰水区；取用水库、地下水及国家水资源行政主管部门确定为缺水区的地区为缺水区。

# 实验十六 SBR 工艺设计实验

SBR 是序列间歇式活性污泥法（Sequencing Batch Reactor Activated Sludge Process）的简称，是一种按间歇曝气方式来运行的活性污泥污水处理技术，又称序批式活性污泥法。它的主要特征是在运行上的有序和间歇操作，SBR 技术的核心是 SBR 反应池，该池集均化、初沉、生物降解、二沉等功能于一池，无污泥回流系统。尤其适用于间歇排放和流量变化较大的场合。在国内有广泛的应用。滗水器是 SBR 工艺的一项关键设备。

## 一、实验目的与要求

1. 了解并掌握 SBR 处理废水的五个运行步骤（图 1）。

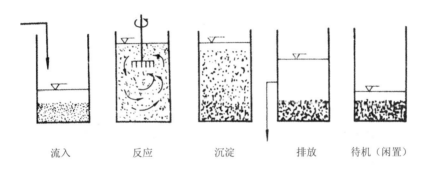

| 流入 | 反应 | 沉淀 | 排放 | 待机（闲置） |

图 1 SBR 运行五步骤

2. 设计优化工艺参数。

## 二、实验原理

与传统污水处理工艺不同，SBR 技术采用时间分割的操作方式替代空间分割的操作方式，非稳定生化反应替代稳态生化反应，静置理想沉淀替代传统的动态沉淀。SBR 工艺具有以下优点：

1. 理想的推流过程使生化反应推动力增大，效率提高，池内厌氧、好氧处于交替状态，净化效果好。

2. 运行效果稳定，污水在理想的静止状态下沉淀，需要时间短、效率高，出水水质好。

3. 耐冲击负荷，池内有滞留的处理水，对污水有稀释、缓冲作用，有效抵抗水量和有机污染物的冲击。

4. 工艺过程中的各工序可根据水质、水量进行调整，运行灵活。

5．处理设备少，构造简单，便于操作和维护管理。

6．反应池内存在 DO、$BOD_5$ 浓度梯度，有效控制活性污泥膨胀。

7．SBR 法系统本身也适合于组合式构造方法，利于废水处理厂的扩建和改造。

8．脱氮除磷，适当控制运行方式，实现好氧、缺氧、厌氧状态交替，具有良好的脱氮除磷效果。

9．工艺流程简单、造价低。主体设备只有一个序批式间歇反应器，无二沉池、污泥回流系统，调节池、初沉池也可省略，布置紧凑、占地面积小。

SBR 系统的适用范围：

由于上述技术特点，SBR 系统进一步拓宽了活性污泥法的使用范围。就近期的技术条件，SBR 系统更适合以下情况：

1．中小城镇生活污水和厂矿企业的工业废水，尤其是间歇排放和流量变化较大的地方。

2．需要较高出水水质的地方，如风景游览区、湖泊和港湾等，不但要去除有机物，还要求出水中除磷脱氮，防止河湖富营养化。

3．水资源紧缺的地方，SBR 系统可在生物处理后进行物化处理，不需要增加设施，便于水的回收利用。

4．用地紧张的地方。

5．对已建连续流污水处理厂的改造等。

6．非常适合处理小水量、间歇排放的工业废水与分散点源污染的治理。

## 三、实验仪器

SBR 装置；PHS-25 型酸度计；溶氧测定仪；COD 测定装置；温度计。

## 四、实验步骤

1．熟悉实验装置，搞清楚每条管路、每个阀门的作用。

2．设计工艺参数：进水流速、曝气时间（搅拌）、沉淀时间、排放时间和待机时间。最佳工艺运行条件为曝气时间 1.5 h，缺氧时间 3 h，沉淀时间 1 h，排水时间 0.5 h，周期 5 h；交替式曝气；pH 为 6.5～7.5。

3．测原水温度、pH、COD 或者 BOD、DO 等。

4．在实验过程中，可随时检测温度、pH、COD 或者 BOD、DO 和 MLVSS。

5．排水中，检测最终出水指标：COD 或者 BOD、DO 和 MLVSS、SVI、温度和 pH 等。

## 五、实验数据记录与整理

把实验所测数据填入表 1。

表1　记录表

| 项目 | 温度 | pH | DO/（mg/L） | COD/（mg/L） |
|------|------|-----|-----------|-------------|
| 进水指标 | | | | |
| 出水指标 | | | | |
| 去除率/% | | | | |

# 实验十七　污泥厌氧消化实验

## 一、实验目的与要求

1. 掌握厌氧消化过程及原理。

2. 了解污泥厌氧消化过程与产气量、COD 去除等的变化关系，加深对污泥厌氧消化原理的理解。

## 二、实验原理

在隔绝与空气接触的条件下，借助兼氧菌、厌氧菌和专性厌氧菌的生物化学作用，对有机物进行生化降解的过程。

### 第 I 阶段——水解产酸阶段

污水中不溶性大分子有机物，如多糖、淀粉、纤维素、烃类（烷、烯、炔等）水解，主要产物为甲酸、乙酸、丙酸、丁酸、乳酸；紧接着氨基酸、蛋白质、脂肪水解生成氨、胺、多肽等。

### 第 II 阶段——厌氧发酵产气阶段

第 I 阶段产物甲酸、乙酸、甲胺、甲醇和 $CO_2+H_2$ 等小分子有机物在产甲烷菌的作用下，通过甲烷菌的发酵过程将这些小分子有机物转化为甲烷。

在酸化阶段，发酵细菌将有机物水解转化为能被甲烷菌直接利用的第 1 类小分子有机物，如乙酸、甲酸、甲醇和甲胺等；第 2 类为不能被甲烷菌直接利用的有机物，如丙酸、丁酸、乳酸、乙醇等，不完全厌氧消化或发酵到此结束。如果继续全厌氧过程，则产氢、产乙酸菌将第 2 类有机物进一步转化为氢气和乙酸。

## 三、实验仪器

厌氧消化装置如图 1 所示。

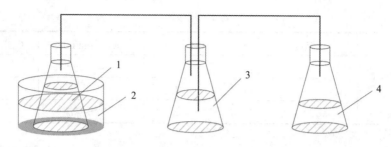

1—污泥消化瓶；2—恒温水浴锅；3—集气瓶；4—计量瓶。

**图1　污泥厌氧消化实验装置**

消化瓶的瓶塞、出气管以及接头处都必须密闭，以防止漏气，否则会影响微生物的生长和沼气的收集。

实验所需的设备及材料：pH 计、马弗炉、污水处理厂污泥、生物垃圾。

### 四、实验步骤

1. 制作厌氧消化实验装置：取 2 个 1 L 富光杯，用电烙铁打孔，连接管子，AB 胶密封，盖子用生胶带密封。

2. 取污泥 20 g、生物垃圾 100 g，加自来水稀释至 1 L，搅拌均匀后，取 100 mL 样品测定 pH、含水率及挥发性固体，剩下的样品投加到 1 L 的富光杯中，连接好实验装置图。

3. 每天将装生物垃圾及污泥的富光杯摇动 3～5 min，使污泥浓度均匀。

4. 每天记录计量瓶中的水量，当集气瓶中的水将近排空时，需及时补充水，补充水时将消化瓶中的出气管关闭。

5. 培养 30 d，实验结束后，取混合均匀的样品，测定 pH、含水率及挥发性固体。

### 五、实验数据记录与整理

实验结果记录如表 1 所示。

**表1　实验记录**

| 日期 | 产气量/mL | 气体累积量/mL | pH | 含水率/% | 挥发性固体/% |
|------|-----------|---------------|-----|----------|--------------|
|      |           |               |     |          |              |

## 实验十八　推流式活性污泥法处理生活污水实验

推流式活性污泥法，又称为传统活性污泥法。推流式曝气池表面呈长方形，在曝气和水力条件的推动下，曝气池中的水流均匀地推进流动，废水从池首端进入，从池尾端流出，前段液流与后段液流不发生混合。

### 一、实验目的与要求

1. 熟悉传统活性污泥工艺处理生活污水原理。
2. 掌握推流式曝气池运行工艺特点。

### 二、实验原理

活性污泥法的基本工艺流程见图1。

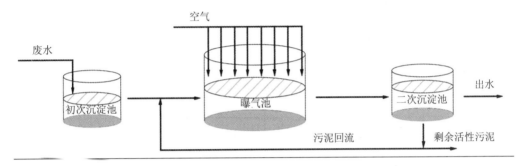

**图1　活性污泥法的基本工艺流程**

在曝气过程中，从池首至池尾，随着环境的变化，生物反应速度是变化的，$F/M$ 值也是不断变化的，微生物群的量和质不断地变化，活性污泥的吸附、絮凝、稳定作用不断地变化，其沉降-浓缩性能也不断变化。

其优点是废水浓度自池首至池尾是逐渐下降的，由于在曝气池内存在这种浓度梯度，废水降解反应的推动力较大，效率较高；缺点是由于沿池长均匀供氧，会出现池首曝气不足，池尾供气过量的现象，增加动力费用。

### 三、实验设备与试剂

#### 1. 仪器
（1）六级完全混合机械曝气设备一套（含初沉池、二沉池等）；
（2）COD 测定装置。

#### 2. 试剂
硫酸银、浓硫酸、硫酸亚铁、重铬酸钾。

### 四、实验步骤

1. 熟悉仪器装置，了解各个开关控制阀门的作用。

2. 打开曝气池之前的进水阀门，关闭回流污泥进曝气池的阀门。

3. 调节曝气池进水的转子流量计至合适大小。

4. 打开曝气装置的 6 个开关进行曝气，调节表曝机转速至水面刚被扬起为止。

5. 打开曝气池回流污泥阀门，然后再打开回流污泥泵电源开关，调节污泥转子流量计至合适大小，进行污泥回流。

6. 整个实验曝气时间为 3 h。

7. 曝气结束后，停止污泥回流泵，关闭回流污泥阀；停止进水泵，关闭进水阀；关闭 6 个曝气机。

取样检测时间点：取进水和出水，测定其 COD（要计算 COD 去除率）；曝气 1.5 h，从 6 个曝气池取水样，测定其溶解氧和 COD。

## 五、实验数据记录与整理

### 1. 进出水处理效果

| | COD/（mg/L） |
|---|---|
| 原水 | |
| 出水 | |
| COD 去除率/% | |

### 2. 1.5 h 时间点时的 6 个曝气池中的溶解氧和 COD

| | DO/（mg/L） | COD/（mg/L） |
|---|---|---|
| 第 1 曝气池 | | |
| 第 2 曝气池 | | |
| 第 3 曝气池 | | |
| 第 4 曝气池 | | |
| 第 5 曝气池 | | |
| 第 6 曝气池 | | |

## 六、思考题

推流式曝气池和完全混合式曝气池的区别是什么？

# 第六章　大气污染控制工程实验

大气污染控制工程是环境科学与工程类专业必修的一门专业主干课程,实验是该课程教学的重要组成部分,是理论与实践相结合的专业辅助课程。开设大气污染控制工程实验的主要目的是通过实验手段培养学生对大气污染控制过程的理解与分析能力,配合理论课程掌握当代大气污染控制技术领域的基本概念与基本理论,学习与大气污染控制工程相关的常用技术、方法、仪器和设备,学习如何用实验方法判断控制过程的性能和规律,引导学生了解实验手段在大气污染控制与设备研究、开发过程中所起的作用,使学生获得一定程度的用实验方法和技术研究大气污染控制新工艺、新技术和新设备的独立工作能力。在实验过程中,要求学生深化理论知识,做到理论联系实际,加强学生的动手操作能力,进一步培养学生正确和良好的实验习惯和严谨的科学作风,为今后走向工作岗位扎下坚实基础。

## 实验一　大气环境中细颗粒物（PM$_{2.5}$）的监测

大气环境中细颗粒物（PM$_{2.5}$）（空气动力学直径≤2.5 μm 颗粒物的统称）是常规的污染物,其对人体健康、植被生态和能见度等都有着非常重要的直接和间接影响。近年来,中国大部分区域都面临着细颗粒物污染,其中典型污染区域包括华北地区、珠三角区域、长三角区域和四川盆地。PM$_{2.5}$ 浓度的测定是环境监测中的一项重要工作,PM$_{2.5}$ 浓度的发布是环境监管部门的常规任务。本实验在校园中以及附近的工业区、公路旁进行采样分析。

### 一、实验目的与要求

1. 了解《环境空气颗粒物采样器技术要求及检测方法》。
2. 掌握重量法测定大气环境中 PM$_{2.5}$ 浓度的方法。
3. 学习环境监测中质量控制和保证的概念。

### 二、实验原理

通过具有一定切割特性的采样器,以恒速抽取一定体积的空气,空气中粒径小于

2.5 μm 的细颗粒物被截留在已恒重的滤膜上。根据采样前、后滤膜质量之差及采样体积，计算细颗粒物的浓度。滤膜经处理后，可再进行组分分析。

本方法适合于用大流量或中流量细颗粒物采样器（以下简称采样器）进行空气中细颗粒物的测定。方法的检测限为 0.01 mg/m³。细颗粒物含量过高或雾天采样使滤膜阻力大于 10 kPa 时，本方法不适用。

### 三、实验仪器与试剂

1. 大流量或中流量采样器：1 台，参见《环境空气颗粒物（$PM_{10}$ 和 $PM_{2.5}$）采样器技术要求及检测方法》（HJ 93—2013）的规定。

2. 大流量孔口流量计：1 个，量程 0.7～1.4 m³/min，流量分辨率 0.01 m³/min，精度优于±2%。

3. 中流量孔口流量计：1 个，量程 70～160 L/min，流量分辨率 1 L/min，精度优于±2%。

4. U 形管压差计：1 个，最小刻度 0.1 hPa。

5. 镊子：1 个，用于夹取滤膜。

6. 超细玻璃纤维滤膜：10 片，对 0.3 μm 标准粒子的截留效率不低于 99%，在气流速度为 0.45 m/s 时，单张滤膜阻力不大于 3.5 kPa，在同样气流速度下，抽取经高效过滤器净化的空气 5 h，1 cm² 滤膜失重不大于 0.012 mg。

7. 滤膜袋：10 个，用于存放采样后对折的采尘滤膜，袋面印有编号、采样日期、采样地点、采样人等项栏目。

8. 滤膜保存盒：1 个，用于保存、运送滤膜，保证滤膜在采样前处于平展不受折状态。

9. 恒温恒湿箱：1 台，箱内空气温度要求在 15～30℃范围内连续可调，控温精度±1℃；箱内空气相对湿度应控制在（50±5）%，恒温恒湿箱可连续工作。

10. 细颗粒物大盘天平：1 台，用于大流量采样滤膜称量，称量范围≥10 g，感量 0.1 mg，标准差≤2 mg。

11. 分析天平：1 台，用于中流量采样滤膜称量，称量范围≥10 g，感量 0.1 mg，标准差≤0.2 mg。

### 四、实验步骤

#### 1. 采样器的流量校准

新购置或维修后的采样器在启用前，须进行流量校准。正常使用的采样器每月也要进行一次流量校准。流量校准步骤如下。

（1）计算采样器工作点的流量。

采样器应工作在规定的采气流量下，该流量称为采样器的工作点。在正式采样前，应调整采样器，使其工作在正确的工作点上，按下述步骤进行：

采样器采样口的抽气速度 $\upsilon$ 为 0.3 m/s，大流量采样器的工作点流量 $Q_H$（$m^3/min$）为

$$Q_H = 1.0 \tag{1}$$

中流量采样器的工作点流量 $Q_M$（$m^3/min$）为

$$Q_M = 60\,000\upsilon \times A \tag{2}$$

式中：$A$——采样器采样口截面积，$m^2$。

将 $Q_H$ 或 $Q_M$ 计算值换算成标准状态下的流量 $Q_{HN}$（$m^3/min$）或 $Q_{MN}$（L/min）：

$$Q_{HN} = Q_H pT_N / TP_N \tag{3}$$

$$Q_{MN} = Q_M pT_N / TP_N \tag{4}$$

$$\lg p = (\lg 101.3 - h)/18\,400 \tag{5}$$

式中：$T$——测试现场月平均温度，K；

$P_N$——标准状态下的压力，101.3 kPa；

$T_N$——标准状态下的温度，273 K；

$p$——测试现场平均大气压，678 kPa；

$h$——测试现场海拔高度，m。

将式（6）中 $Q_N$ 用 $Q_{HN}$ 或 $Q_{MN}$ 代入，求出修正项 $Y$，再按式（7）计算 $\Delta H$（Pa）：

$$Y = BQ_N + A \tag{6}$$

$$\Delta H = Y^2 P_N T / p T_N \tag{7}$$

式中：斜率 $B$ 和截距 $A$ 由孔口流量计的标定部门给出（参见附录 A）。

（2）采样器工作点流量的校准。

打开采样头的采样盖，按正常采样位置，放一张干净的采样滤膜，将孔口流量计的接口与采样头密封连接，孔口流量计的取压口接好压差计；接通电源，开启采样器，待工作正常后，调节采样器流量，使孔口流量计压差值达到式（7）计算的 $\Delta H$ 值（记录表格见附录 B）；校准流量时，要确保气路密封连接，流量校准后，如发现滤膜上尘的边缘轮廓不清晰或滤膜安装歪斜等情况，可能造成漏气，应重新进行校准；校准合格的采样器即可用于采样，不得再改动调节器状态。

**2. 细颗粒物含量测试**

（1）滤膜准备

每张滤膜均需用 X 光看片机进行检查，不得有针孔或任何缺陷。在选中的滤膜光滑表面的两个对角上打印编号。滤膜袋上打印同样编号备用；将滤膜放在恒温恒湿箱中平衡 24 h，平衡温度取 15～30℃中任一点，记录下平衡温度与湿度；在上述平衡条件下称量

滤膜，大流量采样器滤膜称量精确到 1 mg，中流量采样器滤膜称量精确到 0.1 mg。记录下滤膜质量 $m_0$（g）；称量好的滤膜平展地放在滤膜保存盒中，采样前不得将滤膜弯曲或折叠。

（2）安放滤膜及采样

打开采样头顶盖，取出滤膜夹；用清洁干布擦去采样头内及滤膜夹的灰尘；将已编号并称量过的滤膜绒面向上，放在滤膜支持网上，放上滤膜夹，对正，拧紧，使不漏气；安好采样头顶盖，按照采样器使用说明，设置采样时间，即可启动采样；样品采完后，打开采样头，用镊子轻轻取下滤膜，采样面向里，将滤膜对折，放入号码相同的滤膜袋中；取滤膜时，如发现滤膜损坏，或滤膜上尘的边缘轮廓不清晰、滤膜安装歪斜（说明漏气），则本次采样作废，需重新采样（记录表格见附录 C）。

（3）尘膜的平衡及称量

尘膜在恒温恒湿箱中，与干净滤膜平衡条件相同的温度、湿度下，平衡 24 h。在上述平衡条件下称量滤膜，大流量采样器滤膜称量精确到 1 mg，中流量采样器滤膜称量精确到 0.1 mg。记录下滤膜质量 $m_1$（g）（记录表格见附录 D）。滤膜增重，大流量滤膜不小于 100 mg，中流量滤膜不小于 10 mg。

## 五、实验数据记录及整理

$$细颗粒物质量浓度（\mu g/m^3） = \frac{K \times (m_0 - m_1)}{Q_N \times t} \tag{8}$$

式中：$t$——累积采样时间，min；

    $Q_N$——采样器平均抽气流量，即式（3）或式（4）的计算值；

    $K$——常数，大流量采样器 $K=1 \times 10^6$，中流量采样器 $K=1 \times 10^9$。

测试方法的再现性：当两台细颗粒物采样器安放位置相距不大于 4 m、不少于 2 m 时，同时采样测定细颗粒物质量浓度，相对偏差不大于 15%。

## 六、注意事项

1. 滤膜的重量精度要求较高，称量过程要认真细心。
2. 大雾天滤膜的采集称量法对细颗粒物的质量浓度测量有影响。

## 七、思考题

1. 从实验结果可以得出哪些结论？
2. 什么样的气象条件能导致细颗粒物重污染？

## 八、延伸拓展

重量法测定大气中细颗粒物浓度不仅可以准确有效地获取细颗粒物的日均质量浓度，还可以对滤膜进行处理后获取细颗粒物的组分数据，包括有机碳、元素碳、水溶性粒子、重金属和二次无机盐等。这类数据可用于研究大气细颗粒物的来源，细颗粒物的气候效应以及细颗粒物的传输转化。大气细颗粒物被列为大气环境质量常规监测项目，规定了对应于不同环境质量功能区的标准值，重量法测定大气中细颗粒物浓度在国内外一直是经典方法，在环境监测部门和环保部门应用非常广泛。

## 附录 A

### 孔口流量计的校准要求（补充件）

在大流量或中流量孔口流量计的量程范围内，均匀取 7 点，分别由标准罗兹流量计和钟罩式气体计量器进行标定，最后结果以回归方程（A.1）给出：

$$Y = BQ_N + A \qquad (A.1)$$

修正项：

$$Y = \sqrt{\frac{T_N P \Delta H}{P_N T}} \qquad (A.2)$$

式中：$T_N$——标准状态温度，273 K；

$\quad T$——标定时环境温度，K；

$\quad \Delta H$——孔口流量计测得压差，Pa；

$\quad B$——斜率；

$\quad A$——截距；

$\quad P_N$——标准状态压力，101.325 kPa；

$\quad P$——标定时环境压力，kPa；

$\quad Q_N$——折算为标准状态时的流量，大流量孔口流量计以 m³/min 为单位，中流量孔口流量计以 L/min 为单位。

## 附录 B

### 用孔口流量计校准细颗粒物采样器记录表（参考件）

| 采样器编号 | 采样器工作点流量/（m³/min）* | 孔口流量计编号 | 月平均温度/K | 平均大气压/Pa | 孔口压差计算值/Pa | 校准日期（月-日） | 校准人签字 |
|---|---|---|---|---|---|---|---|
|  |  |  |  |  |  |  |  |

注：* 大流量采样器流量单位为 m³/min，中流量采样器单位为 L/min。

## 附录 C

**细颗粒物现场采样记录（参考件）**

| 月 日 | 采样器编号 | 滤膜编号 | 采样起始时间 | 采样终止时间 | 累计采样时间 | 测试人签字 |
|---|---|---|---|---|---|---|
|  |  |  |  |  |  |  |

## 附录 D

**细颗粒物浓度分析记录（参考件）**

| 月 日 | 滤膜编号 | 采样标准状态流量/($m^3$/min) | 累积采样时间/min | 累积采样体积/$m^3$ | 滤膜质量/g | | | 细微粒质量浓度/($\mu g/m^3$) |
|---|---|---|---|---|---|---|---|---|
|  |  |  |  |  | 空膜 | 尘膜 | 差值 |  |
|  |  |  |  |  |  |  |  |  |

# 实验二　大气环境中 $SO_2$ 浓度测定——盐酸副玫瑰苯胺法

空气中的硫化物有二氧化硫（$SO_2$）、硫化氢、二硫化碳、羰基硫、硫酸、硫酸盐及微量有机硫等。$SO_2$ 是最常见、最简单、有刺激性的硫氧化物，是大气主要污染物之一。$SO_2$ 化学性质极其复杂，不同的温度可作为非质子溶剂、路易氏酸、还原剂、氧化剂、氧化还原试剂等各种作用。在环境监测中，对 $SO_2$ 的测定最具有代表性，其污染源多来自煤和石油，以及矿物油的燃烧等。$SO_2$ 也是二次硫酸盐的前体物，是造成霾污染和酸雨的重要的酸性气体。空气中 $SO_2$ 的测定方法较多，主要有分光光度法、紫外荧光法、气相色谱法、电导法、库仑滴定法等。

## 一、实验目的与要求

1. 掌握盐酸副玫瑰苯胺法测定大气环境中 $SO_2$ 浓度的方法。
2. 学习气体中 $SO_2$ 浓度的计算。

## 二、实验原理

该法有两种操作方法：方法一所用的盐酸副玫瑰苯胺使用液含磷酸量少，最后溶液的 pH 为 1.6±0.1，其灵敏度较高，但试剂空白值高；方法二所用的盐酸副玫瑰苯胺使用液含磷酸量多，最后溶液的 pH 为 1.2±0.1，其灵敏度较低，但试剂空白值低。方法一的溶液呈红紫色，最大吸收峰在 548 nm 处；方法二的溶液呈蓝紫色，最大吸收峰在 575 nm 处。目前我国多采用方法二。

$SO_2$ 被四氯汞钾溶液吸收形成稳定的络合物，再与甲醛及副玫瑰苯胺作用，生成玫瑰紫色化合物。在波长 548 nm 处（方法一）或 575 nm 处（方法二）测定，根据颜色深浅比色定量。反应式如下：

$$[HgCl_4]^{2-} + SO_2 + H_2O \longrightarrow [HgCl_2SO_3]^{2-} + 2Cl^- + 2H^+$$

$$[HgCl_2SO_3]^{2-} + HCHO + 2H^+ \longrightarrow HgCl_2 + HOCH_2SO_3H$$

最低检出限：

方法一：当采样体积为 30 L 时，最低检出质量浓度为 0.025 μg/m³。

方法二：当采样体积为 10 L 时，最低检出质量浓度为 0.04 μg/m³。

## 三、实验仪器与试剂

### 1. 仪器

（1）多孔玻板吸收管：10 个，用于短时间采样，10 mL。或多孔板吸收瓶：10 个，用于 24 h 采样，75～125 mL。

（2）空气采样器：1 台，流量为 0～1 L/min。

（3）分光光度计：1 台。

（4）具塞比色管：10 mL，10 只。

（5）容量瓶：25 mL，10 个。

（6）移液管：若干，各种。

### 2. 试剂

（1）四氯汞钾（TCM）吸收液（0.04 mol/L）：称取 10.9 g $HgCl_2$、6.0 g 的 KCl 和 0.070 g 的 $Na_2EDTA$，溶解于水，稀释至 1 000 mL，在密闭容器中储存，可稳定 6 个月，如发现

有沉淀，不可再用。

（2）甲醛溶液（2.0 g/L）：每天新配。

（3）氨基磺酸铵溶液（6.0 g/L）：每天新配。

（4）盐酸副玫瑰苯胺（PRA，即对品红）储备液（2 g/L）：称取 0.20 g/L 经提纯的对品红，溶解于 100 mL 浓度为 1.0 mol/L 的盐酸溶液中。

（5）对品红使用液（0.016%）：吸取 2 g/L，对品红储备液 20.00 mL 于 250 mL 容量瓶中，加 3 mol/L 磷酸溶液 25 mL，用水稀释至标线，至少放置 24 h 方可使用，存于暗处，可稳定 9 个月。

（6）碘储备液（0.010 mol/L）。

（7）碘溶液（0.010 mol/L）。

（8）淀粉指示剂（3 g/L）。

（9）碘酸钾标准溶液（3.0 g/L）：用优级纯 $KIO_3$ 于 110℃烘干 2 h 后配制。

（10）盐酸溶液（1.2 mol/L）。

（11）硫代硫酸钠溶液（0.1 mol/L）：用碘量法标定其准确质量浓度。

（12）硫代硫酸钠标准溶液（0.01 mol/L）。

（13）亚硫酸钠标准溶液：称取 0.20 g 的 $Na_2SO_3$ 及 $Na_2EDTA$ 溶解于 200 mL 新煮沸并已冷却的水中，轻轻摇匀，放置 2~3 h 后标定，此溶液相当于含 320~400 μg/mL 的 $SO_2$。

（14）磷酸溶液（3 mol/L）。

### 四、实验步骤

#### 1. 采样

（1）短时间采样：20 min~1 h，采用多孔玻板吸收管，内装 10 mL（方法一）或 5 mL（方法二）四氯汞钾吸收液，流量为 0.5 L/min，采样体积依大气中 $SO_2$ 浓度增减。本法可测 25~1 000 μg/m³ 范围的 $SO_2$。如采用方法二，一般避光采样 10~20 L。

（2）长时间采样：24 h，采用 125 mL 多孔玻板吸收瓶，内装 50 mL 四氯汞钾吸收液，采样流量为 0.2~0.3 L/min。

#### 2. 测定

（1）标准曲线的绘制：配制 0.10%亚硫酸钠水溶液，用碘量法标定其浓度，用四氯汞钾溶液稀释，配成 2.0 μg/mL 的 $SO_2$ 标准溶液，用于绘制标准曲线。

方法一、方法二的标准曲线浓度范围分别为：以 25 mL 计，为 1~20 μg；以 7.5 mL 计，为 1.2~5.4 μg，斜率分别为 0.030±0.002 及 0.077±0.005；试剂空白值，方法一不应大于 0.170 吸光度，方法二不应大于 0.050 吸光度。

（2）样品的测定：分别按下述步骤进行。

方法一：采样后将样品放置 20 min。取 10.00 mL 样品移入 25 mL 容量瓶，加入 1.00 mL 0.6%氨基磺酸铵溶液，放置 10 min。再加 2.00 mL 0.2%甲醛溶液及 5.00 mL 0.016%对品红溶液，用水稀释至标线。于 20℃显色 30 min，生成紫红色化合物，用 1 cm 比色皿，在波长 548 nm 处，以水为参比，测定吸光度。

方法二：采样后将样品放置 20 min。取 5 mL 样品移入 10 mL 比色管，加入 0.50 mL 0.6%氨基磺酸铵溶液，放置 10 min 后，再加 0.50 mL 0.2%甲醛溶液及 1.50 mL 0.016%对品红使用液，摇匀。于 20℃显色 20 min，生成蓝紫色化合物，用 1 cm 比色皿，于波长 575 nm 处，以水作参比，测定吸光度。

数据记录格式见表 1。在测定每批样品时，至少要加入一个已知质量浓度的 $SO_2$ 控制样，同时测定，以保证计算因子（标准曲线斜率的倒数）的可靠性。

**表 1　$SO_2$ 质量浓度测定记录**

| 测定次数 | 采样流量/（L/min） | 采样时间/min* | 采样体积 $V_N$/L | 样品吸光度 | 空白液吸光度 | $SO_2$ 质量浓度$\rho$/（mg/m³） |
|---|---|---|---|---|---|---|
|  |  |  |  |  |  |  |

注：* 流量采样时间单位为 min，大流量采样器时间单位为 h。

## 五、实验结果计算

气体中 $SO_2$ 质量浓度由下式计算：

$$\rho = \frac{(A - A_0)B_s}{V_N} \tag{1}$$

式中：$\rho$——$SO_2$ 质量浓度，mg/m³；

　　　$A$——样品显色液吸光度；

　　　$A_0$——试剂空白液吸光度；

　　　$B_s$——计算因子，μg/吸光度；

　　　$V_N$——换算成标准状态下的采样体积，L。

## 六、注意事项

1. 温度对显色有影响，温度越高，空白值越大，温度高时发色快，褪色也快，最好使用恒温水浴控制显色温度。样品测定的温度和绘制标准曲线的温度之差不应超过±2℃。

2. 对品红试剂必须提纯后方可使用，否则其中所含杂质会引起试剂空白值增高，使方法灵敏度降低。0.2%对品红溶液现已有经提纯合格的产品出售，可直接购买使用。

3. 四氯汞钾溶液为剧毒试剂，使用时应小心，如溅到皮肤上，应立即用水冲洗。使用过的废液要集中回收处理，以免污染环境。含四氯汞钾废液的处理方法：在每升废液中加约 10 g 磷酸钠至中性，再加 10 g 锌粒，于黑布罩下搅拌 24 h 后，将上层清液倒入玻璃缸内，滴加饱和硫化钠溶液，至不再产生沉淀为止，弃去溶液，将沉淀物转入适当的容器内储存汇总处理。此法可除去废水中 99% 的汞。

4. 对本法有干扰的物质还有氮氧化物、臭氧、锰、铁、铬等。采样后放置 20 min 使臭氧自行分解；加入氨基磺酸铵可消除氮氧化物的干扰；加入磷酸和乙二胺四乙酸二钠盐可以消除或减小某些重金属的干扰。

### 七、思考题

1. 实验中哪些因素会影响到 $SO_2$ 质量浓度的测定？
2. 设计正交实验。

### 八、延伸拓展

盐酸副玫瑰苯胺法系国际上普遍采用的标准方法，其灵敏度高，操作简便，快速，线性范围好，适用于短时间采样（20～30 min）或长时间采样（24 h），样品采集后较稳定。盐酸副玫瑰苯胺法是测定大气中 $SO_2$ 最常用的方法，此方法不仅可用于测定大气中 $SO_2$ 的浓度，还被广泛用于食品和药材中 $SO_2$ 和亚硫酸盐浓度的测定，如食糖、干果、腐竹、人参和当归等。

## 实验三　大气环境中 $NO_x$ 浓度测定——盐酸萘乙二胺分光光度法

空气中含氮氧化物的种类很多，如亚硝酸、硝酸、一氧化二氮、一氧化氮、二氧化氮、三氧化氮、四氧化二氮、五氧化二氮等。其中，二氧化氮（$NO_2$）和一氧化氮（NO）是大气中的主要污染物质，大部分来自化石燃料的燃烧过程，也来自生产使用硝酸的过程。通常所指的氮氧化物（$NO_x$）即为 NO 和 $NO_2$ 的混合物。$NO_x$ 对环境的损害极大，它是形成酸雨的主要物质之一，是二次硝酸盐和臭氧的前体物，能够促进臭氧和细颗粒物污染。盐酸萘乙二胺分光光度法有两种采样方法：方法一吸收液用量少，适用于短时间采样，测定空气中氮氧化物的短时间浓度；方法二吸收液用量大，适用于 24 h 连续采样，测定空气中氮氧化物的日平均浓度。

### 一、实验目的与要求

1. 掌握盐酸萘乙二胺分光光度法测定大气环境中 $NO_x$ 质量浓度的方法。
2. 学习空气中 $NO_2$ 的计算方法。

## 二、实验原理

$NO_2$ 被吸收液吸收后，生成亚硝酸和硝酸。其中亚硝酸与对氨基苯磺酸起重氮化反应，再与盐酸萘乙二胺偶合，呈玫瑰红色，根据颜色深浅，于波长 540 nm 处用分光光度法测定。反应方程式如下：

$$2NO_2 + H_2O \longrightarrow HNO_2 + HNO_3$$

$$HNO_3S{-}\!\!\bigcirc\!\!{-}NH_2 + HNO_2 + CH_3COOH \longrightarrow [HNO_3S{-}\!\!\bigcirc\!\!{-}N^+\!\!\equiv\!\!N]CH_3COO^- + 2H_2O$$

$$[HNO_3S{-}\!\!\bigcirc\!\!{-}N^+\!\!\equiv\!\!N]CH_3COO^- + \bigcirc\!\!\bigcirc{-}NH{-}CH_3{-}CH_2{-}NH_2\cdot 2HCl$$

$$\longrightarrow HNO_3S{-}\!\!\bigcirc\!\!{-}N\!\!=\!\!N{-}\bigcirc\!\!\bigcirc{-}NH{-}CH_2{-}CH_2{-}NH_2\cdot 2HCl + CH_3COOH$$

空气中的 $NO_x$ 包括 $NO$ 及 $NO_2$ 等。在测定氮氧化物时，应先用 $CrO_3$ 将 $NO$ 氧化成 $NO_2$，然后测定 $NO_2$ 的浓度。

短时间采样检出限为 0.01 μg/mL（按与吸光度 0.01 相对应的亚硝酸根含量计），当采样体积为 6 L 时，$NO_x$（以 $NO_2$ 计）的最低检出质量浓度为 0.01 μg/m³。长时间采样检出限为 0.01 mg/L（按与吸光度 0.01 相对应的亚硝酸根含量计），当用 50 mL 吸收液，24 h 采气样 288 L 时，$NO_x$（以 $NO_2$ 计）的最低检出质量浓度为 0.002 μg/m³。

## 三、实验仪器与试剂

### 1. 仪器

（1）多孔玻板吸收管：10 支，10 mL，用于短时间采样。

（2）多孔玻板吸收瓶：10 个，75 mL，用于 24 h 采样。

（3）双球玻璃管：10 支。

（4）恒温自动连续空气采样器：1 台，流量范围为 0~1 L/min。

（5）分光光度计：1 台。

（6）具塞比色管：10 支，10 mL，用于短时间采样。

（7）具塞比色管：10 支，25 mL，用于 24 h 采样。

（8）容量瓶：10 支，50 mL，用于 24 h 采样。

（9）移液管：若干，各种。

### 2. 试剂

所用试剂均用不含亚硝酸根的重蒸蒸馏水配制，即所配吸收液的吸光度不超过 0.005。

（1）吸收原液：称取 5.0 g 对氨基苯磺酸，通过玻璃小漏斗直接加入 1 000 mL 容量瓶中，加入 50 mL 冰乙酸和 900 mL 水的混合溶液，盖塞振摇使其溶解，待对氨基苯磺酸完全溶解后，加入 0.050 g 盐酸萘乙二胺溶解后，用水稀释至标线。此为吸收原液，贮于棕色瓶中，在冰箱中可保存两个月。保存时，可用聚四氟乙烯生胶带密封瓶口，以防止空气与吸收液接触。

（2）采样用吸收液：按 4 份吸收原液和 1 份水的比例混合。

（3）$CrO_3$-海砂（或河砂）氧化管：筛取 20～40 目海砂（或河砂），用盐酸溶液（1：2）浸泡一夜，再用水洗至中性，烘干。把 $CrO_3$ 及海砂（或河砂）按质量比 1：20 混合，加少量水调匀，放在红外灯下或烘箱里于 105℃烘干，烘干过程中应搅拌几次。制备好的 $CrO_3$-海砂是松散的，若粘在一起，说明 $CrO_3$ 比例太大，可适当增加一些砂子，重新制备。

（4）称取约 8 g $CrO_3$-海砂装入双球玻璃管中，两端用少量脱脂棉塞好，并用乳胶管或用塑料管制的小帽将其密封。使用时氧化管与吸收管之间用一小段乳胶管连接，采集的气体尽可能少和乳胶管接触，以防氮氧化物被吸附。

（5）亚硝酸钠标准储备液：称取 0.150 0 g 粒状亚硝酸钠（$NaNO_2$，预先在干燥器内放置 24 h 以上），溶解于水，移入 1 000 mL 容量瓶中，用水稀释至标线。此溶液每毫升含 100 μg 亚硝酸根（$NO_2^-$），储存于棕色瓶保存于冰箱中，可稳定 3 个月。

（6）亚硝酸钠标准溶液：临用前，吸取储备液 50.00 mL 于 100 mL 容量瓶中，用水稀释至标线。此溶液每毫升含 5.0 μg 亚硝酸根（$NO_2^-$）。

### 四、实验步骤

#### 1. 采样

（1）短时间采样：将一支内装 5.00 mL 吸收液的多孔玻板吸收管进气口与氧化管连接，并使氧化管稍微向下倾斜，以免当湿空气将氧化剂（$CrO_3$）弄湿时，污染后面的吸收液。以 0.2～0.3 L/min 流量，避光采样至吸收液呈微红色为止，记下采样时间，密封好采样管，带回实验室，当日测定。采样时，若吸收液不变色，采样量应不少于 6 L。

（2）长时间采样：将一个内装 50 mL 吸收液的多孔玻板吸收瓶进气口与氧化管连接，并使管口略微向下倾斜，以免当湿空气将氧化剂（$CrO_3$）弄湿时，污染后面的吸收液。用恒温、自动连续空气采样器以 0.2 L/min 流量采样 24 h，采气体积约为 288 L。采样后，将样品携回实验室，如当天不测定，样品溶液保存在冰箱中，于 3 天内测定。

#### 2. 测定

（1）标准曲线的绘制：分别取 7 支 10 mL 或 25 mL 具塞比色管，按表 1 和表 2 分别配制短时间采样和长时间采样的标准系列。

**表 1　亚硝酸钠标准系列（短时间采样）**

| 管号 | 0 | 1 | 2 | 3 | 4 | 5 | 6 |
|---|---|---|---|---|---|---|---|
| 亚硝酸钠标准溶液/mL | 0 | 0.10 | 0.20 | 0.30 | 0.40 | 0.50 | 0.60 |
| 吸收原液/mL | 4.00 | 4.00 | 4.00 | 4.00 | 4.00 | 4.00 | 4.00 |
| 水/mL | 1.00 | 0.90 | 0.80 | 0.70 | 0.60 | 0.50 | 0.40 |
| 亚硝酸根含量/μg | 0 | 0.5 | 1.0 | 1.5 | 2.0 | 2.5 | 3.0 |

**表 2　亚硝酸钠标准系列（长时间采样）**

| 管号 | 0 | 1 | 2 | 3 | 4 | 5 | 6 |
|---|---|---|---|---|---|---|---|
| 亚硝酸钠标准溶液/mL | 0 | 0.50 | 1.00 | 1.50 | 2.00 | 2.50 | 3.00 |
| 吸收原液/mL | 20.00 | 20.00 | 20.00 | 20.00 | 20.00 | 20.00 | 20.00 |
| 水/mL | 5.00 | 4.50 | 4.00 | 3.50 | 3.00 | 2.50 | 2.00 |
| 亚硝酸根含量/μg | 0 | 2.5 | 5.0 | 7.5 | 10.0 | 12.5 | 15.0 |

各管摇匀后，避开直射阳光，放置 15 min，在波长 540 nm 处，用 1 cm 比色皿，以水为参比，测定吸光度。以吸光度对亚硝酸根含量（μg），绘制标准曲线或用最小二乘法计算回归方程式：

$$y = bx + a \tag{1}$$

式中：$y$——标准溶液吸光度（$A$）与试剂空白液吸光度（$A_0$）之差；

　　　$x$——亚硝酸根含量，μg；

　　　$b$——回归方程式的斜率；

　　　$a$——回归方程式的截距。

（2）样品的测定：对短时间采样，采样后，放置 15 min，将样品溶液移入 1 cm 比色皿中，用绘制标准曲线的方法测定试剂空白液和样品溶液的吸光度。若样品溶液的吸光度超过标准曲线的测定上限，可用吸收液稀释后再测定吸光度，计算结果时应乘以稀释倍数；对 24 h 采样，采样后，将样品溶液移入 50 mL 具塞比色管或容量瓶中，用少量吸收液洗涤吸收，使样品溶液定容至 50.0 mL，混匀后放置 15 min。将样品移入 1 cm 比色皿，用绘制标准曲线的方法测定样品溶液的吸光度。若样品溶液的吸光度超过标准曲线的测定上限，可用吸收液稀释后再测定吸光度。

## 五、实验结果计算

$$\rho_{NO_2} = \frac{k(A - A_0) \times B_s}{0.76 V_N} \times \frac{V_t}{V_a} \tag{2}$$

或

$$\rho_{NO_2} = \frac{k[(A - A_0) - a]}{0.76V_N \times b} \times \frac{V_t}{V_a} \quad (3)$$

式中：$\rho_{NO_2}$——空气中 $NO_2$ 的质量浓度，$mg/m^3$；

　　　$A$——样品溶液吸光度；

　　　$A_0$——试剂空白液吸光度；

　　　$B_s$——校正因子（$1/b$），$\mu g$/吸光度；

　　　0.76——$NO_2$（气）换为 $NO_2^-$（液）的系数；

　　　$b$——回归方程式的斜率；

　　　$V_t$——样品溶液总体积，$mL$；

　　　$V_a$——测定时所取样品溶液，$mL$；

　　　$V_N$——标准状态下的采样体积，$mL$；

　　　$k$——采样时溶液的体积与绘制标准曲线时溶液体积的比值，短时间采样为 1，24 h 采样为 2。

## 六、注意事项

1. 吸收液应避光，并避免长时间暴露于空气中，以防止光照使吸收液显色或吸收空气中的氮氧化物而使试剂空白值偏高。

2. 氧化管适于在相对湿度为 30%～70% 时使用，当空气中相对湿度大于 70% 时，应勤换氧化管；小于 30% 时，则在使用前用经过水面的潮湿空气通过氧化管，平衡 1 h。在使用过程中，应注意氧化管是否吸湿引起板结或变绿。若板结，会使采样系统阻力增大，影响流量；若变绿则表示氧化管已失效。各氧化管的阻力差别不大于 1.33 kPa（即 10 mmHg）。

3. 亚硝酸钠（固体）应妥善保存。可分装成小瓶使用，试剂瓶及小瓶的瓶口要密封，防止空气及湿气侵入。氧化成硝酸钠或呈粉末状的试剂都不适于用直接法配制标准溶液。若无颗粒状亚硝酸钠试剂，可用高锰酸钾容量法标定出亚硝酸钠储备溶液的准确浓度后，再稀释成每毫升含 0.5 $\mu g$ 亚硝酸根的标准溶液。

4. 在 20℃时，以 5 mL 样品计，其标准曲线的斜率 $b$ 为（0.190±0.003）$\times 10^6$ 吸光度/g，要求截距的绝对值 $|a| \leqslant 0.008$，如果斜率达不到要求，应检查亚硝酸钠试剂的质量及标准溶液的配制，重新配制标准溶液；如果截距达不到要求，应检查蒸馏水及试剂质量，重新配制吸收液。性能好的分光光度计的灵敏度高，斜率略高于 0.193。

在 20℃时，以 25 mL 样品计，其回归方程式的斜率 $b$ 为（0.038±0.002）$\times 10^6$ 吸光度/$\mu g$，截距的绝对值 $|a| \leqslant 0.008$。

当温度低于 20℃时，标准曲线的斜率会降低。例如，在 10℃时，以 5 m/L 计，其斜率约为 0.175$\times 10^6$ 吸光度/g。

5. 吸收液若受 $CrO_3$ 污染，溶液呈黄棕色，该样品应报废。

6. 盐酸萘乙二胺分光光度法测定空气中氮氧化物的标准曲线，线性很好，并通过坐标原点，在低浓度段的曲线下端未见明显弯曲（即无拐点）。因此，当 $y=A-A_0$ 时，零点（0，0）应参加回归计算，即 $n=7$。

尽管理论上回归线应通过坐标原点，即截距 $a$ 等于零，但在实际操作中由于存在误差，一般情况下截距 $a$ 不等于零，各测点（尤其是高浓度测点）的波动，影响曲线的走向，使其偏离坐标原点。

当 $|a| \leq 0.003$ 时，$a$ 值可做零处理，回归方程式 $y=bx+a$ 可简化为 $y=bx$，采用通过原点、与回归线平行的直线来估算测定结果，即取斜率 $b$ 的倒数为样品测定的校正因子 $B_s$。这样做计算方法简单，可不必建立无截距经验方程式，而测定结果较用回归方程式时略微偏高（当 $a$ 为正值时）或偏低（当 $a$ 为负值时），但影响很小，可以忽略。

一般情况下，本方法标准曲线的剩余标准差为 0.002～0.007，对应的相关系数 $r$ 为 0.999 0～0.999 9，在这种情况下，当 $0.003 \leq |a| \leq 0.008$，截距 $a$ 也可以按零处理。但应建立无截距经验方程式 $y=b'x$，其中 $b'=\bar{y}/\bar{x}$，相当于通过原点与均值点（$\bar{x}$，$\bar{y}$）作一条与回归线相交的直线。从原点（0，0）到均值点（$\bar{x}$，$\bar{y}$）的这一段直线，适合用于估算低浓度样品的测定结果，取 $b'$ 的倒数为样品测定的校正因子 $B_s'$，用于样品溶液吸光度低于均值点吸光度（$\bar{y}+A_0$，为 0.27～0.28）的情况，计算方法简单，样品溶液吸光度低时不致出现负值结果。当样品溶液吸光度高于均值点吸光度时，仍以采用回归方程式 $y=bx+a$ 估算测定结果为宜，即 $[(A-A_0)-a]/b$。当 $|a| \leq 0.003$ 时，当然也可以用无截距经验方程式 $y=b'x$ 计算测定结果，在此情况下，与用 $y=bx$ 计算的结果很接近。

7. 绘制标准曲线时，应以均匀、缓慢的速度向各管中加亚硝酸钠标准使用溶液，否则，将影响曲线的线性。

8. 空气中 $SO_2$ 质量浓度为氮氧化物质量浓度的 10 倍时，对氢氧化物的测定无干扰；30 倍时，使颜色有少许减退。但在城市环境空气中，较少遇到这种情况。$O_3$ 浓度为 $NO_x$ 质量浓度的 5 倍时，对 $NO_x$ 的测定略有干扰，在采样后 3 h，使试液呈现微红色，对测定影响较大。过氧乙酰硝酸酯（PAN）对氮氧化物的测定产生正干扰，但一般环境空气中 PAN 浓度较低，不会导致显著的误差。

## 七、思考题

1. 实验中哪些因素会影响到 $NO_x$ 的测定质量浓度？
2. 设计正交实验。

## 八、延伸拓展

测定环境中氮氧化物最常用的化学分析法为盐酸萘乙二胺分光光度法，其采样与显色同时进行，操作简便，方法灵敏，干扰少、选择性好和显色反应产物的稳定性高，结果直观，目前被国内外普遍采用。盐酸萘乙二胺分光光度法也被广泛用于其他行业，盐酸萘乙二胺分光光度法不仅可用于大气中 $NO_x$ 的测定，此方法还是国家环境保护标准中水质总氮的测定方法，包括地表水、地下水、生活污水和工业废水。盐酸萘乙二胺分光光度法也是食品检测中常用的亚硝酸盐检测方法。

# 实验四　烟气流量及含尘质量浓度的测定

烟气是污染大气的主要原因，它是气体和烟尘的混合物。烟气的成分复杂，气体包括二氧化硫、氮氧化物、碳氢化合物等，烟尘包括燃料的灰分、煤粒以及高温裂解产物等。大气污染的主要来源是工业污染源排出的废气，其中烟道气造成的危害极为严重，高浓度烟气能导致急性中毒，包括咳嗽和头痛等。烟气也能引起慢性中毒，刺激呼吸道黏膜导致慢性支气管炎等。因此，烟道气（以下简称烟气）的测试是大气污染源监测的主要内容之一。测定烟气的流量和含尘质量浓度对于评价烟气排放的环境影响、检验除尘装置的功效有重要意义。

## 一、实验目的与要求

1．掌握烟气测试的原则和各种测量仪器的使用方法。

2．了解烟气状态（温度、压力、含湿量等参数）的测量方法和烟气流速、流量等参数的计算方法。

3．掌握烟气含尘质量浓度的测定方法。

## 二、实验原理

### 1．采样位置的选择

正确地选择采样位置和确定采样点的数目对采集有代表性并符合测定要求的样品是非常重要的。采样位置应取气流平稳的管段，原则上避免弯头部分和断面形状急剧变化的部分，与其距离至少是烟道直径的 1.5 倍，同时要求烟道中气流速度在 5 m/s 以上。而采样孔和采样点的位置主要根据烟道的大小及断面的形状而定。下面说明不同形状烟道采样点的布置。

（1）圆形烟道

采样点分布见图 1 (a)。将烟道的断面划分为适当数目的等面积同心圆环，各采样点均在等面积的中心线上，所分的等面积圆环数由烟道的直径大小而定。

（2）矩形烟道

将烟道断面分为等面积的矩形小块，各块中心即采样点，见图 1 (b)。不同面积矩形烟道等面积分块数见表1。

表 1  矩形烟道的分块和测点数

| 烟道断面面积/m² | 等面积分块数 | 测点数 |
|---|---|---|
| <1 | 2×2 | 4 |
| 1~4 | 3×3 | 9 |
| 4~9 | 4×3 | 12 |

（3）拱形烟道

分别按圆形烟道和矩形烟道采样点布置，见图1（c）。

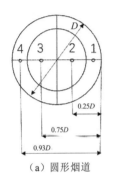 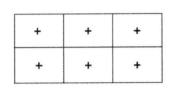 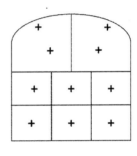

（a）圆形烟道        （b）矩形烟道        （c）拱形烟道

图 1  烟道采样点布置

### 2. 烟气状态参数的测定

烟气状态参数包括压力、温度、相对湿度和密度。

（1）压力

测量烟气压力的仪器为S形毕托管和倾斜压力计。S形毕托管适用于含尘质量浓度较大的烟道中。毕托管由两根不锈钢管组成，测端做成方向相反的两个相互平行的开口，如图2所示，测定时将毕托管与倾斜压力计用橡皮管连好，一个开口面向气流，测得全压；另一个背向气流，测得静压；两者之差便是动压。由于背向气流的开口上吸力影响，所得静压与实际值有一定误差，因而事先要加以校正。方法是与标准风速管在气流速度为2~60 m/s 的气流中进行比较，S形毕托管和标准风速管测得的速度值之比，称为毕托管的校正系数。当流速在5~30 m/s 的范围内，其校正系数值约为0.84。倾斜压力计测得动压值按式（1）计算：

$$p = L \cdot K \cdot d \tag{1}$$

式中：$L$——斜管压力计读数，Pa；

*K*——斜度修正系数，在斜管压力标出 0.2、0.3、0.4、0.6、0.8；

*d*——酒精相对密度，*d*=0.81。

1—开口；2—接橡皮管。

**图2　毕托管构造示意图**

（2）温度

烟气的温度通过热电偶和便携式测温毫伏计的联用来测定。热电偶是利用两根不同金属导线在节点处产生的电位差随温度而变制成的。用毫伏计测出热电偶的电势差，就可以得到工作端所处的环境温度。热电偶的技术数据参见其说明书。

（3）相对湿度

烟气的相对湿度可用干湿球温度计直接测得，测试装置如图3所示。让烟气以一定的流速通过干湿球温度计，根据干湿球温度计的读数可计算烟气含湿量（水汽体积分数）：

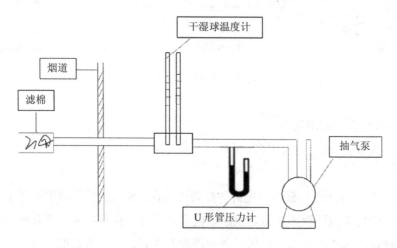

**图3　干湿球法采样系统**

$$x_{sw} = \frac{P_{br} - C(t_c - t_b)(P_a - P_b)}{P_a + P_s} \tag{2}$$

式中：$P_{br}$——温度为 $t_b$ 时的饱和水蒸气压力，Pa；

$t_b$——湿球温度，℃；

$t_c$——干球温度，℃；

$C$——系数，0.000 66；

$P_a$——大气压力，Pa；

$P_s$——烟气静压，Pa；

$P_b$——通过湿球表面的烟气压力，Pa。

（4）密度

干烟气密度由式（3）计算：

$$\rho_g = \frac{P}{RT} = \frac{P}{287T} \tag{3}$$

式中：$\rho_g$——烟气密度，$kg/m^3$；

$P$——大气压力，Pa；

$T$——烟气温度，K。

### 3. 烟气流量的计算

（1）烟气流速的计算

当干烟气组分同空气近似，露点温度为 35～55℃，烟气绝对压力在 $0.99×10^5$～$1.03×10^5$ Pa 时，可用下列公式计算烟气进口流速：

$$v_0 = 2.77 K_p \sqrt{T} \sqrt{P} \tag{4}$$

式中：$v_0$——烟气进口流速，m/s；

$K_p$——毕托管的校正系数，$K_p=0.84$；

$T$——烟气底部温度，℃；

$\sqrt{P}$——各动压方根平均值，Pa。

$$\sqrt{P} = \frac{\sqrt{P_1} + \sqrt{P_1} + \cdots + \sqrt{P_n}}{n} \tag{5}$$

式中：$P_n$——任一点的动压值，Pa；

$n$——动压的测点数。

（2）烟气流量的计算

烟气流量计算公式：

$$Q_s = A \cdot v_0 \tag{6}$$

式中：$Q_s$——烟气流量，$m^3/s$；

$A$——烟道进口截面积，$m^2$。

### 4. 烟气含尘质量浓度的测定

对污染源排放的烟气颗粒质量浓度的测定，一般采用从烟道中抽取一定量的含尘烟气，由滤筒收集烟气中颗粒后，根据收集尘粒的质量和抽取烟气的体积求出烟气中尘粒质量浓度。为取得有代表性的样品，必须进行等动力采样，即尘粒进入采样嘴的速度等于该点的气流速度，因而要预测烟气流速再换算成实际控制的采样流量。图 4 是等动力采样的情形，图中采样嘴与气流平行，而且采样速度与烟气流速相同，即采样嘴内外的流场完全一致，因此随气流运动的颗粒没有受到任何干扰，仍按原来的方向和速度进入采样嘴。

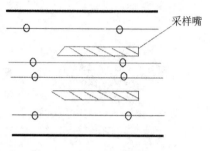

**图 4 等动力采样**

在水平烟道中，由于存在重力沉降作用，较大的尘粒有偏离烟气流线向下运动的趋势，而在垂直烟道中尘粒分布较均匀，因此应优先选择在垂直管段上取样。

图 5 为采样装置。根据滤筒在采样前后的质量差以及采集的总气量，可以计算出烟气的含尘质量浓度。应当注意的是，需要将采样体积换算成环境温度和压力下的体积：

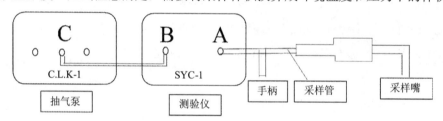

**图 5 烟尘采样系统示意**

$$V_t = V_0 \frac{273 + t_r P_a}{273 + t P_r} \tag{7}$$

式中：$V_t$——环境条件下的采样体积，L；

$\quad V_0$——现场采样体积，L；

$\quad t_r$——测烟仪温度表的读数，℃；

$\quad t$——环境温度，℃；

$\quad P_a$——大气压力，Pa；

$\quad P_r$——测烟仪压力表读数，Pa。

由于烟尘取样需要等动力采样，因此需要根据采样点的烟气流速和采样嘴的直径计算采样控制流量。若干烟气组分与干空气近似：

$$Q_r = 0.080 d^2 v_s \left( \frac{P_a + P_s}{T_s} \times \frac{T_r}{P_a + P_r} \right)^{\frac{1}{2}} (1 - x_{sw}) \tag{8}$$

式中：$Q_r$——等动力采样时，抽气泵流量计读数，L/min；

$d$——采样嘴直径，mm；

$v_s$——采样点烟气流速，m/s；

$P_a$——大气压力，Pa；

$P_s$——烟气静压，Pa；

$P_r$——测烟仪压力表读数，Pa；

$T_s$——烟气热力学温度，K；

$T_r$——测烟仪温度（温度表读数），K；

$x_{sw}$——烟气中水汽的体积分数。

## 三、实验仪器

1. 热电偶：EFZ-0 型，1 支。

2. 测温毫伏计：EFZ-202 型，1 个。

3. 毕托管：1 支。

4. 倾斜压力计：YYT-200 型，1 台。

5. 烟气测试仪（测烟仪）：SVC-1 型，1 个。

6. 尘粒采样仪（抽气泵）：CLK-1 型，1 台。

7. 干湿球温度计：DHM-2 型，各 1 支。

8. 盒式压力计：DYM-3 型，1 个。

9. U 形管压力计：1 支。

10. 烟尘采样管：2 支。

11. 玻璃纤维滤筒：若干。

12. 镊子：1 支。

13. 分析天平：分度值 0.001 g，1 台。

14. 烘箱：1 台。

15. 橡胶管：若干。

## 四、实验步骤

### 1. 滤筒的预处理

测试前先将滤筒编号，然后在 105℃烘箱中烘 2 h，取出后置于干燥器内冷却 20 min，再用分析天平测得初重并记录。

### 2. 采样位置的选择

根据烟道的形状和尺寸确定采样点数目和位置。

### 3. 烟气状态和环境参数的测定

分别利用热电偶、干湿球温度计和倾斜压力计测定烟气的温度、湿度和压力，计算烟气的流速和流量。同时用盒式压力表和温度计测定大气压力和环境温度。

### 4. 烟尘采样

（1）把滤筒用镊子小心装在采样管的采样头内，再把选定好的采样嘴装到采样头上。

（2）根据每一个采样点的烟气流速和采样嘴的直径计算相应的采样控制流量。

（3）将采样管连接到烟尘浓度测试仪，调节流量计使其流量为采样点的控制流量，找准采样点位置，将采样管插入采样孔，使采样嘴背对气流预热 10 min 后转动 180°，即采样嘴正对气流方向，同时打开抽气泵的开关进行采样。

（4）逐点采样完毕后，关掉仪器开关，抽出采样管，待温度降下后，小心取出滤筒保存好。

（5）采尘后的滤筒称重。将采集尘样的滤筒放在 105℃烘箱中烘 2 h，取出置于玻璃干燥器内冷却 20 min 后，用分析天平称重。

（6）计算各采样点烟气的含尘质量浓度。

## 五、实验数据记录与整理

**表 2　烟气流量及含尘质量浓度测定实验记录**

测定日期：　　　　　　测定烟道：　　　　　　测定人员：

| 大气压/kPa | 大气温度/℃ | 烟气温度/℃ | 烟道全压/Pa | 烟道静压/Pa | 烟气干球温度/℃ | 烟气湿球温度/℃ | 温度计表面压力/Pa | 烟气含湿量（$x_{sw}$） | 毕托管系数（$K_p$） |
|---|---|---|---|---|---|---|---|---|---|
|  |  |  |  |  |  |  |  |  |  |

烟道断面积：　　　　　　测点数：

| 采样点编号 | 动压/Pa | 烟气流速/(m/s) | 采样嘴直径/mm | 采样流量/(L/min) | 采样时间/min | 采样体积/L | 换算体积/L | 滤筒号 | 滤筒初重/g | 滤筒总重/g | 烟尘质量浓度/(mg/L) |
|---|---|---|---|---|---|---|---|---|---|---|---|
| 1 |  |  |  |  |  |  |  |  |  |  |  |
| 2 |  |  |  |  |  |  |  |  |  |  |  |
| 3 |  |  |  |  |  |  |  |  |  |  |  |

## 六、注意事项

1. 滤筒要预先干燥、恒重、编号。

2. 测定烟气流量必须采用等速采样法，即烟气进入采样嘴的速度应与采样点烟气流速相等。采气流速大于或小于采样点烟气流速都将造成测定误差。

## 七、思考题

1. 测烟气温度、压力和含湿量等参数的目的是什么？
2. 实验前需要完成哪些准备工作？
3. 采集烟尘为何要等动力采样？
4. 当烟道截面较大时，为了减少烟尘浓度随时间的变化，能否缩短采样时间？如何操作？

## 八、延伸拓展

在建设项目竣工验收中环保设备的验收、环保新产品性能的鉴定和企业环保设备更新改造项目验收中，主要的验收标准是治理效率和排放浓度。在废气污染源治理设备验收监测中，烟气流量和含尘浓度对治理效率的评价往往会产生较大影响。烟气流量和含尘质量浓度是基础测定要素，不仅在设备验收时需要测定，在工业生产过程中也需要随时获取烟气流量和含尘质量浓度的数据。准确可靠地测定烟气流量和含尘质量浓度是各生产部门及环保部门普遍关心的问题。随着科学技术的发展，进一步做好细致的技术工作，有利于烟气流量和含尘质量浓度的测定。

# 实验五　袋式除尘器性能测定

袋式除尘器是一种干式除尘装置，它利用织物过滤含尘气体，使粉尘沉积在织物表面上以达到净化气体的目的。袋式除尘装置适用于收集细小、非纤维性的干燥粉尘。滤袋多采用纺织的滤布制成。当含尘气体进入除尘装置后，粒径大、质量大的颗粒物更容易在重力作用下沉降。当含有粉尘的气体通过袋式除尘装置后，粉尘被阻留，气体得到净化。袋式除尘器是一种广泛使用的高效除尘器。袋式除尘器的除尘效率和压力损失必须由实验测定。

## 一、实验目的与要求

1. 进一步提高学生对袋式除尘器结构形式和除尘机理的认识。
2. 掌握袋式除尘器主要性能的实验方法。
3. 了解过滤速度对袋式除尘器压力损失及除尘效率的影响。

## 二、实验原理

袋式除尘器性能与其结构形式、滤料种类、清灰方式、粉尘特性及其运行参数等因子有关。本实验是在其结构形式、滤料种类、清灰方式和粉尘特性已定的前提下，测定袋式除尘器的主要性能指标，并在此基础上，测定运行参数 $Q$、$v_F$ 对袋式除尘器压力损失（$\Delta P$）和除尘效率（$\eta$）的影响。

**1. 处理气体流量和过滤速度的测定和计算**

（1）处理气体流量的测定和计算

采用动压法测定袋式除尘器处理气体流量（$Q$），应同时测出除尘器进出口连接管道中的气体流量，取其平均值作为除尘器的处理气体量：

$$Q = \frac{1}{2}(Q_1 + Q_2) \tag{1}$$

式中：$Q_1$、$Q_2$——分别为袋式除尘器进、出口连接管道中的气体流量，$m^3/s$。

除尘器漏风率（$\delta$）按式（2）计算：

$$\delta = \frac{Q_1 - Q_2}{Q_1} \times 100\% \tag{2}$$

一般要求除尘器的漏风率小于±5%。

（2）过滤速度的计算

若袋式除尘器总过滤面积为 $F$，则其过滤速度 $v_F$ 按式（3）计算：

$$v_F = \frac{Q_1}{F} \tag{3}$$

**2. 压力损失的测定和计算**

袋式除尘器压力损失（$\Delta P$）为除尘器进、出口管中气流的平均全压之差。当袋式除尘器进、出口管的断面面积相等时，可采用其进、出口管中气体的平均静压之差计算，即

$$\Delta P = P_{s1} - P_{s2} \tag{4}$$

式中：$P_{s1}$——袋式除尘器进口管道中气体的平均静压，$Pa$；

$P_{s2}$——袋式除尘器出口管道中气体的平均静压，$Pa$。

袋式除尘器的压力损失与其清灰方式和清灰制度有关。本实验装置采用手动清灰方式，实验应尽量保证在相同的清灰条件下进行。当采用新滤料时，应预先发尘运行一段时间，使新滤料反复过滤和清灰，残余粉尘基本达到稳定后再开始实验。

考虑到袋式除尘器在运行过程中，其压力损失随运行时间产生一定变化。因此，在测定压力损失时，应每隔一定时间连续测定（一般 5 次），并取其平均值作为除尘器的压力损失（$\Delta P$）。

**3. 除尘效率的测定和计算**

除尘效率采用质量浓度法测定，即采用等速采样法同时测出除尘器进、出口管道中气流的平均含尘质量浓度 $\rho_1$ 和 $\rho_2$，按式（5）计算：

$$\eta = \left(1 - \frac{\rho_2 Q_2}{\rho_1 Q_1}\right) \times 100\% \tag{5}$$

由于袋式除尘器除尘效率高,除尘器进、出口气体含尘质量浓度相差较大,为保证测定精度,可在除尘器出口采样中,适当加大采样流量。

**4. 压力损失、除尘效率与过滤速度关系的分析测定**

为了得到除尘器的 $v_F$-$\eta$ 和 $v_F$-$\Delta P$ 的性能曲线,应在除尘器清灰制度和进口气体含尘浓度($\rho_1$)相同的条件下,测出除尘器在不同过滤速度($v_F$)下的压力损失($\Delta P$)和除尘效率($\eta$)。

过滤速度的调整可通过改变风机入口阀门开度实现,利用动压法测定过滤速度。保持实验过程中 $\rho_1$ 基本不变。可根据发尘量($S$)、发尘时间($t$)和进口气体流量($Q_1$),按式(6)估算除尘器入口含尘质量浓度($\rho_1$):

$$\rho_1 = \frac{S}{t Q_1} \tag{6}$$

**三、实验仪器**

本实验系统流程如图 1 所示。

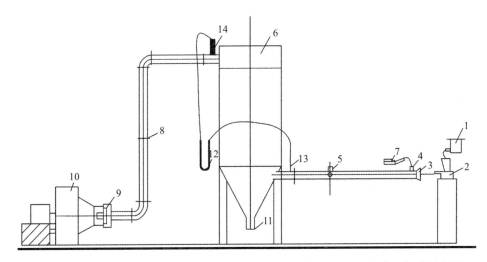

1—粉尘供给装置;2—粉尘分散装置;3—喇叭形均流管;4—静压测孔;5—除尘器进口测定断面;
6—袋式除尘器;7—倾斜微压计;8—除尘器出口测定断面;9—阀门;10—风机;11—灰斗;
12—U形管压差计;13—除尘器进口静压测孔;14—除尘器出口静压测孔。

**图 1 袋式除尘器性能实验流程**

本实验选用自行加工的袋式除尘器。该除尘器共 5 条滤带,总过滤面积为 1.3 m²。实验滤料可选用 208 工业涤纶绒布。本除尘器采用机械振打清灰方式。

除尘系统入口的喇叭形均流管处的静压测孔用于测定除尘器入口气体流量,也可用于在实验过程中连续测定和检测除尘系统的气体流量。

通风机入口前设有阀门，用来调节除尘器处理气体流量和过滤速度。

1. 干湿球温度计：1 支。

2. 空盒式气压表：DYM3，1 个。

3. 钢卷尺：2 个。

4. U 形管压差计：1 个。

5. 倾斜微压计：YYT-200 型，3 台。

6. 毕托管：2 支。

7. 烟尘采烟管：2 支。

8. 烟尘测试仪：SYC-1 型，2 台。

9. 秒表：2 个。

10. 分析天平：分度值 0.001 g，2 台。

11. 托盘天平：分度值为 1 g，1 台。

12. 干燥器：2 个。

13. 鼓风干燥箱：DF-206 型，1 台。

14. 超细玻璃纤维无胶滤筒：20 个。

### 四、实验步骤

1. 测量记录室内空气的干球温度（即除尘系统中气体的温度）、湿球温度及相对湿度，计算空气中水蒸气体积分数（即除尘器系统中气体的含湿量）。测量记录当地的大气压力。记录袋式除尘器型号规格、滤料种类、总过滤面积。测量记录除尘器进出口测定断面直径和断面面积，确定测定断面分环数和测点数，做好实验准备工作。

2. 将除尘器进出口断面的静压测孔 13、14 与 U 形管压差计 12 连接。

3. 将发尘工具和称重后的滤筒准备好。

4. 将毕托管、倾斜压力计准备好，待测流速流量用。

5. 清灰。

6. 启动风机和发尘装置，调整好发尘浓度，使实验系统达到稳定。

7. 测量进出口流速和测量进出口的含尘量，进口采样 1 min，出口 5 min。

8. 在采样的同时，每隔一定时间，连续 5 次记录 U 形管压力计的读数，取其平均值近似作为除尘器的压力损失。

9. 隔 15 min 后重复上面测量，共测量 3 次。

10. 停止风机和发尘装置，进行清灰。

11. 改变处理气量，重复步骤 6～10 两次。

12. 采样完毕，取出滤筒包好，置入鼓风干燥箱烘干后称重。计算出除尘器进、出口管道中气体含尘质量浓度和除尘效率。

13．实验结束，整理好实验用的仪表、设备。计算、整理实验资料，并填写实验报告。

## 五、实验数据记录与整理

### 1．处理气体流量和过滤速度

按表 1 记录和整理数据。按式（1）计算除尘器处理气体量，按式（2）计算除尘器漏风率，按式（3）计算除尘器过滤速度。

**表 1　袋式除尘器处理气体流量及过滤速度的测定记录**

实验日期：　　　　　　天气：　　　　　　实验测定人员：

| 测定点 | | 除尘器进口测定断 | | | | 除尘器出口测定断面 | | | |
|---|---|---|---|---|---|---|---|---|---|
| | | $A_1$ | $A_2$ | $A_3$ | $A_4$ | $B_1$ | $B_2$ | $B_3$ | $B_4$ |
| 管道内气体动压 | 微压计初读数值 $I_0$ | | | | | | | | |
| | 微压计终读数值 $I_1$ | | | | | | | | |
| | $I_1-I_0$ | | | | | | | | |
| | 微压计系数 $K$ | | | | | | | | |
| | 各测点气体动压 $P_d$/Pa | | | | | | | | |
| 管道内气体静压 | 微压计初读数值 $I_0$ | | | | | | | | |
| | 微压计终读数值 $I_1$ | | | | | | | | |
| | $I_1-I_0$ | | | | | | | | |
| | 微压计系数 $K$ | | | | | | | | |
| | 各测点气体动压 $P_d$/Pa | | | | | | | | |
| 毕托管系数 $K$ | | | | | | | | | |
| 管道内气体密度 $\rho$/（kg/m³） | | | | | | | | | |
| 各测点气体流速 $u$/（m/s） | | | | | | | | | |
| 测定断面平均流速 $v$/（m/s） | | | | | | | | | |
| 测定断面面积分 $F$/m² | | | | | | | | | |
| 测定断面气体流量/（m³/s） | | | | | | | | | |
| 除尘器处理气体流量/（m³/s） | | | | | | | | | |
| 除尘器过滤速度 $u_F$/（m/s） | | | | | | | | | |
| 除尘器漏风率 $\delta$/% | | | | | | | | | |

### 2．压力损失

按表 2 记录整理数据。按式（4）计算压力损失，并取 5 次测定数据的平均值（$\Delta P$）作为除尘器压力损失。

### 表2 袋式除尘器压力损失测定记录

测定日期：　　　　　　　　天气：　　　　　　　　测定人员：

| 袋式除尘器 | | | 清灰制度 | | | 粉尘特性 | | 过滤速度/ (m/min) |
|---|---|---|---|---|---|---|---|---|
| 型号规格 | 滤料种类 | 过滤面积/ $m^2$ | 喷吹压力/ Pa | 脉冲周期/ min | 脉冲时间/ s | 种类 | 中位径 $d_{50}$/μm | |
| | | | | | | | | |

| 测定序号 | 测定间隔时间/ min | 除尘器处理气体流量（静压法） | | | 除尘器出口平均静压差 $P_{s12}$/ Pa | 测定断面至除尘器进出口压力损失之和/Pa | | | 各组实验测定的除尘器压力损失/Pa | 除尘器压力损失/Pa |
|---|---|---|---|---|---|---|---|---|---|---|
| | | 均流管流量系数 $\varphi_v$ | 均流管处静压 $Ps$/ Pa | 处理气体流量 $Q$/ $(m^3/s)$ | | 沿程压力损失/ Pa | 局部压力损失/ Pa | 压力损失之和/ Pa | | |
| 1 | | | | | | | | | | |
| 2 | | | | | | | | | | |
| 3 | | | | | | | | | | |
| 4 | | | | | | | | | | |
| 5 | | | | | | | | | | |

### 3. 除尘效率

除尘效率测定数据按表3、表4记录整理。除尘效率按式（5）计算。

### 表3 袋式除尘器效率测定结果记录

测定日期：　　　　　　　　天气：　　　　　　　　测定人员：

| 测定点 | | 除尘器进口测定断 | | | | 除尘器出口测定断面 | | | |
|---|---|---|---|---|---|---|---|---|---|
| | | $A_1$ | $A_2$ | $A_3$ | $A_4$ | $B_1$ | $B_2$ | $B_3$ | $B_4$ |
| 流量计数器 $Q_m$（L/min） | 控制值 | | | | | | | | |
| | 实测值 | | | | | | | | |
| 滤筒号 | | | | | | | | | |
| 采样头直径 $d$/mm | | | | | | | | | |
| 采样时间 | | | | | | | | | |
| 采样流量 $V$/L | | | | | | | | | |
| 流量计前的气体参数 | 温度 $t$/℃ | | | | | | | | |
| | 压力/kPa | | | | | | | | |
| 标准采样流量 $V_{Nd}$/L | | | | | | | | | |
| 标态下气体采气总体积 $\sum V_{Nd}$/L | | | | | | | | | |
| 捕集粉尘量 $\Delta G=G_2-G_1$ | 滤筒初重 $G_1$ | | | | | | | | |
| | 过滤终重 $G_2$ | | | | | | | | |
| | 捕集粉尘量 $\Delta G$ | | | | | | | | |
| 标态下含尘浓度 $C$/（g/m³） | | | | | | | | | |
| 除尘器净化效率 $\eta$/% | | | | | | | | | |

**表 4　当地气象参数及实验参考系数**

测定日期：　　　　　　　天气：　　　　　　　测定人员：

| 除尘器型号规格 | 除尘器过滤面积 $A$/ m² | 当地大气压力 $P_a$/ kPa | 空气湿球温度/ ℃ | 空气干球温度/ ℃ | 空气相对湿度 $\varphi$/ % | 空气中水气体积分数 $y_w$/% | 均流管流量系数 $\varphi_v$ | 均流管处静压 $P_s$/Pa |
|---|---|---|---|---|---|---|---|---|
|  |  |  |  |  |  |  |  |  |

### 4. 压力损失、除尘效率和过滤速度的关系

整理 3 组不同（$v_F$）下的 $\Delta P$ 和 $\eta$ 资料，绘制 $v_F$-$\Delta P$ 和 $v_F$-$\eta$ 实验性能曲线，分析过滤速度对袋式除尘器压力损失和除尘效率的影响。对每一组资料，分析在一次清灰周期中，压力损失、除尘效率和过滤速度随过滤时间的变化情况。

## 六、注意事项

1. 除尘装置的性能与粉尘粒径的大小有较大的相关关系，目前虽然对各种粒径的分级除尘效率已做了规定，但管内流动粉尘的粒径测定方法尚不完善。

2. 在袋式除尘器里，粉尘附着的清除方法及清扫效果对除尘器来说是极其重要的，特别有必要在进行清灰期间连续地测定随时间而变化的出口粉尘浓度。

3. 对袋式除尘技术停机操作给予充分的考量，由于设备停机过程中很大程度上会影响到整个设备温度的变化，而袋式除尘技术设备的温度对于烟气处理效果有着较大的影响，所以若需要短时间内进行停机操作就要做好设备保温处理，确保一经开机就能够立即恢复良好的运行效果，这样就能够避免资源过度的消耗。

## 七、思考题

1. 用发尘量求得的入口含尘浓度和用等速采样法测得的入口含尘浓度，哪个更准确？为什么？

2. 测定袋式除尘器压力损失，为什么要固定其清灰制度？为什么要在除尘器稳定运行状态下连续 5 次读数并取其平均值作为除尘器压力损失？

## 八、延伸拓展

袋式除尘器是一种高效的除尘器，广泛应用于工业环保领域，是工业烟尘净化领域主流设备之一。据统计，电力行业烟尘净化中袋式除尘设备使用比例为 20%，钢铁行业为 90%，建材行业为 90%，垃圾焚烧行业为 100%。袋式除尘技术不仅用于工业烟尘的治理，食品加工行业配备的中小型燃煤锅炉，因其存在锅炉负荷变化大、启停频繁等问题，导致烟气性质不稳定，产生的烟气量及含尘量难以控制，袋式除尘器食品加工行业应用最广泛的除尘技术。

此外，袋式除尘技术应用需要应对一定的阻力作用，否则不仅会对袋式除尘设备的处理效果产生不利影响，还会大大提升袋式除尘技术能源消耗总量，对阻力产生的机制进行分析，并在保障设备运行状态的前提下尽可能减少阻力作用是目前对于袋式除尘技术研究的热点。

# 实验六　电除尘器除尘效率测定

电除尘器是火力发电厂必备的配套设备，它的功能是将燃灶或燃油锅炉排放烟气中的颗粒烟尘加以清除，从而大幅降低排入大气层中的烟尘量。电除尘器净化效率高，其除尘效率一般都高于 99%，能够捕集 0.01 μm 以上的细颗粒物；电除尘器设备阻力小，总能耗低，并且烟气处理量大，单台电除尘器的最大电场截面积可达 400 m²。电除尘器是改善环境污染，提高空气质量的重要环保设备。除尘效率是除尘器的基本技术性能之一。电除尘器除尘效率的测定是了解电除尘器工作状态和运行效果的重要手段。

## 一、实验目的与要求

1. 了解影响电除尘器除尘效率的主要因素，掌握电除尘器除尘效率的测定方法。

2. 巩固关于烟气状态（温度、含湿量及压力）、烟气流速、流量以及烟气含尘质量浓度等的测定内容。

## 二、实验原理

### 1. 总除尘效率

除尘效率最原始的意义是以所捕集粉尘的质量为基准，但随着环境保护要求的日趋严格和科学技术的发展，现在除尘效率有的以粉尘颗粒的个数为基准进行计算；有的根据光学能见度的光学污染程度，以粉尘颗粒的投影面积为基准进行计算。本实验测定总除尘效率仍以所捕集粉尘的质量占进入除尘器的粉尘的质量分数为基准，即

$$\eta = \left(1 - \frac{S_2}{S_1}\right) \times 100\% \tag{1}$$

式中：$\eta$ ——电除尘器的总除尘效率，%；

　　　$S_1$、$S_2$——分别为除尘器进、出口的粉尘质量流量，g/s。

### 2. 分级除尘效率

一般来说，在粉尘密度一定的条件下，尘粒越大，除尘效率越高。因此，仅用总除尘效率来描述除尘器的捕集性能是不够的，应给出不同粒径粉尘的除尘效率才更为合理。后者称为分级除尘效率，以 $\eta_i$ 表示。

若设除尘器进口、出口和捕集的粒径为 $d_{pi}$ 颗粒的质量流量分别为 $S_{1i}$、$S_{2i}$ 和 $S_{3i}$，则该除尘器对 $d_{pi}$ 颗粒的分级效率为

$$\eta_i = \frac{S_{3i}}{S_{1i}} \times 100\% = \left(1 - \frac{S_{2i}}{S_{1i}}\right) \times 100\% \tag{2}$$

若分别测出除尘器进口、出口和捕集的粉尘粒径频率分布 $g_{1i}$、$g_{2i}$ 和 $g_{3i}$ 中任意两组数，则可给出分级效率与总效率之间的关系：

$$\eta_i = \frac{\eta}{\eta + P \dfrac{g_{2i}}{g_{3i}}} \times 100\% \tag{3}$$

式中：$P$——总穿透率，%。

本实验中，按粉尘采样的要求，选择合适的测定位置，采用标准采样管，在电除尘器进、出口同步采样，然后通过称重可求出总除尘效率。将称重后的粉尘样进行粒径分布测定，可求出分级除尘效率。

### 三、实验装置、仪器与试剂

#### 1．装置与流程

本实验中使用的装置流程示意图如图 1 所示。其中电除尘器本体需自行加工，图 2 给出了实验用高压电源外观示意图。高压电源和风机均可到有关厂家选购。

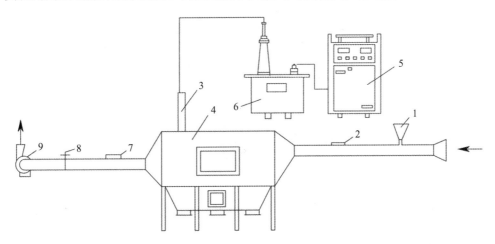

1—发尘装置；2—进口端采样口；3—高压进线箱；4—电除尘器本体；5—高压控制柜；
6—高压电源；7—出口段采样孔；8—流量调节阀；9—引风机。

**图 1　实验装置流程示意**

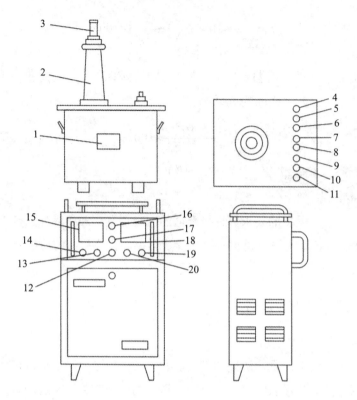

1—铭牌；2—高压套管；3—阻尼电阻；4—注油嘴；5、6、7—调压输入；8—电流取样；9—地线；10—电压取样；11—呼吸口；12—电源开关；13—启动按钮兼作电源指示；14—停止按钮兼作高压指示；15—二次电压表；16—报警指示灯；17—手动振打按钮；18—二次电流表；19—输出调整旋钮；20—电流限制旋钮。

**图 2　实验用高压电源外观示意**

## 2．仪器设备

（1）烟气状态、流速和含尘浓度测定所需的仪器。

（2）库尔特粒度分析仪及其配套设备：1 套。

## 3．粉尘试样

实验中选用的粉尘主要有飞灰、石灰石和烧结机尾粉尘。

## 四、实验步骤

1．根据要求调整电除尘器的板间距、线间距。记录放电极和收尘极形式、板间距和线间距。

2．仔细检查高压电源和进线路等处的接线和接地装置，确认无误后方能通电。

3．打开高压电源控制柜上的电源开关，按下高压启动按钮，调节输出调整旋钮，如控制柜发生跳闸报警，则关闭电源开关，检查电场内放电极是否短路，穿壁和拉线绝缘体部分是否有积灰或安装不合理处，排除故障后，再试运行。如不能再次开机，则控制柜内部空气开关掉闸，合闸后即可开机。

4．根据板间距在表 1 中选择合适的二次电压值，调整旋钮至所需的电压值。

5．启动引风机，通过发生装置向系统加入粉尘，注意应尽量保持发尘量一定。待发尘后几分钟，根据高压电源控制柜的显示值，记录二次电压和二次电流值。

**表 1　二次电压值的选择**

| 板间距/mm | 300 | | | 350 | | | 400 | | |
|---|---|---|---|---|---|---|---|---|---|
| 二次电压/kV | 50 | 55 | 60 | 60 | 65 | 70 | 70 | 75 | 80 |

6．测定烟气温度、湿度和压力（方法及步骤详见本章实验四）。

7．测定烟气流速，计算流量（方法及步骤详见本章实验四）。

8．按照等动力采样的要求在电除尘器进出口处的采样孔同时采样，测定烟气中含尘浓度。其中测点选择方法、采样点控制流量确定方法以及烟气中含尘浓度的测定方法和步骤见本章实验四。

9．将步骤 8 中称重后的粉样，利用库尔特仪进行分散度测定。

10．利用步骤 8、9 中测得的数据计算电除尘器总效率及分级效率。

11．将高压电源控制柜上的输出调节旋钮调至表 1 中的另两种操作电压，重复步骤 8～10，测定不同操作条件下的总除尘效率和分级除尘效率。

12．通过流量调节阀将烟气流量增大和减小各一次，重复步骤 8～10，测定不同流量下的总除尘效率和分级除尘效率（此时应注意发尘量需相应增减，以保持入口粉尘浓度一定）。

13．根据测得的分级除尘效率资料，计算不同粒径粉尘的驱进速度。

14．根据以上实验过程获得的数据，绘制操作电压与总除尘效率关系曲线、比集尘面积（板面积/烟气流量）与总除尘效率关系曲线和粉尘驱进速度与分级除尘效率的关系曲线，由此分析操作条件、比集尘面积和驱进速度与效率的关系。

15．当各项烟气参数的测定和粉尘采样工作结束后，按下高压电源控制柜上的高压停止按钮，关闭电源开关。

**五、实验数据记录与整理**

本实验中，关于烟气状态参数（温度、含湿量和压力等）和烟气中含尘质量浓度测定的数据记录和处理参见本章实验四。关于总除尘效率和分级除尘效率测定的数据记录和处理分别见表 2 和表 3。

表 2    总除尘效率测定记录仪

| 结构参数 | | | | | |
|---|---|---|---|---|---|
| 放电极形式 | | | | | |
| 收尘极形式 | | | | | |
| 线间距/mm | | | | | |
| 板间距/mm | | | | | |
| 烟气参数 | | | | | |
| 温度/℃ | | | | | |
| 湿度/%RH | | | | | |
| 压力/Pa | | | | | |
| 平均流速/（m/s） | | | | | |
| 流量/（m³/h） | | | | | |
| 粉尘种类 | | | | | |
| 运行条件 | | 二次电压/二次电流 | | | |
| | | | | | |
| 进口粉样称重/g | 滤筒号 | | | | |
| | | | | | |
| | | | | | |
| 出口粉样称重/g | 滤筒号 | | | | |
| | | | | | |
| | | | | | |
| 总除尘效率/% | | | | | |

表 3    分级效率测定记录

二次电压：____kV；二次电流：____mA

| 进口粉尘样总质量/g | | | | | | | | |
|---|---|---|---|---|---|---|---|---|
| 出口粉尘样总质量/g | | | | | | | | |
| 粒径/μm | | | | | | | | |
| 进口累积分布/% | | | | | | | | |
| 出口累积分布/% | | | | | | | | |
| 分级除尘效率/% | | | | | | | | |

## 六、注意事项

1. 实验中要注意人身安全，不要靠近高压电源、高压进线箱等处，以免发生意外。

2. 已通过高压后，在调整放电极间距前，应通过接地棒将放电极上的电荷放掉，以免静电伤人。

3. 经过一段时间实验后，应将放电极、收尘极和灰斗中的粉尘清理干净，以保证前后实验结果的可比性。

## 七、思考题

1. 根据分级除尘效率与总效率的关系，由实测的分级效率计算总除尘效率，并将计算结果与实测的总除尘效率对比分析。

2. 实验步骤中第 12 步要求发尘量随流量的增减而相应增减，试分析其原因。

## 八、延伸拓展

燃煤飞灰的比电阻值是影响电除尘性能的最直接因素之一，根据测试条件的不同，燃煤飞灰比电阻值可分为实验室比电阻和工况比电阻。对于电除尘器而言，无论飞灰比电阻过高或过低，都会影响电除尘器的除尘性能。过高易造成反电晕，影响空间电场，降低飞灰的荷电能力和趋近速度；过低则容易引起二次扬尘。通过实验测定与理论预测相结合的手段，探讨烟温及粉尘特性对飞灰比电阻的影响规律，并进一步研究飞灰比电阻与电除尘性能的关系，可为电除尘器的选型设计提供借鉴。此外，通过数值模拟的方法，对热电厂燃煤机组后加装的电除尘器捕集微细颗粒过程进行模拟研究，分析湿式除尘器内的结构及运行工况对流场和颗粒物脱除效率的影响，也可为今后设计、改造除尘器提供依据。

## 实验七　活性炭吸附法脱除气体中的 $SO_2$

在净化烟气的众多方法中，吸附法具有选择性高、净化效率高、吸附剂能再生、能实现自动控制等优点。活性炭表面的某些含氧络合物基团是二氧化硫吸附及氧化的活性中心，具有较大的比表面积（可达到 1 000 $m^2/g$）和较高的物理吸附性能以及丰富的孔结构，有利于分子的扩散和传递。活性炭能够通过物理吸附和化学吸附两种途径将气体中的二氧化硫浓集于其表面而分离出来，被广泛用于大气污染控制。用活性炭吸附法净化低浓度的二氧化硫是一种简便、有效的方法。

### 一、实验目的与要求

1. 深入了解吸附法净化有害废气的原理和特点。
2. 了解用活性炭吸附法净化废气中 $SO_2$ 的效果。

### 二、实验原理

活性炭吸附 $SO_2$ 的过程是可逆过程：在一定温度和气体压力下达到吸附平衡；而在高温、减压条件下，被吸附的 $SO_2$ 又被解吸出来，使活性炭得到再生。

在工业应用上，活性炭吸附的操作条件依活性炭的种类（特别是吸附细孔的比表面、孔径分布）以及填充高度、装填方法、原气条件不同而异。所以通过实验应该明确吸附净化系统的影响因素较多，操作条件还直接关系到方法的技术经济性。

本实验 $SO_2$ 的采样分析采用甲醛缓冲溶液吸收-盐酸副玫瑰苯胺比色法，详见本章实验二之环境空气中 $SO_2$ 浓度的测定。

### 三、实验装置、仪器和试剂

#### 1. 装置与流程

本实验采用一个夹套式 U 形管吸附器，硬质玻璃制成，直径 15 mm，高度 150 mm，套管外径 25 mm，吸附器内装填活性炭，如图 1 所示。实验装置及流程如图 2 所示。其中取样口为玻璃三通，其中一端外套胶皮塞，用医用注射器可以直接插入取样。

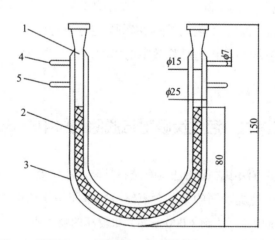

1—吸附器；2—吸附层；3—保温夹套；4—内管送气口；5—夹套蒸汽进口。

**图 1　吸附器结构**

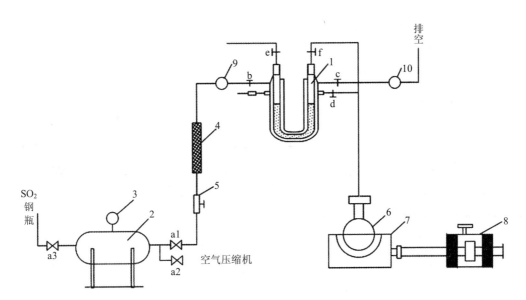

1—夹套式 U 形管吸附器；2—储气罐；3—真空压力表；4—转子流量计；5—稳压阀；6—蒸汽瓶；7—电热套；
8—调压器；9—进气取样口；10—出气取样口；a1、a2、a3—针型阀；b、c、d、e、f—霍夫曼夹。

**图 2　活性炭吸附装置及流程**

### 2. 仪器

（1）吸附器：1 个。

（2）活性炭：粒径 200 目。

（3）稳压阀：YJ-0.6 型，1 个。

（4）蒸汽瓶：体积 5 L，1 支。

（5）真空泵：1 台。

（6）加热套：M-106 型，功率 500W，1 个。

（7）吸收瓶：见图 5-3，15 个。

（8）医用注射器：带刻度，容积 5 mL，1 支。

（9）72 型分光光度计：1 台。

（10）调压器：TDGC-0.5 型，功率 500W，1 台。

（11）空压机：1 台。

（12）比色管：10 mL，15 支。

### 3. 试剂

（1）甲醛吸收液：将已配好的 20 mg/L 的 $SO_2$ 吸收储备液稀释 100 倍后，供使用。

（2）对品红使用液：将配好的 0.25% 的对品红稀释 5 倍后，配成 0.05% 的对品红，供使用。

（3）1.5 mol/L 的 NaOH 溶液：称 NaOH 6.0 g 溶于 100 mL 容量瓶中，供使用。

（4）0.6%氨基磺酸钠溶液：称 0.6 g 氨基磺酸钠，加 1.50 mol/L 的 NaOH 溶液 4.0 mL，用水稀释至 100 mL 使用。

有关试剂的配制方法，参见本章实验一。

## 四、实验步骤

实验前根据原气浓度确定合适的装炭量和气体流量，一般预选气体分数为 2 500 μL/L 左右，气体流量约 50 L/h，装炭量 10 g。吸附阶段需控制气体流量，保持气流稳定。在气流稳定流动的状态下，定时取净化后的气体样品测定其浓度，确定等温操作条件下活性炭吸附 $SO_2$ 的效率和失效时间。实验操作步骤如下：

1. 配气：将阀门 $a_1$ 和 $a_2$ 关闭，打开阀门 $a_3$，从 $SO_2$ 钢瓶中放入一定量的 $SO_2$ 气体进入储气罐；关闭阀门 $a_3$，打开阀门 $a_2$，用空压机将空气注入储气罐，与 $SO_2$ 气体混合，直到罐内气压达到 5 atm[*]，关闭阀门 $a_2$。

2. 准备 $SO_2$ 吸收液：将 25 mL 甲醛吸收液注入圆底吸收瓶中，用胶皮塞盖好，并抽成负压，准备 15 个，供使用。

3. 利用注射器抽取原气 2 mL，然后注入吸收瓶中，振荡使气体被充分吸收，共取原气样品 3 个，待测定。

4. 检查管路系统，使阀门 e、f 和 d 关闭，使系统处于吸附状态。

5. 开启阀门 $a_1$、b 和 c，将转子流量计调至刻度 10，同时记录开始吸附的时间。

6. 运行 10 min 后开始对净化后的气体进行取样，每次取 3 个平行样，每次样品取 10 mL 于吸收瓶中。

7. 调转子流量计至刻度 20、30、40，稳定运行后分别对净化后的气体取样，同样取 3 个平行样。

8. 实验停止，关闭阀门 $a_1$、b 和 c。

9. 分析样品。

## 五、实验数据记录与整理

1. 样品分析

（1）将待测样品混合均匀，取 10 mL 放入比色管中。

（2）向试管中加入 0.5 mL 0.6%的氨基磺酸钠溶液和 0.5 mL 的 1.5 mol/L NaOH 溶液，混合均匀，再加入 1.00 mL 的 0.05%对品红，混合均匀，2 min 后比色。

（3）比色用 72 型分光光度计，将波长调至 577 nm，将待测样品放入 1 cm 的比色皿中，同时将蒸馏水放入另一个比色皿中作参比，测其吸光度（浓度高时，可用蒸馏水稀释

---

* 1 atm=1.013 25×$10^5$ Pa。

后再比色）。

2．计算

$$SO_2质量浓度（\mu g/m^3）=\frac{(A_k-A_0)\times B_s}{V_s}\times\frac{V_1}{V_2}\tag{1}$$

式中：$A_k$——样品溶液的吸光度；

　　　$A_0$——试剂空白溶液吸光度；

　　　$B_s$——校正因子，取为 0.044 μg（$SO_2$）；

　　　$V_s$——换算成参比状态下的气体采样体积，$m^3$；

　　　$V_1$——样品溶液总体积，mL；

　　　$V_2$——分析测定时所取样品溶液体积，mL。

测定浓度时，注意稀释倍数的换算。

3．记录实验数据及分析结果，由式（2）计算活性炭柱的平均净化效率（$\eta$）：

$$\eta=\left(1-\frac{\rho_2}{\rho_1}\right)\times100\%\tag{2}$$

式中：$\rho_1$——填料塔入口处 $SO_2$ 质量浓度，$\mu g/m^3$；

　　　$\rho_2$——填料塔出口处 $SO_2$ 质量浓度，$\mu g/m^3$。

**表 1　实验结果记录**

| 实验时间/min | 气体流量/(L/h) | 原气浓度 $\rho_1$/（μg/m³） | | | | 净化后浓度 $\rho_2$/（μg/m³） | | | | 净化率 η /% |
|---|---|---|---|---|---|---|---|---|---|---|
| | | 1# | 2# | 3# | 平均 | 1# | 2# | 3# | 平均 | |
| | | | | | | | | | | |

4．根据实验结果绘出净化效率随气速和吸附操作时间的变化曲线。

## 六、注意事项

1．活性炭价格目前相对较高，强度低，在吸附、再生、往返使用中损耗大，挥发分较低，不利于脱硝。

2．吸附法脱硫存在脱硫容量低、脱硫速率慢、再生频繁等缺点。水洗再生耗水量大、易造成二次污染。

3．吸附剂吸附容量有限，常须在低气速（0.3～1.2 m/s）下运行。

## 七、思考题

1．活性炭吸附 $SO_2$ 随时间的增加吸附净化效率逐渐降低，试从吸附原理出发分析活性炭的吸附容量及操作时间。

2. 随吸附温度的变化，吸附量也发生变化，根据等温吸附原理，简单分析温度对吸附效率的影响。

3. 本实验实际采用的空速为多少？通常吸附操作空速为多少？

## 八、延伸拓展

在众多的烟气脱硫脱硝技术中，活性炭吸附法是一种能脱除烟气中多种污染物的方法，其中包括 $SO_2$、$NO_x$、烟尘粒子、汞、二噁英、呋喃、重金属、挥发性有机物及其他微量元素。发展此类烟气脱硫脱硝技术，控制我国燃煤 $SO_2$ 和 $NO_x$ 排放，对于国民经济的可持续性发展意义重大。随着我国环境要求和排放限值越来越严格，人们对生存环境的质量要求越来越高，吸附法在我国能够得到广泛的应用和推广。此外，活性炭吸附法还可用于污水的处理。影响活性炭吸附性能的因素较多，再生频繁且再生效果直接影响活性炭的吸附能力和使用寿命，对活性炭吸附性能进行改良研究是提升活性炭吸附功能的有效途径。

# 实验八　碱液吸收法去除气体中的 $SO_2$

除活性炭吸附法外，含 $SO_2$ 的气体也可采用吸收法净化。吸收法是利用液态吸收剂处理气体混合物以去除其中某一种或几种气体的过程。溶解的气体与溶剂或溶剂中某种成分并不发生任何化学反应的吸收，被称为物理吸收。也有气-液中化学物质之前发生化学反应，被称为化学吸收。吸收作用常用于气体污染物的处理与回收，此外还被广泛作为有机废气的预处理。吸收法净化有害气体是常用的方法之一。本实验采用填料吸收塔，用 5%NaOH 或 $Na_2CO_3$ 溶液吸收 $SO_2$。通过实验，可初步了解用填料塔吸收净化有害气体的实验方法，还有助于加深理解填料塔内气-液接触状况及吸收过程的基本原理。

## 一、实验目的与要求

1. 了解用吸收法净化废气中 $SO_2$ 的效果。
2. 改变气流速度，观察填料塔内气-液接触状况和液泛现象。
3. 测定填料吸收塔的吸收效率和压降。

## 二、实验原理

$SO_2$ 的吸收剂种类较多，本实验采用 NaOH 或 $Na_2CO_3$ 溶液作吸收剂。由于 $SO_2$ 在水中的溶解度较低，常采用化学吸收方法。吸收液从水箱通过水泵和转子流量计由填料塔上部经喷淋装置进入塔内，流经填料表面，由塔下部排出再进入水箱。空气首先进入缓冲罐，$SO_2$ 由 $SO_2$ 钢瓶进入缓冲罐，经缓冲罐混合后的含 $SO_2$ 的空气从塔底进气口进入填料塔，通过填料层与 NaOH 或 $Na_2CO_3$ 喷淋吸收液充分混合、接触、吸收，最后经由塔顶排出。
吸收过程发生的主要化学反应为

$$2NaOH + SO_2 \rightarrow Na_2SO_3 + H_2O$$

$$Na_2CO_3 + SO_2 \rightarrow Na_2SO_3 + CO_2$$

$$Na_2SO_3 + SO_2 + H_2O \rightarrow 2NaHSO_3$$

实验过程中，通过测定填料吸收塔进出口气体中 $SO_2$ 的含量，即可近似计算出吸收塔的平均净化效率，进而了解吸收效果。气体中 $SO_2$ 含量的测定采用甲醛缓冲溶液吸收盐酸副玫瑰苯胺比色法，详见本章实验二。

实验中通过测出填料塔进出口气体的全压，即可计算出填料塔的压降；若填料塔的进出口管道直径相等，用 U 形管压差计测出其静压差即可求出压降。

### 三、实验装置、仪器和试剂

#### 1．装置与流程

实验装置如图 1 所示。

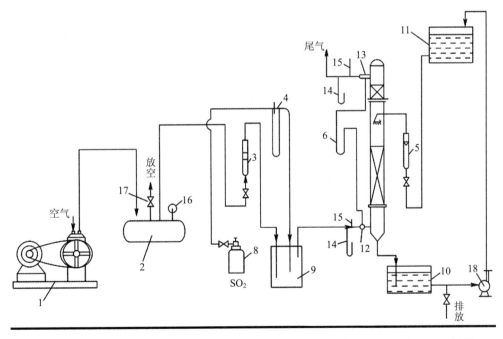

1—空压机；2—缓冲罐；3—转子流量计（气）；4—毛细管流量计；5—转子流量计（水）；6—压差计；
7—填料塔；8—$SO_2$ 钢瓶；9—混合缓冲器；10—受液槽；11—高位液槽；12，13—取样口；14—压力计；
15—温度计；16—压力表；17—放空阀；18—泵。

**图 1　碱液吸收 $SO_2$ 实验装置及流程**

吸收液从高位液槽通过转子流量计，由填料塔上部经喷淋装置进入塔内，流经填料表面，由塔下部排到受液槽。空气由空压机经缓冲罐后，通过转子流量计进入混合缓冲器，并与 $SO_2$ 气体相混合，配制成一定浓度的混合气。$SO_2$ 来自钢瓶，并经毛细管流量计计量后进入混合缓冲器。含 $SO_2$ 的空气从塔底进气口进入填料塔内，通过填料层后，尾气由塔顶排出。系统设进气和排气两个取样口，为玻璃三通，其中一端外套胶皮塞，用医用注射器可以直接插入取样。

### 2. 仪器

（1）空压机：压力 7 kg/m³，气量 3.6 m³/h，1 台。

（2）液体 $SO_2$ 钢瓶：1 瓶。

（3）填料塔：$D$=70 mm，$H$=650 mm，1 台。

（4）填料：直径 5～8 mm 瓷杯，若干。

（5）泵：扬程 3 m，流量 400 L/h，1 台。

（6）缓冲罐：容积 1 m³，1 个。

（7）高位液槽：500 mm×400 mm×600 mm，1 个。

（8）混合缓冲罐：0.5 m³，1 个。

（9）受液槽：500 mm×400 mm×600 mm，1 个。

（10）转子流量计（水）：10～100 L/h，1 个。

（11）转子流量计（气）：0.1～0.3 m³/h，1 个。

（12）毛细管流量计：0.1～0.3 mm，1 个。

（13）U 形管压力计：200 mm，3 支。

（14）压力表：0～3 kg/cm²，1 支。

（15）温度计：0～100℃，2 支。

（16）空盒式大气压力计：1 支。

（17）吸收瓶：20 个。

（18）比色管：10 mL，20 个。

（19）医用注射器：5 mL 具刻度，1 支。

### 3. 试剂

（1）甲醛吸收液：将已配好的 20 mg/L 吸收储备液稀释 100 倍后，供使用。

（2）对品红使用液：将配好的 0.25%的对品红稀释 5 倍后，配成 0.05%的对品红，供使用。

（3）1.5 mol/L 的 NaOH 溶液：称 NaOH 6.0 g 溶于 100 mL 容量瓶中，供使用。

（4）0.6%的氨基磺酸钠溶液：称 0.6 g 氨基磺酸钠，加 1.5 mol/L 的 NaOH 溶液 4.0 mL，用水稀释至 100 mL，供使用。

### 四、实验方法和步骤

1. 按图正确连接实验装置，并检查系统是否漏气。关严吸收塔的进气阀，打开缓冲罐上的放空阀，并在高位液槽中注入配制好的 5% 的碱溶液。

2. 准备 $SO_2$ 吸收液。将 25 mL 甲醛吸收液注入圆底吸收瓶中，用胶皮塞盖好，并抽成负压，准备 15 个，供使用。

3. 打开吸收塔的进液阀，并调节液体流量，使液体均匀喷布，并沿填料表面缓慢流下，以充分润湿填料表面，当液体由塔底流出后，将液体流量调至 35 L/h 左右。

4. 开启空压机，逐渐关小放空阀，并逐渐打开吸收塔的进气阀。调节空气流量，使塔内出现液泛。仔细观察此时的气液接触状况，并记录下液泛时的气速（由空气流量计算）。

5. 逐渐减小气体流量，消除液泛现象。开启 $SO_2$ 气瓶，并调节其流量，使进气中 $SO_2$ 体积分数为 0.1%～0.5%。调气体流量计到 0.1 m³/h 稳定运行 5 min，记录填料塔压降。

6. 利用注射器抽取原气 2 mL，然后注入吸收瓶中，振荡使气体被充分吸收，共取原气样品 3 个，待测定。

7. 对净化后的气体进行取样，每次也取 3 个平行样，每次样品取 10 mL 于吸收瓶中。

8. 调整液体流量计到 0.2 m³/h、0.3 m³/h 和 0.4 m³/h，同时调节 $SO_2$ 气瓶流量，使进气中 $SO_2$ 体积分数仍保持在 0.1%～0.5%，稳定运行 5 min 后记录压降，对原气和净化后气体分别取 3 个平行样。

9. 作为选做实验，改变吸收液量，重复上述步骤。

10. 实验完毕，先关进气阀，待 2 min 后停止供液。

### 五、实验数据记录与整理

1. 样品分析。

（1）将待测样品混合均匀，取 10 mL 放入比色管中。

（2）向试管中加入 0.5 mL 0.6% 的氨基磺酸钠溶液，与 0.5 mL 1.5 mol/L 的 NaOH 溶液混合均匀，再加入 1.0 mL 的 0.05% 对品红混合均匀，20 min 后比色。

（3）比色用 72 型分光光度计，将波长调至 577 nm。将待测样品放入 1 cm 的比色皿中，同时将蒸馏水放入另一个比色皿中作参比，测其吸光度（浓度高时，可用蒸馏水稀释后再比色）。

2. 计算，请参见本章实验七中式（1）。测定质量浓度时，注意稀释倍数的换算。

3. 计算填料塔的平均净化效率，填料塔的平均净化效率请参见本章实验七中式（2）。

4. 计算填料塔的液泛速度。

$$v = Q / F \qquad\qquad (1)$$

式中：$Q$——气体流量，$m^3/h$；

$\quad\quad F$——填料塔截面积，$m^2$。

5．绘出液量与效率的曲线 $Q\text{-}\eta$ 。

表 1　实验结果记录

实验时间：　　　　　　　　　　　　　　实验人员：　　　　　　　　　液泛气速：

| 实验次数 | 气体流量/(L/h) | 吸收液量/(L/h) | 原气质量浓度$\rho_1$/($\mu g/m^3$) | | | | 净化后质量浓度$\rho_2$/($\mu g/m^3$) | | | | 净化率$\eta$/% | 压力损失/Pa |
|---|---|---|---|---|---|---|---|---|---|---|---|---|
| | | | $1^\#$ | $2^\#$ | $3^\#$ | 平均 | $1^\#$ | $2^\#$ | $3^\#$ | 平均 | | |
| 1 | | | | | | | | | | | | |
| 2 | | | | | | | | | | | | |
| 3 | | | | | | | | | | | | |
| 4 | | | | | | | | | | | | |

## 六、注意事项

1．操作过程请戴好护目镜、手套，穿好实验服，以免受到试剂污染。

2．实验完成后务必关闭气体钢瓶，以防止发生危险。

## 七、思考题

1．从实验结果和绘出的曲线可以得出哪些结论？

2．通过实验，你有什么体会？对实验有何改进意见？

## 八、延伸拓展

　　碱液吸收法由于能够把 $SO_2$ 回收为有一定经济效益的亚硫酸盐和亚硫酸氢盐，而且操作费用低廉，所以成为湿法脱硫中广泛应用的方法之一。但是这种方法由于脱除效率不高而有待于改进，改进的方法主要从两方面入手，一方面是吸收设备，另一方面是改进工艺条件，强化吸收操作。目前的研究方向集中在填料、吸收剂和工艺条件，研究结果对于改进碱液吸收法具有很大的参考价值。碱液吸收法还可用于去除氮氧化物和贫泥磷。

# 实验九　催化转化法去除汽车尾气中的 $NO_x$

随着我国汽车保有量的持续增长，汽车尾气排放量也越来越大。汽车尾气中的主要污染物氮氧化物（$NO_x$）在富氧条件下的排放控制变得越来越紧迫，而其中最有效易行的就是发动机外催化转化法，即通过在尾气排放管上安装的催化转化器，在催化剂的作用下通过氧化反应、还原反应、水性气体反应和水蒸气改质反应，将排气中的有害气体 $NO_x$ 转化成无害气体氮气。本实验的学习可以深入了解该研究领域，也可加深对课程中催化转化法去除污染物相关章节内容的理解，并掌握相关的实验方法与技能。

## 一、实验目的与要求

1. 了解催化转化装置的结构。
2. 学习催化转化的原理。

## 二、实验原理

在催化剂的作用下，汽车尾气中的 $NO_x$ 被外加的碳氢化合物还原剂（如丙烯）选择性还原，总的反应方程式为

$$2C_3H_6 + 2NO + 8O_2 \rightarrow N_2 + 6CO_2 + 6H_2O \tag{1}$$

本实验以钢瓶气为气源，以高纯氮气为平衡气，模拟汽车尾气中一氧化氮（NO）和氧气（$O_2$）浓度，并设定其流量，在不同温度下，通过测量催化反应器进出口气流中 $NO_x$ 的浓度，评价催化剂对 $NO_x$ 的去除效率。

通过改变气体总流量改变反应的空速（GHSV，气体量与催化剂样品量之比，$h^{-1}$），通过调节 NO 的进气量改变其入口浓度，通过钢瓶气加入二氧化硫（$SO_2$），评价催化剂在不同空速、不同 NO 入口浓度及 $SO_2$（作为催化剂失活的毒剂）存在条件下的活性。

## 三、实验仪器

本实验采用自行设计和加工的汽车尾气后处理实验系统，如图1所示。利用高压钢瓶气 $N_2$、NO、$O_2$、丙烯和 $SO_2$ 模拟汽车尾气，反应器进出口的 $NO_x$ 浓度由氮氧化物分析仪（Thermo Electron，Model 44）测定。

本实验采用的催化剂为负载银的氧化铝（$Ag/Al_2O_3$），制备方法后述。

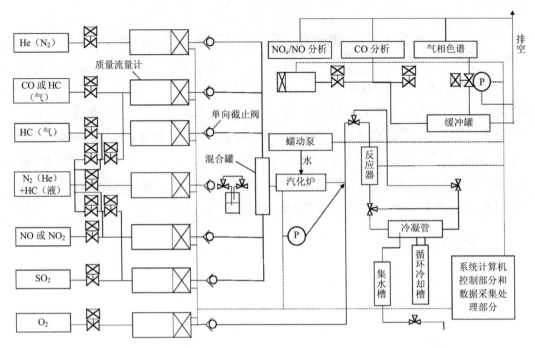

图 1 催化净化实验系统

## 四、实验步骤

### 1. 催化剂的制备

（1）溶胶-凝胶法

氧化铝载体的制备通常采用溶胶-凝胶（sol-gel）法。

实验药品：异丙醇铝（AIP，相对分子质量为 204.23），65%浓 $HNO_3$。

可采取以下两种方法：

**方法一**

实验装置：恒温加热搅拌器、加热回流装置、恒温灼烧装置、烘箱。

制备过程：

①取异丙醇铝 10 g，用研钵磨成粉末。

②在 300 mL 锥形瓶中加 88 mL 水（物质的量之比 $H_2O/AIP = 100$），在恒温水浴中加热至 85℃。

③加入异丙醇铝，加热搅拌 40 min。

④取 65%的浓 $HNO_3$ 0.92 mL 加入 8 mL $H_2O$ 中，搅拌均匀，把 $HNO_3$ 溶液滴加到混合液中（逐滴），继续在恒温水浴中加热，强烈搅拌 60 min。

⑤在电热板上蒸发 3 min，加热回流 12 h。

⑥静放一昼夜，使其老化形成透明胶体，在烘箱里干燥 12 h（110℃）。

⑦在管式炉中灼烧（300℃时 12 h，450℃、550℃、650℃、750℃、850℃时均为 3 h）。

⑧灼烧后进行研磨，取 60～100 目的颗粒用作分析。

**方法二**

实验装置：旋转蒸发仪、减压抽滤仪、马弗炉、烘箱。

制备过程：

①取异丙醇铝 40 g（最后可得成品约 10 g），用研钵磨成粉末。

②将异丙醇铝溶于约 360 mL 水（物质的量之比 $H_2O/AIP = 100$）中，置于旋转蒸发仪上，温度设为 85℃，加热旋转 60 min。

③取 65%浓硝酸 3.7 mL 加入 32 mL 水中，搅拌均匀，加入 AIP 溶液中，继续加热旋转 60 min。

④相同温度下减压蒸发（0.08 MPa）至体积减少为约 150 mL。

⑤静放一昼夜，使其老化形成透明胶体，在烘箱里干燥 12 h（110℃）。

⑥在马弗炉内焙烧（以 2℃/min 的速度升温到 600℃，保持 3 h，然后降至室温）。

⑦焙烧后进行研磨，取 60～100 目的颗粒用作分析或进一步的制备。

（2）共沉淀法

共沉淀法也可用于制备氧化铝载体，或者直接制备负载型氧化铝催化剂。以制备 5 g 负载银的氧化铝催化剂为例，制备方法如下：

实验试剂：氨水（25%）、硝酸铝 $[Al(NO_3)_3·9H_2O]$、硝酸银（$AgNO_3$），活性组分试剂。

实验仪器：500 mL 烧杯、玻棒、250 mL 分液漏斗、滴定管（小漏斗）、搅拌装置、铁架台、量杯（配氨水溶液）、抽滤器、马弗炉、烘箱。

制备过程：

①称量对应 5 g 氧化铝的硝酸铝试剂（5 g × 375.13 × 2/101.96 = 36.8 g），溶于约 200 mL 去离子水中。

②依负载量（氧化铝的 5%）取相应量的活性组分硝酸银溶于上述溶液中。

③取 25%浓度的氨水试剂 30 mL（理论计算为 22.3 mL，取 1.5 倍，并可因活性组分的添加而适当增加），稀释 2.5 倍成 75 mL 10%氨水备用。

④将溶液倒入分液漏斗中，氨水溶液注入滴定管中，在搅拌杆的搅拌下将两种溶液同时缓慢滴下混合，控制混合液的 pH 为 9～10。

⑤将混合液倒入抽滤漏斗中进行抽滤，直至压力表读数降为 0，沉淀成凝滞块状，倒出。

⑥放入烘箱进行干燥。

⑦在马弗炉内焙烧后，研磨筛分即得催化剂样品。

（3）浸渍法

负载型氧化铝催化剂还可以利用浸渍法制备，以 sol-gel 法或共沉淀法制得的样品为载体，不同方法的最佳活性组分负载量是不同的。浸渍法的步骤如下：

①依活性组分负载量（氧化铝的 2%）计算并配制相应浓度的活性组分溶液。

②依载体量准确取相当体积的上述溶液注入载体上。

③放置、自然风干。

④放入烘箱 110℃下干燥 12 h。

⑤马弗炉内进行焙烧，使其结构稳定。

**2. 催化剂活性评价**

（1）称取催化剂样品约 500 mg，装填于反应器中。

（2）连接实验系统气路，检查气密性。

（3）调节质量流量计设置各气体流量，使总流量约为 350 mL/min，NO 体积分数约为 $2\,000 \times 10^{-6}$，$O_2$ 约为 5%，$C_3H_6$ 约为 $1\,000 \times 10^{-6}$；设置气路为旁通（气体不经过反应器），测量并记录不经催化转化的 $NO_x$ 浓度，即入口浓度。

（4）切换气路使气体通过反应器，设定反应器温度为 105℃。

（5）待温度稳定后测定 $NO_x$ 浓度，待其稳定后记录数值，即为 $NO_x$ 的出口浓度。

（6）将反应器温度升高 50℃，重复步骤（5），直至 550℃。

（7）关闭气瓶及仪器，关闭系统电源，整理实验室。

**3. 空速、NO 入口浓度和 $SO_2$ 对催化效率的影响**

在催化剂活性最高的两个温度下：

（1）通过改变总气量改变反应空速，测定催化剂的活性。

（2）通过改变 NO 的流量改变其入口浓度，测定催化剂对 $NO_x$ 的去除效率。

（3）在催化剂活性最高的两个温度下，通入不同浓度的 $SO_2$，测定催化剂的活性。

**五、实验数据记录与整理**

表 1 实验结果记录

| 实验日期 | | | | | 记录人 | | | |
|---|---|---|---|---|---|---|---|---|
| 催化剂 | | | | | 质量/mg | | | |
| 气体 | $N_2$ | | NO | | $O_2$ | | $C_3H_6$ | $SO_2$ |
| 流量/（mL/min） | | | | | | | | |
| 体积分数/$10^{-6}$ | | | | | | | | |
| 空速 | | | | | | | | |
| 实验次数 | 1 | 2 | 3 | 4 | 5 | 6 | 7 | 8 | ... |
| 考察因素 | | | | | | | | |
| 出口体积分数/$10^{-6}$ | | | | | | | | |

### 六、注意事项

汽车催化转化器是一种发动机外净化装置，在使用时应该注意以下几点：

1. 安装有催化器的汽车不允许使用含铅汽油。

2. 要避免催化转化器发生碰撞。

3. 汽车不要长时间怠速，以防催化转化器烧坏。

4. 要保证发动机正常运转，以防止催化转化排气净化率最高。

### 七、思考题

1. 做效率-温度、效率-空速、效率-NO 入口浓度和效率-$SO_2$ 浓度的关系曲线。

2. 计算最佳条件下催化剂的活性，对实验条件下的催化剂去除氮氧化物的性能进行评价。

3. 思考催化反应动力学及反应机理，设计实验方案。

4. 实验中有哪些存在的问题及尚需改进的地方？

### 八、延伸拓展

对汽车尾气最为有效的控制方法之一是催化转化法。目前国内外使用较多，效果最好的尾气净化催化剂多为贵金属催化剂，国内由于用量大，价格昂贵而一直未能得到普遍应用。开发效率更高，价格低廉的环保净化催化剂是目前的研究热点。此外，催化转化方法除了可以用在去除汽车尾气中的氮氧化物，还可以用在很多其他领域，例如，有机废气处理、甲烷催化转化制苯、天然气间歇催化转化法制取合成气物料，以及低温水蒸气催化转化法脱除天然气中的甲烷同系物等。

## 实验十　脉冲电晕放电等离子体烟气脱硫脱硝

脉冲电晕放电等离子脱硫脱硝技术是近 20 年发展起来的一种干法脱硫脱硝技术。与传统的湿式技术相比，其具有投资小、操作简单、不存在废液处理问题的优势。脉冲电晕放电烟气治理技术（以下简称脉冲电晕法）的主要特点是能够同时脱硫脱硝，副产物为硫酸铵、硝酸铵及少量杂质的混合物，可以作为肥料。与电子束法相比，省掉了昂贵的加速器，避免了电子枪寿命和 X 射线屏蔽等问题，脉冲电晕放电等离子脱硫脱硝技术是具有应用前景的烟气治理技术之一。脱硫脱硝效率是脉冲电晕等离子体烟气脱硫脱硝装置的基本技术性能之一，脱硫脱硝效率的测定是了解装置运行状态和效果的重要手段。

## 一、实验目的与要求

1. 了解影响装置运行状态和效果的主要因素，掌握装置脱硫脱硝效率的测定方法。
2. 了解脉冲电压电流及功率的测定方法，掌握脱硫脱硝装置烟气成分的分析方法。
3. 巩固关于烟气状态、烟气流速流量及除尘器除尘效率等的测定方法。

## 二、实验原理

### 1. 脉冲电晕技术的基本原理

脉冲电晕法一般采用的工艺流程如图 1 所示，烟气经过静电除尘后，进入喷雾冷却塔、从塔顶喷射的冷却水在落到塔底部之前完全蒸发汽化，将烟气的温度冷却到接近其饱和温度的温度值（60～70℃），然后烟气进入脉冲电晕反应器，脉冲高压作用于反应器中的放电极，在放电极和接地极之间产生强烈的电晕放电，产生 5～20 eV 高能电子、大量的带电离子、自由基、原子和各种激发态原子、分子等活性物质，如 OH 自由基、O 原子、$O_3$ 等，在有氨注入的情况下，它们将烟气中的 $SO_2$ 和 $NO_x$ 氧化，最终生成硫酸铵和硝酸铵，而硫酸铵和硝酸铵被产物收集器收集，处理后的干净空气经烟囱排放。主要的反应如下：

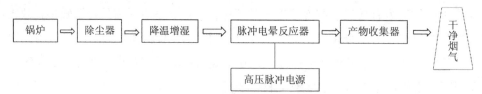

图 1 脉冲电晕等离子体烟气脱硫脱硝一般工艺流程

（1）自由基生成：

$$N_2, \ O_2, \ H_2O + e^- \rightarrow HO\cdot, \ O\cdot, \ HO_2\cdot, \ N\cdot \tag{1}$$

（2）$SO_2$ 氧化并生成 $H_2SO_4$：

$$SO_2 \xrightarrow{O\cdot} SO_3 \xrightarrow{H_2O} H_2SO_4 \tag{2}$$

$$SO_3 \xrightarrow{\cdot OH} HSO_3 \xrightarrow{\cdot OH} H_2SO_4 \tag{3}$$

（3）$NO_x$ 氧化并生成硝酸：

$$NO \xrightarrow{O\cdot} NO_2 \xrightarrow{\cdot OH} HNO_3 \tag{4}$$

$$NO \xrightarrow{HO_2} NO_2 \xrightarrow{\cdot OH} HNO_3 \tag{5}$$

$$NO_2 \xrightarrow{\cdot OH} HNO_3 \tag{6}$$

（4）酸与氨生成硫酸铵和硝酸铵：

$$H_2SO_4 + 2NH_3 \rightarrow (NH_4)_2SO_4 \tag{7}$$

$$HNO_3 + NH_3 \rightarrow NH_4NO_3 \tag{8}$$

### 2. 影响脱硫脱硝效率的主要参数

影响脱硫效率（De-SO$_2$，%）的主要参数为脉冲电电压峰值（$P$，kV）、脉冲重复频率（$R$，Hz）、脉冲平均功率［$a(P \times R)$，$a$ 为定值，kW］、反应器进口烟气温度（$T$，℃）、烟气流速（$v$，m/s）、氨气的化学计量比（$F$）、反应器进口烟气中 SO$_2$ 体积分数（$\varphi_1$，$10^{-6}$）以及烟气相对湿度（RH，%）。在实验中采取单变量的方法研究各因素对脱硫效率的影响，设计方案如表 1 所示。

表 1　脱硫效率影响因素实验方案

| 实验分组 | $v$ | RH | $\varphi_1$ | $F$ | $T$ | $R$ | $P$ |
|---|---|---|---|---|---|---|---|
| 1-1 | 定值 | 定值 | 定值 | 定值 | 定值 | 定值 | 变量 |
| 1-2 | 定值 | 定值 | 定值 | 定值 | 定值 | 变量 | 定值 |
| 1-3 | 定值 | 定值 | 定值 | 定值 | 变量 | 定值 | 定值 |
| 1-4 | 定值 | 定值 | 定值 | 变量 | 定值 | 定值 | 定值 |
| 1-5 | 定值 | 定值 | 变量 | 定值 | 定值 | 定值 | 定值 |
| 1-6* | 定值 | 定值 | 定值 | 定值 | 定值 | 变量 | 变量 |

注：* 最后一组实验室是在相同平均功率下，研究不同重复频率和峰值电压对脱硝效率的影响。

影响脱硝效率（De-NO$_x$，%）的主要参数为脉冲电电压峰值（$P$，kV）、脉冲重复频率（$R$，Hz）、脉冲平均功率［$a(P \times R)$，kW］、反应器进口烟气温度（$T$，℃）、烟气流速（$v$，m/s）、氨气的化学计量比（$F$）、反应器进口烟气中 SO$_2$ 体积分数（$\varphi_1$，$10^{-6}$）以及反应器进口烟气中 NO$_x$ 体积分数（$\varphi_2$，$10^{-6}$）等。脱硝效率影响因素的实验设计方案如表 2 所示。

表 2　脱硝效率影响因素实验方案

| 实验分组 | $v$ | RH | $\varphi_1$ | $F$ | $T$ | $R$ | $P$ |
|---|---|---|---|---|---|---|---|
| 2-1 | 定值 | 定值 | 定值 | 定值 | 定值 | 定值 | 变量 |
| 2-2 | 定值 | 定值 | 定值 | 定值 | 定值 | 变量 | 定值 |
| 2-3 | 定值 | 定值 | 定值 | 定值 | 变量 | 定值 | 定值 |
| 2-4 | 定值 | 定值 | 定值 | 变量 | 定值 | 定值 | 定值 |
| 2-5 | 定值 | 定值 | 变量 | 定值 | 定值 | 定值 | 定值 |
| 2-6* | 定值 | 定值 | 定值 | 定值 | 定值 | 变量 | 变量 |

注：* 最后一组实验室是在相同平均功率下，研究不同重复频率和峰值电压对脱硝效率的影响。

其中，相对湿度取 80%，NO 体积分数为 $100 \times 10^{-6}$。

### 三、实验装置和仪器

#### 1. 实验系统

处理量（标态）为 12 000～20 000 m³/h 的工业实验装置平面布置如图 2 所示。

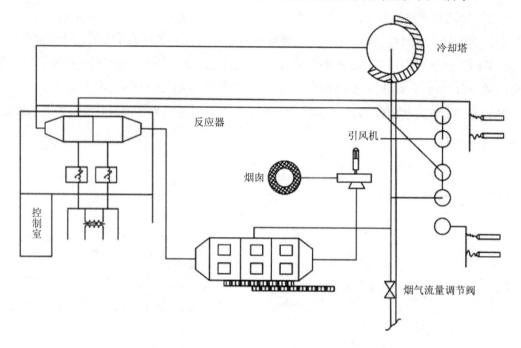

**图 2　脉冲电晕等离子体烟气脱硫实验装置**

（1）脉冲电晕反应器

根据研究结果及工艺要求，反应器应设计为线-板结构，由两组放电室组成，每组尺寸为 3 000 mm×2 600 mm×2 400 mm，分别用两组脉冲电源供电；极板和电晕线采用不锈钢，外加保温层，反应器内部设计有振打装置及卸灰装置；为了提高脱硫效率，反应器还设计了活化水、活化氨装置及不同位置加氨装置。反应器主要技术指标：

①烟气处理量：12 000～20 000 m³/h；

②运行温度：65～80℃；

③烟气停留时间：8 s；

④总体积：37.44 m³；

⑤同极间距：260 mm；

⑥极板面积：357.6 m²；

⑦静态电容：大约 20 nF。

烟气在反应器内的处理过程：预处理后的烟气在反应器的入口加入氨气，通过气流分布板后，气体被混合均匀，喷入活化水蒸气，进入高压脉冲电场，在一、二高压脉冲电场之间加入活化氨，再进入第二个电场进行充分反应，处理后的烟气经过分布板进入反应器出口的工艺管道，最后被送入在反应器后的副产物收集器。

（2）高压脉冲电源

高压脉冲电源采用新研制的 BPFN 脉冲电源，该电源的电路拓扑如图 3 所示。

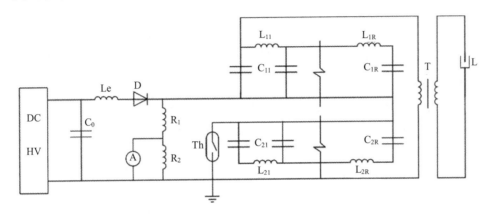

DCHV—直流电源（13 kV）；$C_0$—储能电容；$R_1$、$R_2$—测量电阻；A—测量微安表；Le—充电电感；D—高压硅堆；Th—氢闸流管；$L_{11} \sim L_{1R}$、$C_{11} \sim C_{1R}$—组成 PFN1 的电感和电容；$L_{21} \sim L_{2R}$、$C_{21} \sim C_{2R}$—组成 PFN2 的电感和电容；T—脉冲变压器（1∶5）；L—反应器负载。

**图 3　BPΓN 型脉冲电源原理**

该电源的设计最大输出功率 200 kW，最高电压 150 kV，最大电流 4 kA，脉冲宽度 600～700 ns，最大重复频率 700 Hz。该脉冲电源为新研制的脉冲电源，连接到反应器的第一个电场。

**2. 烟气在线监测系统**

烟气取样点分别设置在冷却塔前（入口）和副产物收集器后（出口）的平直管上，分析室建在冷却塔与风机间的空地上，取样管线将烟引入分析室内的仪器进行分析，数据传送至中央控制室记录、处理。

入口 NO、$SO_2$ 浓度监测采用 SIEMENS Ultramat 22 红外吸收仪，精度±1%；出口 NO、$SO_2$ 浓度监测采用 SIEMENS Ultramat 23 红外吸收仪，精度±1%；出口 $O_2$ 浓度监测采用 SIEMENS Oxygen 6 顺磁式监测仪，精度±1%；出口氨浓度监测采用 SIEMENS Ultramat 6 红外吸收仪，精度±1%；出口和入口粉尘浓度采用了两台 JYZ-1 型烟气浊度在线监测仪，精度±2%。

**3. 其他仪器设备**

本实验仪器还包括烟气状态（温度、含湿度量及压力）、烟气流速及流量的测定以及兆欧表、快速采样示波器、高压探头等电参数测量工具。

### 四、实验步骤

#### 1. 预备实验

（1）工艺管道的调试，包括烟气管道、氨气管道、水蒸气管道及二氧化硫调节管道等的调试实验。

（2）把电源和反应器调试到最佳状态，为下一步实验提供可靠的技术后勤保障。

（3）观察电晕放电的特性。

#### 2. 参数实验

（1）根据要求调整电除尘器的极板距、线间距、脱开脉冲电源和反应器的连接，用兆欧表检查反应器的绝缘状况，记录放电电极和平板电极的尺寸、形式、间距等详细参数。

（2）恢复脉冲电源和反应器的连接，并连接好示波器、高压探头等测量仪器，注意示波器采用隔离变压器供电，准备好调整示波器使用的绝缘手套。

（3）启动风机，测试基本烟气参数，包括烟气流量、温度、湿度。

（4）进行烟气参数的调整。

### 五、实验数据记录与整理

#### 1. 峰值电压（$P$）对 $SO_2$、$NO_x$ 脱除率的影响

表3　峰值电压对 $SO_2$、$NO_x$ 脱除率的影响

烟气流量（标态）：16 000 $m^3$/h　　　NH₃ 化学计量比：1.0　　　重复频率：400 Hz
烟气温度：60±5℃　　　　　　　　　烟气相对湿度：80%

| 峰值电压/kV | 90 | 100 | 110 | 115 | 120 |
|---|---|---|---|---|---|
| De-$SO_2$/% | | | | | |
| De-$NO_x$/% | | | | | |

#### 2. 重复频率（$R$）对 $SO_2$、$NO_x$ 脱除率的影响

表4　重复频率对 $SO_2$、$NO_x$ 脱除率的影响

烟气流量（标态）：16 000 $m^3$/h　　　NH₃ 化学计量比：1.0　　　电压峰值：120 kV
烟气温度：60±5℃　　　　　　　　　烟气相对湿度：80%

| 重复频率/Hz | 50 | 60 | 70 | 80 | 90 |
|---|---|---|---|---|---|
| De-$SO_2$/% | | | | | |
| De-$NO_x$/% | | | | | |

### 3．烟气温度（T）对 SO$_2$、NO$_x$脱除率的影响

**表5 烟气温度对 SO$_2$、NO$_x$脱除率的影响**

烟气流量（标态）：6 000 m$^3$/h    NH$_3$化学计量比：1.0    电压峰值：120 kV
重复频率：400Hz    相对湿度：80%

| T/℃ | 50 | 60 | 70 | 80 | 90 |
|---|---|---|---|---|---|
| De-SO$_2$/% | | | | | |
| De-NO$_x$/% | | | | | |

### 4．NH$_3$的化学计量比（F）对 SO$_2$、NO$_x$脱除率的影响

**表6 NH$_3$的化学计量比对 SO$_2$、NO$_x$脱除率的影响**

烟气流量（标态）：16 000 m$^3$/h    烟气温度：60±5℃    电压峰值：120 kV
重复频率：400 Hz    相对湿度：80%

| F（NH$_3$） | 0.6 | 0.7 | 0.8 | 1.0 | 1.1 |
|---|---|---|---|---|---|
| De-SO$_2$/% | | | | | |
| De-NO$_x$/% | | | | | |

### 5．烟气相对湿度（RH）对 SO$_2$、NO$_x$脱除率的影响

**表7 烟气的相对湿度对 SO$_2$、NO$_x$脱除率的影响**

烟气流量（标态）：12 000 m$^3$/h    烟气温度：60±5℃    电压峰值：120 kV
重复频率：400 Hz    NH$_3$化学计量比：1.0

| RH/% | 50 | 60 | 70 | 80 | 90 |
|---|---|---|---|---|---|
| De-SO$_2$/% | | | | | |
| De-NO$_x$/% | | | | | |

### 6．相同脉冲平均功率下（P×R），不同重复频率和峰值电压对 SO$_2$、NO$_x$脱除率的影响

**表8 相同脉冲平均功率下（P×R），不同重复频率和峰值电压对 SO$_2$、NO$_x$脱除率的影响**

烟气流量（标态）：16 000 m$^3$/h    烟气温度：60±5℃    相对湿度：80%    NH$_3$化学计量比：1.0

| P×R | 120×100 | 100×120 | 110×109 | 130×92 | 140×86 |
|---|---|---|---|---|---|
| De-SO$_2$/% | | | | | |
| De-NO$_x$/% | | | | | |

### 7. 不同 $SO_2$ 浓度对 $NO_x$ 脱除率的影响

**表 9　不同 $SO_2$ 浓度对 $NO_x$ 脱除率的影响**

烟气流量（标态）：12 000 $m^3$/h　　　烟气温度：60±5℃　　　相对湿度：80%

电压峰值：120 kV　　　重复频率：400 Hz

| $\varphi_1/10^{-6}$ | 500 | 1 000 | 1 500 | 2 000 | 2 500 |
|---|---|---|---|---|---|
| De-$SO_2$/% | | | | | |
| De-$NO_x$/% | | | | | |

### 六、注意事项

1. 除尘器可采用一般的静电除尘器，产物收集器也与静电除尘器相似，但由于副产物的黏附性及脱硫脱硝后烟气的湿度较大，温度较低，因此需要在副产物收集器中增加清灰装置（机械清灰、声波清灰等），副产物收集器外部增加保温装置，同时，要求副产物收集器具有良好的防腐性。

2. 在验证影响脱硫脱硝效率的主要参数时，注意单一变量。

### 七、思考题

1. 从实验结果可以得出哪些结论？
2. 实验中还可以考虑哪些影响脱硫脱硝效率的因素？
3. 设计正交实验。

### 八、延伸拓展

烟气来源广泛，而热等离子体在烟气的脱硫脱硝方面潜力巨大。大量的研究和应用已经实施，有力地推动了现有技术的发展和等离子体技术烟气净化性能的提升。等离子体技术与催化剂和吸附剂等技术组合能有效地提高烟气中 $SO_2$、$NO_x$ 的去除率，在处理过程中添加 $NH_3$ 能显著提高去除效果。目前对等离子体烟气脱硫脱硝的研究集中在以下几个方面：①能耗高是等离子体技术一直存在的问题，因此，研发与反应器更为匹配的电源尤为重要；②进一步进行工业催化剂的筛选实验，寻找或制备出脱硫脱硝效果更佳、来源广泛、价格低廉的工业催化剂；③烟气脱硫脱硝后的物理、化学特性发生了比较大的变化，在收集过程中可能出现二次电流为零、除尘性能恶化等。因此，需要寻找合适的副产品捕集方法。

# 实验十一　甲苯的光催化净化

近年来涂料行业是挥发性有机物（VOCs）污染防治的重点行业，甲苯是涂料废气中的主要污染物。光催化技术被认为是最有应用前景的绿色环境净化技术之一。二氧化钛（$TiO_2$）在近紫外线区吸光系数大、催化活性高、氧化能力强、光催化作用持久、化学性质稳定、耐磨、硬度高、造价低、而且对人体和环境不会造成任何伤害，是应用最广泛的光催化剂。利用二氧化钛作为光催化剂催化净化甲苯是去除甲苯的有效方法。近年来，光催化技术逐渐在室内空气污染及工业废水净化处理方面得到应用。

## 一、实验目的与要求

1. 了解半导体光催化材料的制备及其在紫外光下的反应原理。
2. 掌握光催化实验的基本方法，并通过实验计算光催化方法对于甲苯的净化效率。

## 二、实验原理

光催化净化技术原理如图 1 所示，主要是利用光催化剂吸收外界辐射的光能，使其直接转变为化学能。选择光催化剂要考虑成本、化学稳定性、抗光腐蚀能力、光匹配性等多种因素。目前最好的光催化剂是含 70%锐钛矿型和 30%金红石型的晶体粒子 $TiO_2$。

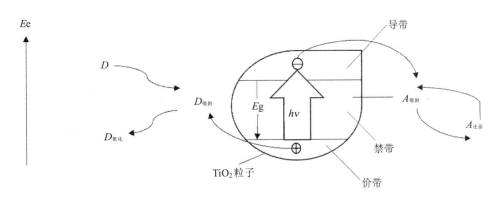

*Eg*——禁带宽度；*Ee*——照射光能量。

**图 1　光催化净化技术原理**

半导体光激发带间跃迁和量子效率与金属相比，半导体能带是不连续的，价带（VB）和导带（CB）之间存在一个禁带。用作光催化剂的半导体大多为金属氧化物和硫化物，一般具有较大的禁带宽度，有时称为宽带隙半导体。当能量大于 $TiO_2$ 禁带宽度的光照射半导体时，光激发电子跃迁到导带，形成导带电子（$e^-$），同时在价带留下空穴阶（$h^+$）。由于半导体能带的不连续性，电子和空穴的寿命较长，它们能够在电场作用下或通过扩散的方式运动，与吸附在半导体催化剂粒子表面上的物质发生氧化还原反应，或者被表面晶格缺陷俘获。空穴和电子在催化剂粒子内部或表面也能直接复合。空穴能够同吸附在催化剂粒子表面的 HO 或 $H_2O$ 发生作用生成羟基自由基 HO·。HO·是一种活性很高的粒子，能够无选择地氧化多种有机物并使之矿化，通常被认为是光催化反应体系中主要的氧化剂。

### 三、实验装置、仪器和试剂

#### 1. 催化剂活性评价系统

催化剂活性评价系统包括三部分：气体发生部分、催化反应器和气体分析装置。图 2 是评价系统示意图。气体发生装置产生含有确定量污染物的气体，由载体气体携带通过流量计，然后与通过流量计的定量空气混合进入光催化反应器中，在紫外灯照射下发生光催化反应，通过气相色谱检测反应器进口和出口的污染物浓度的变化，从而确定光催化反应器的净化效率。

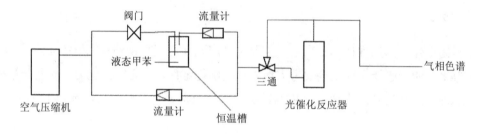

**图 2　催化剂活性评价系统**

（1）气体发生部分

对于气相反应，采用标准气体作为反应物时系统更为稳定。但是常温下甲苯为液态，而且该反应对气体量要求较大，因此采用标准气体造价也较高。在反应过程中利用液态有机物饱和蒸气压的性质生成气体并定量。Antoine 方程被公认为正确和简捷的方程，是用于关联大量蒸气压数据的最佳方程之一：

$$\lg p_v = A - \frac{B}{C+t} \tag{1}$$

式中：$p_v$——挥发性有机物的饱和蒸气压，kPa；

　　　$t$——温度，℃；

　　　$A$、$B$、$C$——常数，可在相关物理化学手册上查到。

根据此公式计算可得到某一温度下液态 VOCs 的饱和蒸气压。

本实验利用这一原理，通过设定相应恒温槽的温度，计算出甲苯的饱和蒸气压，得到挥发出的甲苯气体。调节通过甲苯的空气与主路空气的流量比例，就可以获得不同浓度的甲苯气体。用改变空气通过低温恒温槽中去离子水的流量来调节污染气体的相对湿度。

（2）光催化反应器

实验所用的光催化反应器是自行设计的。反应器材质为不锈钢（$Cr_{18}Ni_9Ti$）和聚四氟乙烯。反应器主体（不包括两端法兰长度）总长为 500 mm，内径为 66 mm，壁厚为 5 mm。反应器两端为法兰密闭连接，方便放入催化剂和紫外灯管。反应器底部的布气板上均匀分布了直径为 1 mm 的布气孔。用来作为激发光源的紫外灯管置于反应器的中心，两端用聚四氟乙烯做绝缘。将涂覆了二氧化钛薄膜的铝箔卷成筒状沿反应器的内壁放置。发生催化反应期间，反应器内部的温度和压力可以由热电偶和压力表实时显示。

实验中所用的紫外灯有两种：

① 15W 的黑光灯：主要输出波长 265 nm，相应最大输出光强为 2.47 $mW/m^2$，灯管直径 26 mm，长 400 mm。

② 15W 的灭菌灯：主要输出波长为 254 nm，相应最大输出光强为 9.29 $mW/m^2$，灯管直径 23 mm，长 400 mm。

（3）气体分析装置

本实验采用日本岛津（SHIMADZU）公司生产的配有氢火焰离子检测器（FID）的 GC-17A 型气相色谱仪分析，并配有相应的 Class-GC10 工作站。色谱柱采用美国 J&W 公司生产的毛细柱（Porapak Q），长 30 m，直径 0.32 mm。实验过程中采用的色谱条件如下：

①色谱柱温度：210℃。

②检测室温度：230℃。

③载气（He）流量：75 mL/min。

④燃气（$H_2$）流量：60 mL/min。

⑤助燃气（空气）流量：50 mL/min。

⑥分流比：1。

⑦保留时间：6.496 s。

### 2. 仪器

（1）高精度天平：JA2003 型，上海精科天平。

（2）恒温磁力搅拌器：85-1 型，江苏荣华仪器制造有限公司。

（3）电热鼓风干燥箱：101 型，江苏东台市电器制造厂。

（4）马弗炉：CKW-1100 型，具有自动开始、自动结束、温度数字式设定与程序控制等功能，北京市朝阳自动化仪表厂。

### 3. 试剂

详见表 1。

表 1 催化剂制备过程所需药品

| 试剂名称 | 化学式 | 相对分子质量 | 纯度/% | 等级 |
|---|---|---|---|---|
| 钛酸四丁酯 | $[CH_3(CH_2)_3O]_4Ti$ | 340.36 | ≥99 | AP |
| 硝酸 | $HNO_3$ | 63.01 | 65~68 | AP |
| 无水乙醇 | $C_2H_5OH$ | 46.07 | ≥99.7 | AP |
| 氢氧化钠 | $NaOH$ | 40 | ≥96 | AP |
| 醋酸锌 | $Zn(CH_3COO)_2 \cdot 2H_2O$ | 219.50 | ≥99 | AP |
| 聚乙二醇 | $HOCH_3(CH_2)_nCH_2OH$ | 6000 | ≥99.5 | AP |
| 硝酸铟 | $In(NO_3)_3 \cdot 4.5\ 2H_2O$ | 381.92 | ≥99.5 | AP |
| 硝酸银 | $AgNO_3$ | 169.87 | ≥99.8 | AP |
| 硝酸铁 | $Fe(NO_3)_3 \cdot 9H_2O$ | 404 | ≥98.5 | AP |
| 硝酸锰 | $Mn(NO_3)_2$ | 178.95 | 49~51 | AP |
| 钨酸铵 | $N_5H_{37}W_6O_{24} \cdot H_2O$ | 1 602.7 | ≥85 | CP |
| 氯铂酸 | $H_2PtCl_6 \cdot 6H_2O$ | 517.81 | ≥99.5 | AP |
| 四氯化锡 | $SnCl_4 \cdot 6H_2O$ | 350.88 | ≥99 | AP |
| 去离子水 | $H_2O$ | 18 | — | — |

## 四、实验步骤

### 1. 催化剂的制备

（1）铝片的预处理

本实验采用金属铝片作为载体材料，铝片的厚度为 0.1 mm，长宽尺寸为 210 mm×400 mm。使用前先用砂纸将铝片表面打磨，再用 5.0 mol/L 的 NaOH 溶液处理。这样既可除去其表面的 $Al_2O_3$，又可以增加铝片表面的粗糙度，使 $TiO_2$ 更易附着。处理完毕后用去离子水清洗表面，放在烘箱内烘干，冷却后待用。

（2）涂覆溶胶的制备

采用溶胶-凝胶（sol-gel）法，具体制备步骤如下：

①准确量取 40 mL 的钛酸四丁酯，溶于 100 mL 无水乙醇中，充分搅拌混合均匀，再加入 8 mL 乙酰丙酮，继续搅拌。

②在上述溶液中加入 0.8 mL 浓硝酸和 20 mL 去离子水，继续搅拌混合均匀，得到溶液 A。

③准确称量 1.877 g 聚乙二醇（相对分子质量 6 000），将其溶于 100 mL 无水乙醇中，稍微加热并搅拌使其完全溶解，得到溶液 B。

④将溶液 B 缓慢加入溶液 A 中，充分搅拌，使其完全混合。

⑤得到稳定的涂覆溶胶后，放到暗处陈化 2 h，待用。

以上是制备纯 $TiO_2$ 催化剂的步骤。在 $TiO_2$ 改性修饰实验中，制备掺杂金属或半导体的溶胶溶液时，要按照掺杂金属离子或半导体氧化物的前驱物与 $TiO_2$ 的物质的量之比计算其所需量，并在步骤③后将其加入溶液 B 中。如果加入的为水溶液或乙醇溶液，可减少同量的去离子水或无水乙醇。

（3）涂覆铝片

将经过预处理并称重的铝片在按步骤（2）配制好的溶胶中浸泡 5 min，再以 10 cm/min 的速度匀速地将铝箔垂直提拉出液面。这样，在铝箔表面会附着一层均匀透明的溶胶膜。将铝片放入马弗炉中，在 200℃下焙烧 30 min，重复以上步骤 7 次，直至铝箔表面形成一定厚度的固定相薄膜。在一定范围内，薄膜的厚度随浸涂次数的增加而增加。本实验中铝片共涂覆 8 次。

将涂覆好的铝片放入马弗炉中，按 2℃/min 的速度将温度升至 550℃，并在此温度下焙烧 3 h，冷却后得结晶相薄膜。铝片负载的催化剂的质量可以通过涂覆前后铝片的质量差确定。$TiO_2$ 薄膜催化剂的制备流程见图 3。

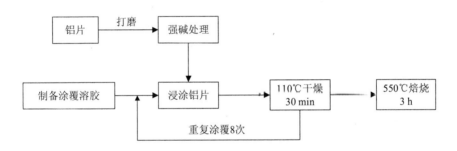

图 3　$TiO_2$ 薄膜催化剂的制备流程

**2．催化剂活性评价**

（1）实验系统稳定性实验

为了证明实验数据的可靠性，在进行活性评价实验之前，首先需要评定反应系统的稳定性：

①打开气相色谱和工作站，设置相应的测定条件。

②设定恒温槽温度为 6℃，在已洗净晾干的饱和罐中倒入一定量的液态甲苯。

③连接系统各部分。

④用皂膜流量计校准质量流量计的实际流量。

⑤根据理论计算结果调节各气路的流量，调节 3 路气体的流量来达到实验所需气体的体积分数、流量和相对湿度，使甲苯的体积分数约为 $10 \times 10^{-6}$，并使通过反应器的气体总流量为 1 L/min 左右。

⑥反应气体不通过反应器，而是直接由旁通管道经过气相色谱，每 8 min 测定一次甲苯体积分数（因为甲苯的出峰时间在 7 min 左右）。

⑦安装紫外灯管，并沿反应器四壁放置涂覆有光催化剂的铝片，插入热电偶，装好反应器。

⑧待旁通气体的体积分数和相对湿度都达到实验需要时，转动三向阀，使甲苯气体进入反应器。

⑨每隔一定时间（10 min 左右）测定反应器出口甲苯体积分数，直至其基本保持不变，此时系统达到吸附平衡状态。

⑩系统达到平衡后，可开始进行催化剂活性评价反应。

（2）催化剂活性评价

①在系统达到吸附稳定后打开紫外灯，同时开始计时。

②在 5 min 时转动六通阀进样，记录甲苯峰面积。

③之后每隔 8 min 进样一次并记录实验结果。

④待所得峰面积基本保持稳定时结束实验，关闭紫外灯以及其他相关设备、气瓶。

### 3. 操作条件对光催化效率的影响

通过改变紫外灯、处理气量、进气体积分数和相对湿度，分别测定这些因素对甲苯净化效率的影响，探索最佳的操作条件。

## 五、实验数据记录与整理

### 1. 催化剂活性评价

#### 表2　实验时间对光催化效率的影响

紫外灯波长：254 nm　　　处理气量：____L/min　　　甲苯初始体积分数：____×10^{-6}　　　相对湿度：____%

| 实验时间/min | 5 | 13 | 21 | 29 | 37 | … |
|---|---|---|---|---|---|---|
| 排气体积分数/10^{-6} |  |  |  |  |  |  |
| $\eta$/% |  |  |  |  |  |  |

### 2. 光催化效率的影响因素

（1）紫外灯对光催化效率的影响

#### 表3　紫外灯对光催化效率的影响

处理气量：1.0 L/min　　　　　甲苯初始体积分数：10×10^{-6}　　　　　相对湿度：40%

| 紫外灯波长/nm | 254 | 365 |  |  |
|---|---|---|---|---|
| 排气体积分数/10^{-6} |  |  |  |  |
| $\eta$/% |  |  |  |  |

（2）处理气量对光催化效率的影响

**表4　处理气量对光催化效率的影响**

紫外灯波长：254 nm　　　　　　　　甲苯初始体积分数：$10×10^{-6}$　　　　　　相对湿度：40%

| 处理气量/（L/min） | 0.6 | 0.8 | 1.0 | 1.2 | 1.4 | … |
|---|---|---|---|---|---|---|
| 排气体积分数/$10^{-6}$ | | | | | | |
| $\eta$/% | | | | | | |

（3）进气体积分数对光催化效率的影响

**表5　进气体积分数对光催化效率的影响**

紫外灯波长：254 nm　　　　　　　　处理气量：1.0 L/min　　　　　　相对湿度：40%

| 甲苯初始体积分数/$10^{-6}$ | 20.0 | 40.0 | 60.0 | 80.0 | … | |
|---|---|---|---|---|---|---|
| 排气体积分数/$10^{-6}$ | | | | | | |
| $\eta$/% | | | | | | |

（4）相对湿度对光催化效率的影响

**表6　相对湿度对光催化效率的影响**

紫外灯波长：254 nm　　　　　　　　处理气量：1.0 L/min　　　　甲苯初始体积分数：$10×10^{-6}$

| 相对湿度/% | 20 | 40 | 60 | 80 | … | |
|---|---|---|---|---|---|---|
| 排气体积分数/$10^{-6}$ | | | | | | |
| $\eta$/% | | | | | | |

表6中的反应条件均为近似条件，可根据实际情况进行修改。

## 六、注意事项

1. 大多数挥发性有机物的蒸气压仅仅是温度的函数，一定温度下液体的饱和蒸气压可以从相关的物理化学手册上查到，或者利用一些关联式和经验公式加以计算。

2. 模拟污染气体中甲苯的体积分数，用配有氢火焰检测器（FID）的气相色谱仪进行分析。将气相色谱测出的甲苯色谱峰面积代入标准曲线方程，就可以求出相应的有机物浓度。

## 七、思考题

1. 绘制光催化效率随各因素变化的曲线。这些因素是如何影响光催化效率的？最佳的操作条件是什么？

2. 实验中还可以考虑哪些因素对关催化效率的影响？

### 八、延伸拓展

以甲苯为代表的 VOCs 污染室内空气的问题越来越受到重视。光催化净化技术作为一种高级空气净化技术，具有能耗低、反应条件温和等优点，被认为是极具应用潜质的室内空气净化技术之一。但在实际应用中，由于室内空气中甲苯浓度较低，反应物在催化剂表面富集浓度较小，甲苯的光催化净化速率通常很慢，单纯利用光催化氧化技术难以实现室内空气快速净化的需求。近年来，关于光催化净化技术的研究集中在尝试将 $TiO_2$ 光催光催化剂负载到活性炭（AC）以及活性炭纤维（ACF）等吸附剂载体上，制备具有吸附性能的新型光催化剂，利用吸附和光催化的协同作用，实现污染物在吸附剂载体上的富集，加快光催化净化速率。

# 实验十二　生物洗涤塔降解挥发性有机物

VOCs 主要来自有机化工原料的加工和使用过程、有机质的不完全燃烧过程以及汽车尾气的排放。VOCs 成分复杂，其对人体健康的影响一直受到重视。此外，VOCs 还可与 $NO_x$ 发生光化学反应，引起光化学污染，并通过吸收红外线引起温室效应。减少 VOCs 排放的技术基本上可以分成两类：一是以改进技术、更换设备和防止泄漏为主的预防性措施；二是以末端治理为主的控制性措施。传统的 VOCs 控制技术包括燃烧法、吸收法、冷凝法和吸附法等，而生物净化技术是近年来发展起来的新技术。本实验以生物洗涤塔去除氯苯为例，了解污染物负荷对降解性能的影响。

### 一、实验目的与要求

1. 进一步提高对生物法控制 VOCs 原理的认识。
2. 掌握生物法降解 VOCs 处理系统的初步设计方法。
3. 熟悉 VOCs 的气相色谱分析方法。

### 二、实验原理

#### 1. VOCs 的生物净化

VOCs 生物净化过程的实质是附着在滤料介质上的微生物在适宜的环境条件下，利用废气中的有机成分作为碳源和能源，维持其生命活动，并将有机物分解为 $CO_2$ 和 $H_2O$ 的过程。气相主体中的 VOCs 首先经历由气相到固/液相的传质过程，然后才在固/液相中被微生物降解。

用来进行气体污染物降解的微生物种类繁多，自生物滤塔运行初期，微生物对有机物有一个适应过程，其种群及数量分布逐步向处理目标有机物的微生物转化。通常情况下，对易降解有机物，大约需驯化 10 d；对于难降解有机物，必须接种相应微生物，才能缩短培养驯化周期，确保生物降解正常运行。生物法处理 VOCs 的工艺系统有生物洗涤塔、生物滴滤塔和生物过滤塔等。

本实验以生物洗涤塔为例，研究污染负荷（处理气体流量和 VOCs 质量浓度）对降解性能的影响。考虑到实验时间的限制，可将学生分成几组，要求每组学生各完成一种处理气量（不同的进气 VOCs 质量浓度）的实验测定，并在实验数据整理中将各组数据汇总，得到不同停留时间下的降解效率，进而绘出生物洗涤塔的操作曲线。

### 2．比降解速率

比降解速率（$\gamma$）是表征生物洗涤塔降解性能的关键性参数，它直接反映了装置内微生物对有机物的降解能力和有机物的活性，$\gamma$ 越大，表明微生物对有机物的降解能力越强。公式如下：

$$\gamma = \frac{Q(\rho_{in} - \rho_{out})}{XV} \tag{1}$$

式中：$\gamma$ ——比降解速率，$h^{-1}$；

　　　$\rho_{in}$ ——进口质量浓度，$mg/m^3$；

　　　$\rho_{out}$ ——出口质量浓度，$mg/m^3$；

　　　$Q$ ——气体流量，$m^3/h$；

　　　$X$ ——污泥挥发性悬浮固体质量浓度（MLVSS），$mg/L$；

　　　$V$ ——装置内活性污泥的体积，本实验中 $V$=4 L。

### 三、实验装置和仪器

#### 1．装置与流程

本实验系统流程如图 1 所示。洗涤器由内径 100 mm、高 600 mm 的有机玻璃塔组成，塔底有气体分布器，塔中为活性污泥溶液，液体高度为 500 mm，有效体积为 4 L。氯苯气体采用吹脱法配制，来自供气系统的压缩空气经气体分布器分为主气流和辅气流，主气流进入氯苯吹脱瓶，将氯苯溶液鼓泡挥发，与辅气流进入气体混合瓶充分混合后，形成氯苯气体，通过调整主气流和辅气流的比例来控制浓度。配好的氯苯气体由气体分布器进入洗涤器，被活性污泥中的微生物降解，进而得到净化。降解前后气体中氯苯的浓度由带火焰离子化检测器（FID）的气相色谱仪进行测定。

系统在室温下运行，气体流量 $Q$=0.03～0.25 $m^3/h$，入口氯苯质量浓度低于 500 $mg/m^3$，活性污泥溶液的 pH 通过定期加入 $Na_2CO_3$ 溶液来调整，控制在 6～8，营养元素通过定期加入营养液来控制。营养液为含有 $Na_2HPO_4$、$NH_4Cl$、$FeCl_3$、$NaCl$ 和 $MgSO_4$ 的营养液，控制 C：N：P=100：5：1，以维持微生物正常生长和较强的降解能力。

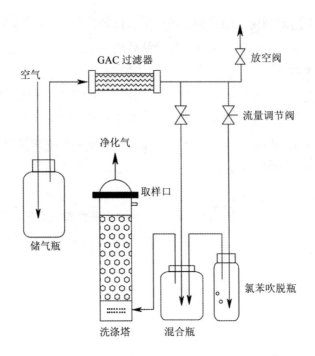

**图 1　生物洗涤塔降解氯苯工艺流程**

## 2．仪器

（1）气相色谱仪：带火焰离子化检测器（FID），1 台。

（2）pH 计：1 台。

（3）分析天平：1 台。

（4）干燥箱：1 台。

## 四、实验步骤

### 1．预备实验：污泥驯化

在自然环境下，氯苯属于难生物降解的物质，因此要选择适宜的环境条件，用氯苯对活性污泥进行培养、驯化，使其具有降解的功能。接种石化污水处理厂二沉池中的活性污泥于洗涤器中，加入葡萄糖和 N、P 营养液，控制有机负荷与污泥质量浓度的比例在 0.2～0.7 的范围内，培养 10 d。10 d 后开始驯化，利用氯苯作为碳源，逐步替代葡萄糖，驯化 20 d 左右。此后，加入活性污泥，提高装置中的污泥浓度，40 d 后开始运行生物洗涤器。

### 2．氯苯生物降解性能实验

（1）运行生物洗涤塔，利用流量调节阀调节气体流量，并通过调节主气流和辅气流的比例来控制入口氯苯质量浓度，使实验条件满足：气体质量浓度为 50～500 mg/m³，气体流量为 0.03～0.25 m³/h。

（2）稳定运行 30 min 后，记录气体流量，测定进出口氯苯质量浓度，气相色谱的具体操作步骤参考使用手册。同时测定活性污泥质量浓度（MLVSS），采用烘干称重法。

（3）调节气体流量及分配比例，使其满足预备实验条件，测定在一定气体流量下、不同进口氯苯质量浓度 $\rho_0$（由低到高选取 6 组）时对应的出口气体氯苯质量浓度 $\rho$。同时测定活性污泥质量浓度（MLVSS）。

（4）实验结束后，整理好实验用的仪表、设备。计算、整理实验资料，并填写实验报告。

### 五、实验数据记录与整理

1．处理气体流量和停留时间。

表 1　实验结果记录

塔径____m　　　截面积____m²

| 实验次数 | 气体流量 $Q$/（m³/h） | 停留时间 $t$/s | 入口质量浓度 $\rho_0$/（mg/m³） | 氯苯负荷 $W$/（mg/h） | 出口质量浓度 $\rho$/（mg/m³） | 降解效率 $\eta$/% | MLVSS/（mg/L） | 比降解速率 $\gamma$/h |
|---|---|---|---|---|---|---|---|---|
| 1 | | | | | | | | |
| 2 | | | | | | | | |
| 3 | | | | | | | | |
| 4 | | | | | | | | |
| 5 | | | | | | | | |
| 6 | | | | | | | | |

2．绘制降解效率随进气浓度的变化曲线 $\eta$-$\rho_0$。

3．绘制生物洗涤塔的操作曲线（$\eta$-$\tau$-$\rho_0$）。

前已述及，由于实验时间所限，每组学生实验只能获得一组 $\eta$-$\rho_0$ 数据。因此，需等各组实验全部结束后，取所有数据进行整理，绘制生物洗涤塔的操作曲线。

4．绘制比降解速率随负荷的变化曲线（$\gamma$-$W$）。

### 六、注意事项

1．降解过程中产酸，较低的 pH 抑制了微生物的活性，使氯苯的生物降解减弱，为此在洗涤塔运行过程中必须投加 pH 缓冲药剂，维持污泥正常 pH 范围。

2．装置中氯苯的降解反应为一级反应，降解速率常数 $k$=0.631 h$^{-1}$，表明污泥对氯苯有较强的降解能力，污泥 MLVSS/MLSS 由驯化初期的 0.5 增至 0.7，保证装置的稳定运行。

## 七、思考题

1. 当负荷增加时，降解效率会怎样变化？
2. 根据曲线分析降解效率随停留时间的变化关系。
3. 根据操作曲线，设计一套处理能力为 1 000 $m^3/h$ 的氯苯废气处理系统。

## 八、延伸拓展

中国环境监测总站提出了反映我国环境特征的环境优先污染物，共有 14 类 68 种，其中有机物占 12 类 58 种，VOCs 占有机物总数的 50%。生物洗涤塔降解技术是去除 VOCs 最有效的方法之一，被广泛用于各个行业 VOCs 的去除。此外，生物处理有机废气的主要工艺还有生物滴滤池、生物过滤床等。不同成分、浓度及气量的 VOCs 各有其有效的生物净化系统。生物洗涤塔适宜于处理净化气量较小、浓度大、易溶且生物代谢速率较低的废气；对于气量大、浓度低的废气可采用生物过滤床；而对于负荷较高以及污染物降解后会生成酸性物质的则以生物滴滤池更适合。与常规处理法相比，生物净化方法具有设备简单、运行费用低、较少形成二次污染等优点，特别是在处理低浓度、生物可降解的气态污染物时具有很大的优势，有着广阔的应用前景。

# 第七章 固体废物处理处置与资源化实验

  《固体废物处理处置与资源化》是环境科学与工程类专业必修的一门专业主干课程，实验是该课程教学的重要组成部分，是理论与实践相结合的专业辅助课程。开设固体废物处理处置与资源化实验的主要目的是通过实验手段培养学生对固体废物处理处置与资源化过程的理解与分析能力，配合理论课程掌握目前固体废物处理处置与资源化领域的基本概念与基本理论，学习固体废物处理处置与资源化相关的预处理、资源化及污染控制技术、方法、仪器和设备。从多方面、多角度对固体废物的测定、分析、处理等进行实验，内容主要包括实验教学基本要求、固体废物的采样和制样、浸出液制备等基础和生活垃圾的处理技术。学习如何用实验方法判断固体废物处理处置与资源化过程的性能和规律，引导学生了解实验课程在固体废物处理处置与资源化研究、技术开发过程中所起的作用，使学生获得用实验方法研究固体废物处理与处置新工艺、新技术和新设备的独立工作能力。在实验过程中，要求学生深化理论知识，做到理论联系实际，加强学生的动手操作能力，进一步培养学生正确和良好的实验习惯和严谨的科研作风，为今后走向工作岗位打下坚实基础。

## 实验一 固体废物的破碎实验

### 一、实验目的与要求

1．了解固体废物破碎的目的和颚式破碎机的工作原理。
2．掌握固体废物破碎效果的评价计算方法。

### 二、实验原理

#### 1．破碎的目的

  固体废物破碎是利用外力克服固体废物质点间的内聚力而使大块固体废物分裂成小块的过程。磨碎是使小块固体废物颗粒分裂成细粉的过程。固体废物经破碎和磨碎后，粒度变得小而均匀，其目的如下：

  （1）使固体废物的容积减小，便于运输和储存；

（2）为固体废物的分选提供符合要求的入选粒度，以便有效地回收固体废物中的某种成分；

（3）使固体废物的比表面积增加，提高焚烧、热分解、熔融等作业的稳定性和热效率；

（4）为固体废物的下一步加工做准备；

（5）用破碎后的生活垃圾进行填埋处置时，压实密度高而均匀，提高填埋场的利用效率；

（6）防止粗大、锋利的固体废物损坏分选、焚烧和热解等设备或炉膛。

**2．破碎比**

在破碎过程中，固体废物粒度与破碎后产物粒度的比值称为破碎比。破碎比表示废物粒度在破碎过程中减小的倍数，即表示废物被破碎的程度。

在工程设计中，常采用固体废物破碎前的最大粒度（$D_{max}$）与破碎后产物的最大粒度（$d_{max}$）之比来计算破碎比。这一破碎比称为极限破碎比。通常，根据最大物料直径来选择破碎机给料口的宽度。

$$i = \frac{\text{固体废物破碎前最大粒度（}D_{max}\text{）}}{\text{破碎产物的最大粒度（}d_{max}\text{）}} \tag{1}$$

在理论研究中，破碎比常采用固体废物破碎前的平均粒度（$D_{cp}$）与破碎后产物的平均粒度（$d_{cp}$）之比来计算。

$$i = \frac{\text{固体废物破碎前平均粒度（}D_{cp}\text{）}}{\text{破碎产物的平均粒度（}d_{cp}\text{）}} \tag{2}$$

这一破碎比称为真实破碎比，能比较真实地反映固体废物的破碎程度。

（1）颚式破碎机

破碎固体废物常用的破碎机类型有颚式破碎机、冲击式破碎机、辊式破碎机、剪切式破碎机、球磨机及特殊破碎设备等。本实验采用的是颚式破碎机。

颚式破碎机是一种古老的破碎设备，由于其具有构造简单、工作可靠、制造容易、维修方便等优点，所以至今仍获得广泛应用。颚式破碎机通常按照可动颚板（动颚）的运动特性来进行分类，工业中应用最广的主要有以下类型：①动颚做简单摆动（简摆式）的双肘板机构的颚式破碎机［图1（a）］；②动颚做复杂摆动（复摆式）的单肘板机构的颚式破碎机［图1（b）］；③近年来，液压技术在破碎设备上得到应用，出现了液压颚式破碎机［图1（c）］。

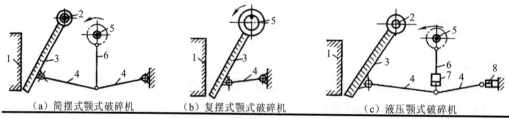

（a）简摆式颚式破碎机　　（b）复摆式颚式破碎机　　（c）液压颚式破碎机

1—固定颚板；2—动颚悬挂轴；3—可动颚板；4—前（后）推力板；5—偏心轴；
6—连杆；7—连杆液压油缸；8—调整液压油缸。

**图1 颚式破碎机主要类型**

1）简单摆动颚式破碎机

图 2 为国产 2 100 mm×1 500 mm 简单摆动颚式破碎机（简摆型）的构造图。它主要由机架、工作机构、传动机构、保险装置等部分组成。皮带轮带动偏心轴旋转时，偏心顶点牵动连杆上下运动，也就牵动前后推力板做舒张及收缩运动，从而使动颚时而靠近固定颚，时而又离开固定颚。动颚靠近固定颚时就对破碎腔内的物料进行压碎、劈碎及折断。破碎后的物料在动颚后退时靠自重从破碎腔内落下。

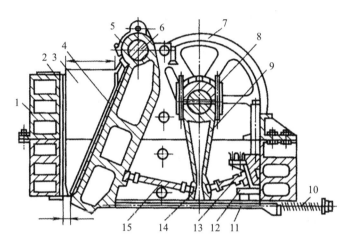

1—机架；2—破碎齿板；3—侧面衬板；4—破碎齿板；5—可动颚板；6—心轴；7—飞轮；8—偏心轴；9—边杆；10—弹簧；11—拉杆；12—砌块；13—后推力板；14—肘板支座；15—前推力板。

**图 2　简单摆动颚式破碎机**

2）复杂摆动颚式破碎机

图 3 为复杂摆动颚式破碎机（复摆型）的构造。从构造上看，复杂摆动颚式破碎机与简单摆动颚式破碎机的区别只是少了一根动颚悬挂的心轴。动颚与连杆合为一个部件，没有垂直连杆，肘板也只有一块。可见，复杂摆动颚式破碎机构造简单，但动颚的运动却较简单摆动颚式破碎机复杂，动颚在水平方向有摆动，同时在垂直方向也有运动，是一种复杂运动，故称复杂摆动颚式破碎机。

复杂摆动颚式破碎机的优点是破碎产品较细，破碎比大（一般可达 4～8，简单摆动颚式破碎机只能达 3～6）。规格相同时，复摆型比简摆型破碎能力高 20%～30%。

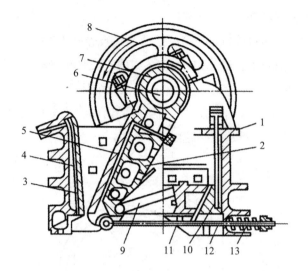

1—机架；2—可动颚板；3—固定颚板；4、5—破碎齿板；6—偏心转动轴；7—轴孔；8—飞轮；9—肘板；

10—调节楔；11—楔块；12—水平拉杆；13—弹簧。

**图3 复杂摆动颚式破碎机**

### 三、实验仪器与设备

1．简单摆动颚式破碎机及复杂摆动颚式破碎机各 1 台。

2．手筛筛子规格 100 mm×40 mm，筛孔 80 mm、50 mm、20 mm、10 mm、5 mm 和 3 mm 各 1 个。

3．体积测量桶 1 个。

4．台式天平（10 kg）1 台。

5．钢尺数把。

### 四、实验步骤

#### 1．实验准备

各实验小组分别自取中等硬度的岩石、矿石或建筑废料若干，要求最大尺寸不超过 10 cm。

#### 2．实验过程

（1）用台式天平称量破碎原料的质量；

（2）用体积量测桶测量破碎原料的体积；

（3）用合适的手筛对破碎原料进行筛分；

（4）用钢尺测量破碎原料的最大粒度；

（5）利用颚式破碎机对破碎原料进行破碎；

（6）收集破碎后的全部物料；

（7）对收集后的破碎料进行称重、量测体积、筛分和量测最大粒度尺寸；

（8）清扫实验场地卫生，倾倒破碎料，摆放好实验设备和仪器。

## 五、实验数据记录与分析

### 1. 实验记录

表 1　破碎实验记录表

| 测量项目 | 质量 | 体积 | 最大粒度 | 粒径分布/mm | | | | | | |
|---|---|---|---|---|---|---|---|---|---|---|
| | | | | <3 | 3～5 | 5～10 | 10～20 | 20～50 | 50～80 | ≥80 |
| 破碎前 | | | | | | | | | | |
| 破碎后 | | | | | | | | | | |

### 2. 实验结果分析

（1）计算极限破碎比与真实破碎比；

（2）绘制破碎前后的粒径分布曲线；

（3）计算破碎前后的堆积密度。

## 六、注意事项

1. 机体安装基础必须牢靠、平整，以防机体受力不均引起破裂。

2. 试车前必须检查破碎机的各个紧固件是否紧固，用手转动皮带轮观其是否灵活，发现不正常，查明原因应予以排除方可试车。

3. 试车必须空载试车，空载试车时旋动小手轮以检查调节机构是否灵活、有无润滑油，空载 10 min 后无异常现象方可使用。

4. 破碎物料的硬度最好不要超过中等硬度，以免加快零件的磨损而减少设备寿命。

5. 为了出料方便，安装时可适当提高整机的安装高度。

## 七、思考题

1. 简述固体废物破碎的目的和颚式破碎机的特点。

2. 简述固体废物破碎产物平均粒度的计算方法。

## 实验二　固体废物的压实实验

### 一、实验目的与要求

1. 了解固体废物压实的工作原理。
2. 掌握固体废物压实效果的计算和评价方法。

### 二、实验原理

压实是利用机械的方法减少固体废物的孔隙率，将其中的空气挤压出来增加固体废物的聚集程度。以城市固体废物为例，压实前密度通常为 $0.1 \sim 0.6$ t/m³，经过压实器或一般压实机械压实后密度可提高到 1 t/m³ 左右。因此，对大型固体废物或中空性固体废物进行压实处理后减容化效果明显。

压实操作的具体压力大小可以根据待处理固体废物的物理性质（如易压缩性、脆性等）而定。一般开始阶段，随着压力的增加，物料的密度会迅速增加，以后这种变化会逐步减弱，且有一定限度。实践证明未经破碎的原生城市生活垃圾，压实密度极限值约为 1.1 t/m³。因此，比较经济可行的办法是先破碎再进行压实，这样可以很大程度上提高压实效率，即用比较小的压力取得相同的增加密度效果。目前，压实已成为一些国家处理城市生活垃圾的一种现代化方法。该方法不仅便于运输，而且还具有可减轻环境污染和节省填埋或储存场地等优点。

固体废物经压实处理后，体积减小的程度叫压缩比。固体废物压缩比取决于固体废物的种类及施加的压力。一般压缩比为 $3 \sim 5$。同时采用破碎与压实技术可使压缩比增加到 $5 \sim 10$。为评价压实效果，比较压实技术与压实设备的效率，常用下述指标来表征固体废物的压实程度。

#### 1. 孔隙比与孔隙率

固体废物可看作由各种固体物质颗粒及颗粒之间充满空气孔隙共同构成的集合体。由于固体颗粒本身孔隙较大，而且许多固体物料有吸收能力和表面吸附能力，因此固体废物中水分子主要都存在于固体颗粒中，而不存在于孔隙中，不占据体积。因此，固体废物的总体积（$V_m$）就等于包括水分在内的固体颗粒体积（$V_s$）与孔隙体积（$V_v$）之和。即

$$V_m = V_s + V_v \tag{1}$$

则固体废物的孔隙比（$e$）可以定义为

$$e = \frac{V_v}{V_s} \tag{2}$$

在实际生产操作中用得最多的参数是孔隙率（$\varepsilon$），可以定义为

$$\varepsilon = \frac{V_v}{V_m} \tag{3}$$

孔隙比或孔隙率越低，则表明压实程度就越高，相应的密度就越大。孔隙率的大小是评价固体废物堆肥化处理工艺供氧、透气性及焚烧过程物料与空气接触效果的重要参数。

### 2. 湿密度与干密度

忽略空气中的气体质量，固体废物的总质量（$W_h$）就等于固体物质质量（$W_s$）与水分质量（$W_w$）之和，即

$$W_h = W_s + W_w \tag{4}$$

则固体废物的湿密度（$D_w$）可由式（5）确定：

$$D_w = \frac{W_w}{V_m} \tag{5}$$

固体废物的干密度（$D_d$）可用式（6）确定：

$$D_d = \frac{W_s}{V_m} \tag{6}$$

实际上，固体废物收运及处理过程中测定的质量通常都包括水分，故固体废物的密度一般均是指湿密度。压实前后固体废物的密度及其变化率大小，是度量压实效果的重要参数，同时也相对容易测定。

### 3. 体积减少百分比

体积减少的百分比（$R$）一般用式（7）表示：

$$R = [(V_i - V_f)/V_i] \times 100\% \tag{7}$$

式中：$R$——体积减少百分比，%；

$\quad\quad V_i$——压实前废物的体积，$m^3$；

$\quad\quad V_f$——压实后废物的体积，$m^3$。

### 4. 压缩比与压缩倍数

压缩比（$r$）可以定义为

$$r = \frac{V_i}{V_f} \quad (r \leqslant 1) \tag{8}$$

显然，$r$ 越小，表明压实效果越好。

压缩倍数（$n$）可定义为

$$n = \frac{V_i}{V_f} \quad (n > 1) \tag{9}$$

可以看出，$n$ 与 $r$ 互为倒数，$n$ 越大表明压实效果越好。在工程上，一般习惯用 $n$ 表

征压实效果。

### 三、实验仪器

1. 垃圾压实机 1 台。
2. 钢尺若干把。
3. 体积测量桶 1 个。
4. 台式天平（kg 级）1 台。

### 四、实验步骤

#### 1. 实验准备

每个实验小组分别取一定量生活垃圾，要求最大尺寸不超过 10 cm。

#### 2. 实验过程

（1）用台式天平测量待压实垃圾的质量；

（2）用体积测量桶测量压实前垃圾的体积；

（3）将待压实的垃圾放入压实机中，开启电机进行压实，压实过程中需不定时记录压实压力与压实后的垃圾厚度；

（4）完成压实后，取出压实垃圾；

（5）测量压实后垃圾的体积和质量。

### 五、实验数据记录与分析

#### 1. 实验记录

表 1  垃圾压实前后的变化

| 测量项目 | 压实前 | | 压实后 | | |
|---|---|---|---|---|---|
| | 质量/kg | 体积/m³ | 质量/kg | 体积/m³ | 渗滤液产量/mL |
| 试样 1 | | | | | |
| 试样 2 | | | | | |

表 2  垃圾压实过程中压实力与垃圾厚度的变化

| 序号 | | | | | | | | |
|---|---|---|---|---|---|---|---|---|
| 压实力/MPa | | | | | | | | |
| 垃圾厚度/cm | | | | | | | | |

#### 2. 实验结果分析

（1）绘制压实力与垃圾密度的关系曲线；

（2）计算压实处理之后垃圾的压缩比和压缩倍数；

（3）绘制垃圾压实过程的物料平衡图。

## 六、注意事项

1. 选取生活垃圾时应适当控制压实垃圾中塑料瓶的数量。

2. 在压实过程中密切注意压实机的状态，避免过度压实导致设备损坏。

## 七、思考题

试对压实结束时生活垃圾在压实器中的密度与取出后的密度进行比较，分析压实生活垃圾密度回弹的原因，提出控制措施。

# 实验三　垃圾渗滤液的水质分析实验

## 一、实验目的与要求

1. 了解按不同方式运行的填埋场垃圾渗滤液的污染特征及变化规律。

2. 了解填埋场渗滤液处理的必要性。

## 二、实验原理

垃圾渗滤液又称渗沥水或渗沥液，是指垃圾在堆放或填埋过程中由于发酵、雨水的淋溶和冲刷以及地表水和地下水的浸泡而滤出的污水。垃圾渗滤液具有有机污染物浓度高、氨氮含量较高（厌氧填埋场）、磷含量偏低、金属离子含量较高、总溶解性固体含量较高、色度较高、水质随填埋时间变化较大等特点。

描述垃圾渗滤液水质的主要指标包括 pH、色度、总固体、总溶解性固体、总悬浮固体、硫酸盐、氨态氮、凯氏氮、氯化物、磷、BOD、COD 以及重金属等。本实验对渗滤液的 pH、COD 和氨氮等常规指标进行测定。

其中，pH 采用玻璃电极法测定，色度采用稀释倍数法测定，COD 采用 COD 测定仪测定，氨氮采用氨氮测定仪测定。

## 三、实验仪器

1. pH 计。

2. 烧杯、移液管若干。

3. 50 mL 具塞比色管一套。

4. COD 测定仪。

5. 氨氮测定仪。

## 四、实验步骤

### 1. 实验准备

分别从生活垃圾中转站、相关实验室采集垃圾中转站渗滤液以及按不同方式运行的垃圾填埋场（一般为厌氧、好氧、准好氧 3 种运行方式）产生的垃圾渗滤液若干。

按照仪器说明书熟悉 pH 计、COD 测定仪和氨氮测定仪的使用方法和操作注意事项。

### 2. 实验过程

（1）观察各渗滤液水样，定性描述各水样的颜色、嗅味特征；

（2）用 pH 计分别测定各实验垃圾渗滤液的 pH；

（3）用稀释倍数法测定各实验垃圾渗滤液的色度；

（4）用 COD 测定仪测定各实验垃圾渗滤液的 COD 浓度；

（5）用氨氮测定仪测定各实验垃圾渗滤液的氨氮浓度。

## 五、实验数据记录与分析

### 1. 实验记录

表 1    垃圾渗滤液水质监测实验记录

| 序号 | 1 | 2 | 3 | 4 |
|---|---|---|---|---|
| 样品来源 | | | | |
| 颜色 | | | | |
| 嗅味 | | | | |
| pH | | | | |
| 色度 | | | | |
| COD | | | | |
| 氨氮 | | | | |

### 2. 实验结果分析

比较各垃圾渗滤液水样的色度、COD 和氨氮浓度，并进行相应排序。

## 六、注意事项

1. 使用 pH 计分析前应进行校准；

2. 比色时比色皿外壁必须保持清洁干净，不能有溶液、污渍或水痕存在；

3. COD 测定仪消解系统应提前开启进行升温，到达设定温度后再使用。

### 七、思考题

1．比较不同运行方式、不同填埋时间的垃圾渗滤液与垃圾中转站渗滤液水质特征的差异，分析说明其原因。

2．试提出不同类型垃圾渗滤液的处理方案。

# 实验四　垃圾渗滤液污染物在包气带中的迁移实验

## 一、实验目的与要求

1．了解包气带对垃圾渗滤液中污染物的净化机理。

2．了解垃圾渗滤液通过包气带土层后污染物浓度的变化规律。

## 二、实验原理

垃圾渗滤液具有污染物浓度高、难处理、处理费用高等特点，其污染物包括有机污染物、氨氮、金属离子和总溶解性固体等。

垃圾渗滤液直接排放可对地表水造成污染，若填埋场防渗系统不健全或损坏还可能对填埋场场址区地下水造成污染。在进入场址区地下水以前，渗滤液会运移通过填埋场防渗层和介于防渗层和地下水含水层之间的包气带。

在防渗层和下部包气带系统中，垃圾渗滤液中的污染物的阻滞和迁移主要受下列物理、化学和生物机理的影响：

**1．物理机理**

（1）对流。污染物以渗流平均流速随渗滤液一起运移的现象就叫对流。因对流而迁移的污染物数量与渗滤液污染物浓度和渗流平均流速成正比。

（2）水动力弥散。水动力弥散包括分子扩散和机械弥散两部分。

分子扩散是由污染物浓度梯度引起的污染物组分从高浓度向低浓度运移的现象。当渗滤液流速很低的时候，扩散就成为污染物的主要迁移过程。

机械弥散是由于渗滤液在土壤孔隙中流动时因污染物的流速矢量的大小和方向不同而引起相对于平均流速的离散现象。它主要是由单个孔隙通道中流速分布呈抛物线形、渗流通道孔径大小不一样和孔隙本身的弯曲现象所引起。

（3）物理吸附。物理吸附是因防渗层和下部包气带中细粒土的范德华力、水动力和电动特性联合作用所引起的污染物滞留现象。相对其他机理而言，物理吸附对污染物的阻滞作用相对较小，但它是细菌和病毒的一个重要去除过程。

（4）过滤作用。黏土防渗层和下部包气带土粒间孔隙较小，能通过过滤作用去除垃圾渗滤液中的悬浮固体、金属沉淀、细菌以及部分病毒。

### 2. 化学机理

（1）沉淀-溶解反应。该反应可在渗滤液通过防渗层和下部包气带时控制垃圾渗滤液中污染物的浓度并限制污染物总量。污染物的迁移与阻滞受沉淀-溶解平衡状态方程决定，若污染物浓度高于平衡浓度则产生沉淀使污染物运移受到阻滞；反之，当垃圾渗滤液中污染物浓度低于平衡浓度时也会使沉淀溶解而增加污染物的迁移。

沉淀-溶解反应对垃圾渗滤液中微量金属的迁移转化特别重要。根据防渗层和下部包气带土-水系统所处氧化还原状态的不同，可生成碳酸盐沉淀、硫化物沉淀和氢氧化物沉淀。在 pH 呈中性或碱性的环境中，通过形成沉淀而使金属受到阻滞的作用更加明显。

（2）化学吸附。化学吸附是由于化学键作用使垃圾渗滤液中污染物质吸附到防渗层黏土颗粒表面的作用。化学吸附具有明显的选择性，它是不可逆的，因而化学吸附对污染物起阻滞作用。

（3）络合反应。络合反应是指金属离子同无机阴离子和有机配位体形成无机络合离子和金属络合物的反应。络合反应可从两个方向影响垃圾渗滤液中污染物的迁移和阻滞：一方面通过形成可溶络合离子大大增加污染组分在溶液中的浓度；另一方面，若形成的络合物特别是有机螯合物存在于固体物质表面和溶液之间，则垃圾渗滤液中污染组分浓度会大大降低。

（4）离子交换。由于土壤黏土矿物晶格中阳离子的取代（如硅氧四面体中部分 $Si^{4+}$ 被 $Al^{3+}$ 取代，铝氧八面体中部分 $Al^{3+}$ 被 $Fe^{2+}$ 或 $Mg^{2+}$ 取代）而使晶体中产生了过剩的负电荷即永久性负电荷。当形成黏土矿物时，为平衡负电荷就会在晶层表面上吸附 $K^+$、$Na^+$、$Ca^{2+}$、$Mg^{2+}$ 等阳离子补偿永久负电荷。当黏土颗粒与垃圾渗滤液接触时，垃圾渗滤液中的阳离子就可能与黏土颗粒表面的阳离子产生离子交换反应，高价阳离子置换低价阳离子，半径大的阳离子置换等价但半径小的阳离子，此外，离子交换还受质量作用定律的支配。

离子交换能力通常用交换容量 CEC（100 g 土样吸附离子的毫摩尔数）来表示，一般 CEC 受黏土矿物组成、有机物种类和数量以及土/水溶液的 pH 影响。三种主要黏土的离子交换能力大小排序为：蒙脱石＞伊利石＞高岭石。在垃圾渗滤液中 $Ca^{2+}$、$Mg^{2+}$、$K^+$、$Na^+$ 浓度通常比微量金属浓度高，因而，这些微量金属不能成功竞争 $K^+$、$Na^+$、$Ca^{2+}$、$Mg^{2+}$ 等金属离子占据的离子交换位置，所以与其他机理相比，离子交换去除微量金属效果并不显著。

实质上，吸附（包括物理吸附）、络合和离子交换过程是很难区分的，通常这三种机理都归结为一个机理来加以考虑。

（5）氧化还原反应。当垃圾渗滤液中的氧化还原电位与土壤溶液中的氧化还原电位不同时就会发生污染物的氧化还原反应。氧化还原环境的不同会影响微量金属的滞留以及硫、氮的不同化合物存在方式之间的转化。

（6）化学降解。一些污染物（一般是易降解有机物）在没有微生物参加的情况下发生分解反应而转化成毒性小或无毒的形式。

### 3．微生物活动

微生物活动对污染物的迁移影响显著，氧化还原反应、矿化作用、沉淀-溶解反应以及络合反应都在一定程度上归功于微生物活动，特别是通过微生物的生物降解，复杂有机化合物经过一系列反应后会分解成简单有机物甚至无机物而使有机污染物得到很大幅度的去除。

通过垃圾渗滤液在包气带土层中迁移的实验，理解上述作用机理对垃圾渗滤液污染物去除和净化效果的影响，认识填埋场选址对地下水水位要求的重要性。本实验仅对垃圾渗滤液和渗出液的 pH、色度、COD、氨氮等指标和渗出量进行测定。其中，pH 采用玻璃电极法测定，色度采用稀释倍数法测定，COD 采用 COD 测定仪测定，氨氮采用氨氮测定仪测定，垃圾渗滤液渗出量的测定用量筒来完成。

### 三、实验仪器

1．模拟土柱装置。

2．pH 计。

3．不同规格量筒、烧杯、移液管若干。

4．50 mL 具塞比色管 一套。

5．COD 测定仪。

6．氨氮测定仪。

### 四、实验步骤

#### 1．实验准备

（1）取若干土料（以砂土为宜），取出石头、瓦块等粒度较大的颗粒物后，摊铺晾干。在有机玻璃制成的模拟土柱中装入土料，注意控制装土压实密度，过密将延长实验时间，过松将影响净化效果，装土完毕后量测土层厚度；

（2）取适量垃圾渗滤液，稀释到 COD 质量浓度约 2 000 mg/L 备用。

#### 2．实验过程

（1）用稀释倍数法、pH 计、COD 测定仪和氨氮测定仪分别测量稀释后的垃圾渗滤液的色度、pH、COD 和氨氮质量浓度；

（2）将稀释后的垃圾渗滤液注入模拟土柱装置上部，保持垃圾渗滤液水头约 10 cm，同时记录时间；

（3）观察并记录垃圾渗滤液湿润峰面随时间的运移情况；

（4）垃圾渗滤液从土柱底部渗出后，立即记录时间，并取样进行 pH、色度、COD 和氨氮浓度的监测。以后每隔一定时间对渗滤液渗出量和渗出液浓度进行同步监测，前期监测间隔时间可稍短（10～20 min），后期时间间隔可适当延长（30～60 min）。

## 五、实验数据记录与分析

### 1. 实验记录

（1）垃圾渗滤液湿润峰面的运移记录

表 1　垃圾渗滤液湿润峰面的运移记录

| 时间/min | | | | | | | |
|---|---|---|---|---|---|---|---|
| 峰面运移距离/cm | | | | | | | |

（2）垃圾渗滤（出）液污染物浓度监测记录

表 2　垃圾渗滤（出）液污染物浓度监测记录

垃圾渗滤液注入时间：　　　　　　　　垃圾渗滤液渗出时间：

| 序号 | 0 | 1 | 2 | 3 | 4 | 5 | 6 | 7 | 8 | 9 | 10 |
|---|---|---|---|---|---|---|---|---|---|---|---|
| 取样时间 | 进水 | | | | | | | | | | |
| 时间差 | | | | | | | | | | | |
| 渗透水量/mL | | | | | | | | | | | |
| 渗透速率/（mL/min） | | | | | | | | | | | |
| pH | | | | | | | | | | | |
| 色度 | | | | | | | | | | | |
| COD/（mg/L） | | | | | | | | | | | |
| $NH_3$-N/（mg/L） | | | | | | | | | | | |

### 2. 实验结果分析

（1）绘制注水后垃圾渗滤液湿润峰面的运移距离随时间的变化曲线；

（2）分别绘制渗出液 COD、氨氮质量浓度随时间的变化曲线以及土柱对垃圾渗滤液中 COD、氨氮的去除效率的变化曲线。

## 六、注意事项

1. 土料的放置过程中需要排除大颗粒物。

2. 保证土层适宜的密实程度。

## 七、思考题

1. 随着实验的进行，垃圾渗滤液湿润峰面在土柱中运移速率逐渐变慢，试分析其原因。

2. 若实验土料变为施工防渗层用的黏土，实验结果会有哪些差异？

3. 若该实验长期运行，试想实验结果的变化趋势如何并说明理由。

# 实验五　餐厨垃圾好氧堆肥化处理实验

## 一、实验目的与要求

1．了解影响堆肥化的主要因素。
2．熟悉进行堆肥化所需的原料。
3．掌握堆肥过程控制的工艺参数。
4．掌握判断堆肥化、稳定化的方法。

## 二、实验原理

堆肥化是指利用自然界中广泛存在的微生物，通过人为的调节和控制，促进可生物降解的有机物向稳定的腐殖质转化的生物化学过程。堆肥化的产物称为堆肥，但有时也把堆肥化简单地称作堆肥。

通过堆肥化处理，我们可以将有机物转变成有机肥料或土壤调节剂，实现固体废物的资源化转化。堆肥化的最终产物已经稳定化，对环境不会造成危害。因此，堆肥化是有机废弃物稳定化、资源化和无害化处理的有效方法之一，好氧堆肥生化反应过程如图 1 所示。

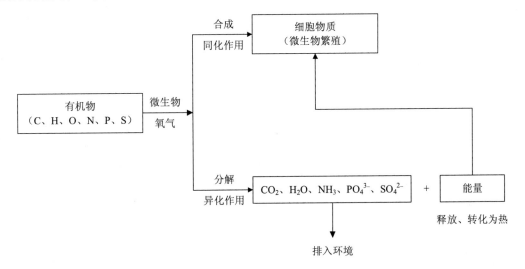

**图 1　好氧堆肥生化反应过程**

## 三、实验仪器与试剂

### 1. 实验材料

实验所用堆肥原料取自大学学生食堂的餐厨垃圾，包括各种蔬菜、水果的根、茎、叶、皮、核等，以及少量剩饭、剩菜。此外，还需一些锯末用于调节含水率和 C/N 比。

### 2．堆肥反应器

直径 200 mm，高 500 mm，有效工作体积 15.7 L，由一台 200 W 气泵供气，带有温度计和氧传感器，可自动测量堆肥温度、进气和排气中 $O_2$ 的体积分数，并与数据检测记录仪和计算机相连，实现温度和 $O_2$ 体积分数数据的自动记录分析。

### 3．测定内容

（1）初始和堆肥结束时，堆肥材料的含水率（MC）、总固体（TS）、挥发性固体（VS）、碳氮比（C/N）；

（2）堆肥过程中，堆肥材料的温度、进气和排气中 $O_2$ 体积分数。

### 4．分析和记录仪器

烘箱、马弗炉、天平、TC 和 TN 测定仪、数据检测记录仪、计算机、便携式 $O_2$ 测定仪。

### 5．分组安排

本实验由 8 人一组开展实验。

### 6．实验时间

由于本实验需要延续较长的时间，并且在整个过程中都需要进行数据采集和分析，故把整个实验分成两个部分；第一个实验是餐厨垃圾的准备和装料；第二个实验是过程中和结束时的数据采集、检测和结果分析。

## 四、实验步骤

### 1．准备材料

从学生食堂收集餐厨垃圾，切碎成 1～2 cm 后，先测定其 MC、TS、VS、C/N。影响堆肥化过程的因素很多，主要包括通风供氧量、含水率、温度、有机质含量、颗粒度、碳氮比、碳磷比、pH 等。对餐厨垃圾垃圾而言，本实验只对 MC 和 C/N 进行调节。根据测定结果对堆肥原料进行调理，通过添加锯末调节 MC 至 60%，C/N 比保持在 20～30。

### 2．装料和通气

把经过调理准备好的堆肥原料装入反应器中，盖好上盖，开始启动气泵通气。通过气体流量计控制通风量在 0.2 m³/min 左右，或控制排气中 $O_2$ 体积分数在 14%～17%。

### 3．温度和 $O_2$ 体积分数采集记录

利用温度计和氧传感器分别测量堆肥温度、进气和排气中 $O_2$ 体积分数，由数据检测记录仪记录数据，设定 1 h 测定 1 次。

### 4．翻堆

观察堆肥温度的变化，当堆肥温度由环境温度上升到最高温度（60～70℃），之后下降到接近环境温度不再变化时，终止通气，把堆肥物料取出，进行第一次翻堆，把原料充

分翻动、混合后再放回反应器中，盖好上盖，重新启动气泵通气。

### 5. 稳定化判定

当堆肥温度再次上升到一定温度，之后又下降到接近环境温度时，并且进气和排气中 $O_2$ 体积分数基本相同时，表明堆肥的好氧生物降解活动已基本结束。此时，使用便携式 O/C 测定仪测定堆肥物料的相对耗氧速率（相对耗氧速率是指单位时间内氧在气体中体积分数的减少值，单位：$\Delta O_2$%/min），若相对耗氧速率基本稳定在 0.02%/min 左右时，表明堆肥已达稳定化。

### 6. 指标测定

从反应器中取出堆肥物料，测定 MC、TS、VS、C/N 等。

## 五、实验数据记录与分析

堆肥稳定化的判定指标有多种，主要包括感观标准、VS、C/N、温度、化学需氧量、耗氧速率等。本实验依据感观标准和相对耗氧速率进行判定，而用 TS、VS、C/N 作为参考指标，考查在堆肥达到稳定时，TS、VS 和 C/N 的变化情况。

堆肥的安全性主要考虑其无害化卫生要求。在此方面，我国对堆肥温度、蛔虫卵死亡率和粪大肠菌数有规定要求。但一般情况下，通过监测堆肥过程中堆肥温度的变化，保证堆肥过程中大于 55℃ 的堆温持续 5 d 以上，就可灭杀大部分有害病原菌，基本满足安全卫生要求。因此，本实验通过监测堆体温度进行卫生安全性判定。

表 1 餐厨垃圾特性指标记录

| 样品序号 | 1 | 2 | 3 | 4 |
|---|---|---|---|---|
| MC/% | | | | |
| TS/（mg/L） | | | | |
| VS/（mg/L） | | | | |
| 碳氮比 C/N | | | | |

表 2 堆肥处理主要工艺参数记录

| 时间间隔/h | 1 | 2 | 3 | 4 | 5 | … | n |
|---|---|---|---|---|---|---|---|
| 温度/℃ | | | | | | | |
| $O_2$/% | | | | | | | |
| 通风量/（$m^3$/min） | | | | | | | |

表 3 堆肥产品指标记录

| 样品序号 | 1 | 2 | 3 | 4 |
|---|---|---|---|---|
| TS/（mg/L） | | | | |
| VS/（mg/L） | | | | |
| C/N | | | | |
| 相对耗氧速率/（$\Delta O_2$%/min） | | | | |

## 六、注意事项

1. 保证堆肥物料的搅拌混合均匀。
2. 通过调整通风量，控制堆体处于适宜的温度和氧浓度。
3. 注意观察气泵的稳定运行情况，保证堆肥过程的通风。

## 七、思考题

1. 堆肥过程中臭气浓度增加，可以采用何种方式进行调节？
2. 堆肥过程中通风操作有哪些作用？

# 实验六　生活垃圾产量与组分测定实验

## 一、实验目的与要求

1. 熟悉生活垃圾组分类型，能够计算生活垃圾产生量。
2. 掌握生活垃圾产量的测定方法。
3. 掌握生活垃圾组分的调查方法。

## 二、实验原理

生活垃圾产生量和组分特性受诸如经济发展水平、受教育水平、人数、季节等因素的影响。在校园里，由于社会成员组成相对单一，故而生活垃圾产量和特性相对稳定，产量主要受人数的影响，组分特性主要受学生生活习惯的影响。因此，通过对宿舍生活垃圾产量和组分调查，一方面，让学生掌握生活垃圾产量和组分的调查方法；另一方面，加强学生对生活垃圾特性影响因素的理解，并掌握生活垃圾产量的计算。

## 三、实验仪器

台秤或电子秤。

## 四、实验步骤

### 1. 宿舍生活垃圾的收集
收集宿舍 3 d 产生的生活垃圾。

### 2. 宿舍生活垃圾产量的称量和计算
垃圾收集结束后，对生活垃圾产生量 $m$（g）进行称量，并统计宿舍人数 $n$（人）。宿舍生活垃圾人均产生率 $r$ 计算：

$$r = \frac{m}{3n} \quad (\text{g/人}) \tag{1}$$

## 3. 宿舍生活垃圾组分比例计算

按照表 1，对生活垃圾组分进行分拣、称量和计算。计算组分 $i$ 的湿基质量比：

$$w_i = \frac{m_i}{m} \times 100\% \tag{2}$$

式中：$w_i$——$i$ 组分质量分数，%；

　　　$m_i$——$i$ 组分质量，g；

　　　$m$——生活垃圾产生量，g，$m = \sum m_i$。

## 五、实验数据记录与分析

1. 根据调查的宿舍生活垃圾产生率，计算某大学学生宿舍年生活垃圾产生量。

2. 根据宿舍生活垃圾组分特征，计算某大学每年可回收生活垃圾（包括纸类、橡胶类、玻璃类、金属类）的产生量，有机生活垃圾（包括厨余类、木竹类）的产生量，不可回收生活垃圾（包括灰土类、其他类、混合类）的产生量。

**表 1　宿舍生活垃圾组分统计**

| 序号 | 类别 | 说明 | 湿基质量/g | 湿基质量分数/% |
|---|---|---|---|---|
| 1 | 厨余类 | 各种动植物类食品（包括各种水果）的残余物 | | |
| 2 | 纸类 | 各种废弃的纸张及纸制品 | | |
| 3 | 橡胶类 | 各种废弃的塑料、橡胶、皮革制品 | | |
| 4 | 纺织类 | 各种废弃的布类（包括化纤布）、棉花等纺织品 | | |
| 5 | 木竹类 | 各种废弃的木竹制品、作物秸秆、树枝柴木等 | | |
| 6 | 灰土类 | 灰砂、尘土等 | | |
| 7 | 砖瓦陶瓷类 | 各种废弃的砖、瓦、瓷、石块、水泥块等块状制品 | | |
| 8 | 玻璃类 | 各种废弃的玻璃、玻璃制品 | | |
| 9 | 金属类 | 各种废弃的金属、金属制品（不包括各种纽扣电池） | | |
| 10 | 其他类 | 各种废弃的电池及其包装物等 | | |
| 11 | 混合类 | 粒径小于 10 mm 的，按上述分类比较困难的混合物 | | |
| | | 合计 | | |

## 六、注意事项

1. 保证每天采样的时间、地点一致。

2. 垃圾袋收集时主要避免袋体破口。

## 七、思考题

1. 学校宿舍生活垃圾组分有哪些特征？
2. 宿舍生活垃圾实施分类收集后，可创造哪些效益？

# 第八章　环境土壤学实验

环境土壤学是一门综合性学科。环境土壤学是环境问题出现以后在土壤学和环境科学中发展起来的一门综合性交叉学科，它起源于土壤环境保护的理论与实践的研究，作为环境科学类的专业基础课程，在学生的知识构建中起着十分重要的作用。环境土壤学实验是基于环境土壤学学习与研究的需要，目前国内各高校环境土壤学实验均以验证性的基础实验为主，它是一门综合性很强的课程，包括化学、生物学、物理等多方面的内容。环境土壤学及其实验课程作为高校环境工程专业学生的必修课，在培养创新性专业人才方面具有非常重要的作用。环境土壤学实验既是验证环境土壤学理论的主要载体，又是为环境土壤学实践培养人才的必经之路。选择合适的实验和教学方法是高水平地完成教学任务、提高实验教学质量的前提。

## 实验一　土壤样品采集和预处理

土壤样品的采集与制备是土壤分析工作中的一个重要环节。实验方法直接影响分析结果的准确性及应用价值，因此，必须按科学的方法进行采样和制备。通过实验，重点使学生初步掌握耕层土壤混合样品的采集和制备方法。

### 一、实验目的与要求

1. 初步了解观察土壤剖面的意义。
2. 基本了解土壤剖面的设置、挖掘和观察。
3. 掌握土壤样品采集的方法实验仪器。

### 二、实验仪器

小铁铲；布袋（或塑料袋）；标签；铅笔；尺子；锤子；镊子；土壤筛（18目；60目）；广口瓶；研钵；盛土盘等。

## 三、实验步骤

### （一）土壤样品采集

根据不同的研究目的，选取不同的采样方法。

#### 1. 研究土壤肥力

（1）采取混合样品：采样时须按一定的采样路线进行。采样点的分布应做到"均匀"和"随机"；布点的形式以蛇形最好，在地块面积小、地势平坦、肥力均匀的情况下，可采用对角线或棋盘式采样路线，如图1所示。采样点要避免地埂边、路旁、沟边、挖方、填方及堆肥等特殊地方；采样点的数目一般应根据采样区域大小和土壤肥力差异情况，酌情采集5～20个点。

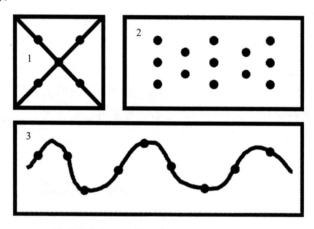

1—对角线布点法；2—棋盘式布点法；3—蛇形布点法。

**图1  土壤采样布点路线**

（2）采样方法：采样点确定后，刮去2～3 mm的表土，用土钻或小铁铲垂直入土15～20 cm。每点的取土深度、质量应尽量一致，将采集的土样集中在盛土盘中，粗略选去石砾、虫壳、根系等物质，混合均匀，采用四分法，除去多余的土，直至所需要数量为止，一般每个混合土样的质量约1 kg。

（3）采样时间：如果土壤测定是为了解决随时出现的问题，应随时采样；为了摸清土壤养分变化和作物生长规律，即按作物生育期定期采样；为了制订施肥计划而进行土壤测定时，在作物收获前后或施基肥前进行采样；若要了解施肥效果，则在作物生长期间，施肥前后进行采样。

（4）装袋与填写标签：所采土样装入布袋中，填写标签两份，一份贴在布袋外，一份放入布袋内，标签应写明采样地点、深度、样品编号、日期、采样人、土样名称等。同时将此内容登记在专门的记录本上备查。

#### 2. 研究土壤形成发育

（1）在野外先确定区域地形及具体剖面位置，在草图上注明采集位置，在样品袋内写明野外条件，如地形、位置、利用情况、研究目的等。

（2）采样时应分层取样，不得混合，各层采样深度与每个层段深度不一致，采样只选择其中最典型的部分，一般取 0～10 cm，不取过渡层，过渡层只作野外研究，不做化学分析。

（3）采样由下到上，这样可避免采取上层土样时，土块落下干扰下层。每个样品（每层）需采 1 kg。特别注意采样深度记载按实际采样深度计，如土壤剖面的耕作层是 0～30 cm，采样部位实际上是 5～15 cm，记载以后者为准。

（4）研究土壤发育剖面样品，不能在同一类型土壤与性质相近或相同的土壤上采取土样进行混合，只能每个剖面样品单独采取，独立分析，以免使土壤的差异在混合的过程中受到掩盖。

#### 3. 研究土壤与植物的关系

即作物营养诊断。每采一个植株样品，同时取该植株的根际土壤。为更好地反映土壤与作物的关系，应在采样后马上分析，不宜久置，大面积采样，应当由多点样品（约 1 kg）混合，用四分法取得均匀样品约 100 g，小区取样，最后取 50 g 左右。

#### 4. 研究土壤障碍因素的取样

大面积毒质危害应多点采样混合，应取根附近的土壤；局部毒质危害，可根据植株生长情况，按好、中、差分别进行土壤与植株样品同时采取。

### （二）土壤样品的制备

#### 1. 风干剔杂

除速效养分、还原物质以及微生物性质的测定需用新鲜样品外，其余均采用风干土样，以抑制微生物活动和化学变化，便于长期保存。

风干土样的处理方法：将新鲜土样铺平放在木板上或光滑的厚纸上，厚 2～3 cm，放置在阴凉、通气、清洁的室内风干。严禁暴晒或受到酸、碱气体等物质的污染，应随时翻动，捏碎大土块，剔除根茎叶、虫体、新生物、侵入体等，经过 5～7 d 后可达风干要求。

#### 2. 磨细过筛

将风干后的土样平铺在木板上，用木棒碾碎，边磨边筛，直到全部通过 1 mm（18 目）为止。石砾和石块切勿弄碎，必须筛去，少量可弃去，多量时，应称其质量，计算其百分含量。过筛后土样经充分混匀后，用四分法分成两份，一份供 pH、速效养分等测定，另一份继续仔细挑弃残存的植物根等有机体，然后磨细至全部通过 0.25 nm（60 目）筛孔，又按四分法取出 50 g 左右供有机质、全氮测定使用。

### 3. 装瓶储存

过筛后的两份土样分别混合后，装入具有磨口塞的广口瓶中，内外各附标签一张，标签上写明土壤样品编号、采集地点、土壤名称、深度、筛孔号、采集人及日期等。在保存期间应避免日光、高温、潮湿及酸碱气体的影响和污染，有效期一年。

### 四、实验数据处理

根据土样处理结果，计算土壤石砾含量。

$$石砾含量（\%）= \frac{石砾重量}{土壤总重量} \times 100\% \tag{1}$$

### 五、思考题

土壤样品的采集与制备在土壤分析工作中有什么意义？

### 六、注意事项

1. 每一点采取的土样厚度、深浅、宽狭应大体一致。

2. 各点都是随机决定的，在田间观察了解情况后，随机定点可以避免主观误差，提高样品的代表性，一般按 S 形线路采样，并按耕作、施肥等措施顺着一定的方向进行。

3. 采样地点应避免田边、路边、沟边和特殊地形的部位以及堆过肥料的地方。

4. 一个混合样品是由均匀一致的许多点组成的，各点的差异不能太大，不然就要根据土壤差异情况分别采集几个混合土样，使分析结果更能说明问题。

5. 一个混合样品重在 1 kg 左右，如果重量超出很多，可以把各点采集的土壤放在一个木盆里或塑料布上用手捏碎摊平，用四分法对角取两份混合放在布袋或塑料袋里，其余可弃去，附上标签，用铅笔注明采样地点、采土深度、采样日期、采样人，标签一式两份，一份放在袋里，一份扣在袋上。与此同时要做好采样记录。

## 实验二　土壤湿度、pH 的测定

土壤水分是土壤的重要组成部分，也是影响土壤肥力的主要因素。土壤含水量的多少，直接影响土壤的固、液、气三相比，以及土壤的理化性质。在土壤分析工作中，由于土壤理化性质的分析结果的换算多以烘干土为基准，因此需要测定湿土或烘干土的水分含量。土壤湿度在农业生产中是进行土壤水分管理的重要依据。

pH 的化学定义是溶液中 $H^+$ 离子活度的负对数。土壤 pH 是土壤酸碱度的强度指标，是土壤的基本性质和肥力的重要影响因素之一。它直接影响土壤养分的存在状态、转化和有效性，从而影响植物的生长发育。土壤 pH 易于测定，常用作土壤分类、利用、管理和改良的重要参考。同时在土壤理化分析中，土壤 pH 与很多项目的分析方法和分析结果有密切关系，因而是审查其他项目结果的一个依据。

## I  土壤湿度的测定

### 一、实验目的与要求

1．掌握土壤水分状况的测定方法。

2．了解土壤水分状况。

### 二、实验原理

#### 1．烘干法原理

在 105℃的温度下吸湿水蒸发，而结构水不会被破坏，土壤有机质也不被分解。因此，将土壤样品置于 105±2℃下烘至恒重，根据其烘干前后质量之差，就可以计算出土壤水分含量。

#### 2．酒精燃烧法原理

利用酒精在土样中燃烧释放出的热量，使土壤水分蒸发干燥，通过燃烧前后的质量之差，计算出土壤水分含量。酒精燃烧在火焰熄灭前几秒钟，即火焰下降时，土温才迅速上升到 180~200℃。然后温度很快降至 85~90℃，再缓慢冷却。由于高温阶段时间短，样品中有机质及盐类损失很少。故此法测定土壤水分含量有一定的参考价值。

### 三、实验仪器与试剂

分析天平；角匙；烘箱；干燥器；铝盒；量筒；无水酒精；滴管；玻璃棒；酒精；火柴等。

### 四、实验步骤

#### 1．烘干法步骤

（1）取有盖的铝盒，洗净，放入干燥器中冷却至室温，称重（$W_1$），并注意贴好标签，以防弄错。

（2）用角匙取过 1 mm 筛孔的风干土样 4~5 g（精确至 0.001 g），铺在铝盒中（或称样皿中）进行称重（$W_2$）。

（3）将铝盒盖打开，放入恒温箱中，在 105±2℃的温度下烘 8 h 左右。

（4）盖上铝盒盖子，放入干燥器中 20~30 min，使其冷却至室温，取出称重。

（5）打开铝盒盖子，放入恒温箱中，在 105±2℃的温度下再烘 2 h，冷却，称重至恒重（$W_3$）。

## 2. 酒精燃烧法步骤

称取土样 5 g 左右（精确度 0.01 g），放入已知质量的铝盒中。向铝盒中滴加酒精，浸没土面为止，振摇使土样均匀分布于铝盒中。将铝盒放在石棉铁丝网或木板上，点燃酒精，在即将燃烧完时用玻璃棒轻轻翻动土样，以助其燃烧。待火焰熄灭，样品冷却后，再滴加 2 mL 酒精，进行第二次燃烧，再冷却，称重。一般情况下，要经过 3~4 次燃烧后，土样才达到恒重。

## 五、实验数据记录与整理

### 1. 数据记录

表 1　结果记录

| 项目 | 重复次数 | | | |
|---|---|---|---|---|
| | 1 | 2 | 3 | 空白 |
| 器皿质量（$W_1$）/g | | | | |
| 器皿+风干土重（$W_2$）/g | | | | |
| 器皿+烘干土重（$W_3$）/g | | | | |
| 吸湿水含量/% | | | | |
| 平均值/% | | | | |
| 风干土换算为烘干土系数 $K$ | | | | |

### 2. 数据计算

以烘干土为基数计算土壤水分含量

$$土壤水分含量（W\%）=\frac{风干土重-烘干土重}{烘干土重}\times100\%=\frac{W_2-W_3}{W_3-W_1}\times100\% \tag{1}$$

$$水分系数（x）=\frac{烘干土重}{风干土重}=\frac{W_3-W_1}{W_2-W_1} \tag{2}$$

风干土重换算成烘干土重为

$$烘干土重=风干土重\times x=\frac{风干土重}{1+土壤水分含量（\%）} \tag{3}$$

## 六、思考题

土样烘干时，如果温度低于 105℃ 或高于 110℃，实验结果会怎样？为什么？

### 七、延伸拓展

目前土壤含水量的测量主要有称重法、张力计法、电阻法、中子法和 γ-射线法、介电常数法、光学测量法以及 TDR 法等。

1. 称重法具有各种操作不便等缺点，但作为直接测量土壤水分含量的唯一方法，在测量精度上具有其他方法不可比拟的优势，因此它作为一种实验室测量方法并用于其他方法的标定将长期存在。

2. 张力计法由于其测量的直接对象为土壤基质势，因此在更大程度和其他土壤水分测量方法相结合用于测定土壤水分特征曲线。

3. 电阻法由于标定复杂，并且随着时间的推移，其标定结果将很快失效，而且由于测量范围有限，精度不高等一系列原因，已经基本上被淘汰。

4. 基于辐射原理的中子法和 γ-射线法虽然有着精度高、速度快等优点，但是由于它们共同存在着对人体健康造成危害的致命缺陷，近年来已经在发达国家遭到弃用，在国内也仅有少量用于实验研究。

5. 基于测量土壤介电常数的各种方法是近 20 年来新发展起来的一种测量方法，在测量的实时性与精度上都比其他测量方法更具优势，而且在使用操作上更加方便灵活，可适用于不同用途的土壤水分测量，是国内外广泛使用的一种土壤水分测量方法。

6. 光学测量法虽然具有非接触的优点，但由于受土壤变异性影响，误差大，适应性不强，其研究与开发的前景并不乐观。

7. TDR 法的优点是测量速度快，操作简便，精确度高，能达到 0.5%，可连续测量，既可测量土壤表层水分，也可用于测量剖面水分；既可用于手持式的实时测量，也可用于远距离多点自动监测，测量数据易于处理。

## II　土壤 pH 的测定

### 一、实验目的与要求

1. 掌握土壤 pH 的测量方法。
2. 了解土壤水浸 pH 与盐浸 pH 的区别。

### 二、实验原理

土壤 pH 分为水浸 pH 和盐浸 pH，前者是用蒸馏水浸提土壤测定的 pH，代表土壤的活性酸度（碱度），后者是用某种盐溶液浸提测定的 pH，大体上反映土壤的潜在酸。盐浸提液常用 1 mol/L 的 KCl 溶液或用 0.5 mol/L 的 $CaCl_2$ 溶液，在浸提土壤时，其中的 $K^+$ 或

$Ca^{2+}$即与胶体表面吸附的 $Al^{3+}$ 和 $H^+$ 发生交换，使其相当部分被交换进入溶液，故盐浸 pH 较水浸 pH 低。

### 三、实验仪器与试剂

#### 1. 仪器

pH 酸度计；复合玻璃电极；小烧杯（50 mL）；量筒（25 mL）；天平；洗瓶；玻璃棒；滤纸等。

#### 2. 试剂

（1）1 mol/L 的 KCl 溶液：称取 74.6 g KCl 溶于 400 mL 蒸馏水中，用 10% KOH 或 KCl 溶液调节 pH 为 5.5～6.0，而后稀释至 1 L。

（2）标准缓冲溶液

pH 4.03 缓冲溶液：苯二甲酸氢钾在 105℃烘 2～3 h 后，称取 10.21 g，用蒸馏水溶解稀释至 1 L。

pH 6.86 缓冲溶液：称取在 105℃烘 2～3 h 的 $KH_2PO_4$ 4.539 g 或 $Na_2HPO_4 \cdot 2H_2O$ 5.938 g，溶解于蒸馏水中定容至 1 L。

pH 9.18 缓冲溶液：称取 3.80 g 硼砂（$Na_2B_4O_7 \cdot 10H_2O$，分析纯）溶于蒸馏水中定容至 1 L。此溶液的 pH 易变化，应注意保存。

### 四、实验步骤

#### 1. 待测液的准备

称取通过 1 mm 筛孔的风干土 10 g 两份，各放在 100 mL 的烧杯中，一份加无 $CO_2$ 蒸馏水，另一份加 1 mol/L KCl 溶液各 50 mL（此时土水比为 1：5），间歇搅拌或摇动 30 min，放置 30 min 后用酸度计测定。

#### 2. 仪器校正

测定土壤悬液 pH 时，须先用已知 pH 的标准缓冲溶液调整酸度计。酸碱度不同的土壤，选用 pH 不同的缓冲溶液，酸性土壤用 pH 4.01、中性土壤用 pH 6.87 和 pH 9.18 进行调整。把电极插入与土壤浸提液 pH 接近的标准缓冲溶液中，使仪器标度上的 pH 与标准溶液的 pH 一致。然后移出电极，用水冲洗、滤纸吸干后待用。酸度计的使用可参阅使用说明书。

#### 3. 测定

把玻璃电极球部浸入土壤的上清液中，待读数稳定后，记录待测液 pH。每个样品测完后，立即用蒸馏水冲洗电极，并用干滤纸将水吸干再测定下一个样品。

## 五、实验数据记录与整理

实验数据按表 1 进行记录。

表 1　土壤 pH 测定结果记录表

| 项目 | 重复次数 | | |
|---|---|---|---|
| | 1 | 2 | 3 |
| 称样质量/g | | | |
| 读数 | | | |
| 平均值 | | | |
| 酸碱性 | | | |
| 相对误差 | | | |

土壤酸碱性诊断指标如表 2 所示。

表 2　土壤酸碱性诊断指标

| 土壤 pH | <4.6 | 4.6~5.5 | 5.6~6.5 | 6.6~7.4 | 7.5~8.5 | >8.5 |
|---|---|---|---|---|---|---|
| 级别 | 强酸性 | 酸性 | 微酸性 | 中性 | 碱性 | 强碱性 |

## 六、思考题

1. 为什么在一般情况下，盐浸溶液所测 pH 较水浸液的小？
2. 如何校准酸度计？

**附：PHS-3C 型酸度计使用说明**

1. 准备工作

把仪器电源线插入 220 V 交流电源，玻璃电极和甘汞电极安装在电极架上的电极夹中，将甘汞电极的引线连接在后面的参比接线柱上。安装电极时玻璃电极球泡必须比甘汞电极陶瓷芯端稍高一些，以防止球泡碰坏。甘汞电极在使用时应把上部的小橡皮塞及下端橡皮套除下，在不用时仍用橡皮套将下端套住。

在玻璃电极插头没有插入仪器的状态下，接通仪器后面的电源开关，让仪器通电预热 30 min。将仪器面板上的按键开关置于 mV 位置，调节后面板的"零点"电位器使读数为 0。

2. 测量电极电位

（1）按准备工作所述对仪器调零。

（2）接入电极。插入玻璃电极插头时，同时将电极插座外套向前按，插入后放开外套。插头拉不出表示已插好。拔出插头时，只要将插座外套向前按动，插头即能自行跳出。

（3）用蒸馏水清洗电极并用滤纸吸干。

（4）电极浸在被测溶液中，仪器的稳定读数即为电极电位（mV 值）。

（5）仪器标定：在测量溶液 pH 之前必须先对仪器进行标定。一般在正常连续使用时，每天标定一次已能达到要求。但当被测定溶液有可能损害电极球泡的水化层或对测定结果有疑问时应重新进行标定。

标定分"一点"标定和"二点"标定两种。标定进行前应先对仪器调零。标定完成后，仪器的"斜率"及"定位"调节器不应再有变动。

3．一点标定方法

（1）插入电极插头，按下选择开关按键使之处于 pH 位，"斜率"旋钮放在 100%处或已知电极斜率的相应位置。

（2）选择一与待测溶液 pH 比较接近的标准缓冲溶液。将电极用蒸馏水清洗并吸干后浸入标准溶液中，调节温度补偿器使其指示与标准溶液的温度相符。摇动烧杯使溶液均匀。

（3）调节"定位"调节器使仪器读数为标准溶液在当时温度时的 pH。

4．二点标定方法

（1）插入电极插头，按下选择开关按键使之处于 pH 位，"斜率"旋钮放在 100%处。

（2）选择两种标准溶液，测量溶液温度并查出这两种溶液与温度对应的标准 pH（假定为 pHS1 和 pHS2）。将温度补偿器放在溶液温度相应位置。将电极用蒸馏水清洗并吸干后浸入第一种标准溶液中，稳定后的仪器读数为 pH 1。

（3）再将电极用蒸馏水清洗并吸干后浸入第二种标准溶液中，仪器读数为 pH 2。计算 $S=[(pH1-pH2)/(pHS1-pHS2)]\times100\%$，然后将"斜率"旋钮调到计算出来的 $S$ 值相对应位置，再调节定位旋钮使仪器读数为第二种标准溶液的 pHS2。

（4）再将电极浸入第一种标准溶液，如果仪器显示值与 pHS1 相符则标定完成。如果不符，则分别将电极依次再浸入这两种溶液中，在比较接近 pH 7 的溶液中时"定位"，在另一溶液中时调"斜率"，直至两种溶液都能相符为止。

5．测量 pH

已经标定过的仪器即可用来测量被测溶液的 pH，测量时"定位"及"斜率"调节器应保持不变，"温度补偿"旋钮应指示在溶液温度位置。

将清洗过的电极浸入被测溶液，摇动烧杯使溶液均匀，稳定后的仪器读数即为该溶液的 pH。

# 实验三　土壤种类的识别与测定

不同质地类别的土壤所呈现出来的物理性质（如土壤孔隙性、结构性、耕性）会有明显差异，化学性质（如保肥性、供肥性、酸碱性等）也会有差异，从而表现出不同的肥力状况，对植物生长发育产生不同的影响。

## 一、实验目的与要求

1. 掌握比重计法测定土壤质地的原理。
2. 了解不同质地土壤的识别方法。

## 二、实验原理

简易比重计法：能迅速准确地测定土壤质地类别，且费时少，精确度高，适用于大量样本的质地测定；

手测法：是最简便的质地测定方法，广泛应用于野外田间土壤质地的测定，但不如比重计法准确。

### 1. 简易比重计法原理

取一定量的土样，经物理、化学方法处理后分散成单粒，将其制成一定体积的悬浊液，使分散的土粒在悬液中自由沉降。根据粒径越大下沉速度越快的原理，应用物理学上 Stokes 公式计算出某一粒级土粒下沉所需时间。用特制的甲种比重计测得土壤悬液中所含小于某一粒级土粒的数量（g/L），经校正后可算出该粒级土粒在土壤中的质量分数，查表即可确定土壤质地名称。

本实验采用卡庆斯基分类制，只需测定 <0.01 mm 粒径土粒含量，就可以确定土壤质地名称。

### 2. 手测法方法原理

本法以手指对土壤的感觉为主，结合视觉和听觉来确定土壤质地名称，方法简便易行，熟悉后也较为准确，适合于田间土壤质地的鉴别。可分为干测法和湿测法，两种方法可以相互补充，一般以湿测法为主。

## 三、实验仪器与试剂

### 1. 土壤样品

准备三种已知待测土壤样品；过 1 mm 筛的风干土壤样品 3～5 个。

### 2. 仪器和用具

量筒；特制搅拌棒；甲种比重计；温度计；橡皮头玻璃棒；烧杯；钟表；天平；角匙；

称样纸；表面皿，白瓷比色盘；玛瑙研钵，酸度计；洗瓶；磁力搅拌器等。

## 四、实验步骤

### 1. 简易比重计法

（1）试剂配制

① 0.5 mol/L 的 NaOH 溶液：称取 20 g NaOH，蒸馏水溶解后定容至 1 000 mL，摇匀。

② 0.5 mol/L 草酸钠溶液：称取 33.5 g 纯草酸钠，蒸馏水溶解后定容至 1 000 mL，摇匀。

③ 0.5 mol/L 六偏磷酸钠溶液：称取 51 g 六偏磷酸钠，蒸馏水溶解定容至 1 000 mL，摇匀。

④ 2%的碳酸钠溶液：称取 20 g 碳酸钠，蒸馏水溶解后定容至 1 000 mL，摇匀。

⑤软水的制备：将 100 mL 2%的碳酸钠溶液加入 7 500 mL 自来水中，静置过夜，上部清淡即为软水。

（2）称样

称取通过 1 mm 筛孔的风干土样 50 g（精确到 0.01 g），放入 500 mL 烧杯中，供分散处理用。

（3）样本分散处理

根据土壤的酸碱性，分别选用不同的分散剂。石灰性土壤用 0.5 mol/L 的六偏磷酸钠 60 mL；中性土壤用 0.25 mol/L 的草酸钠 20 mL；酸性土壤用 0.5 mol/L 的 NaOH 40 mL。

加入相应的分散剂后，为保证充分分散，还需对样本进行物理分散处理。常用的物理分散方法有煮沸法、振荡法和研磨法三种，本实验采用较简便易行的研磨法。其做法是：在盛土样的烧杯中，加入部分分散剂使之呈稠糊状，放置约 30 min，使分散剂充分作用，然后使用带橡皮头的玻璃棒研磨 15～20 min（质地越黏重，研磨时间应越长），加少许分散剂，再研磨 5 min。将糊状物转入 1 000 mL 的量筒中，烧杯中剩余的泥浆再加入其余的分散剂，搅拌后倒入量筒中，再用软水洗烧杯，使全部土样无损失的移入量筒内，用软水定容至 1 000 mL。

（4）＜0.01 mm 土粒含量的测定

先用特制的搅拌棒在土壤悬液中上下搅动几次，将温度计放入悬液中部测量其温度，读数精确至 0.1℃。根据所测温度查表 1 得之相应温度下＜0.01 mm 土粒下沉所需时间（如 20℃时为 26.5 min）。

（5）注意事项

在计划测定之前，再用搅拌棒搅动悬液 1 min（1 min 上下各约 15 次，搅动时下至量筒底，上至近液面），搅拌结束后，取出搅拌棒，立即记下静置开始时间，加上土粒下沉时间，也就是比重计计划读数时间。此时，若悬液液面产生大量气泡，再滴加几滴异戊醇消泡，以免影响读数。在计划读数时间到达之前 15～20 s，将比重计轻轻放入悬液中，勿使其左右摇摆，上下浮沉，到时间读数。

表 1　粒径 0.01 mm 土粒下沉所需时间

| 温度/℃ | 7 | 8 | 9 | 10 | 11 | 12 | 13 | 14 | 15 | 16 | 17 | 18 | 19 |
|---|---|---|---|---|---|---|---|---|---|---|---|---|---|
| 时间/min | 38 | 37 | 36 | 35 | 34 | 33 | 32 | 31 | 30 | 29 | 28 | 27 | 27 |
| 时间/s |  |  |  |  |  |  |  |  |  |  |  | 30 |  |
| 温度/℃ | 20 | 21 | 22 | 23 | 24 | 25 | 26 | 27 | 28 | 28 | 30 | 31 | 32 |
| 时间/min | 26 | 26 | 25 | 24 | 24 | 23 | 23 | 22 | 21 | 21 | 20 | 19 | 19 |
| 时间/s | 30 |  |  | 30 |  |  |  |  |  |  |  | 30 |  |

### 2. 手测法操作步骤

湿测法：取一小块土，去除石砾和根系，放在手中捏碎，加水少许，以土粒充分浸润为标准，根据能否搓成球、条以及弯曲时断裂与否来加以判断，表 2 以供参考。

表 2　土壤质地手测法判断标准

| 质地名称 | 干燥状态下在手指间挤压或摩擦的感觉 | 湿润条件下揉搓塑型时的表现 |
|---|---|---|
| 砂土 | 感觉粗糙，研磨时有沙沙响声 | 不能成球形，用手捏成团，但一松即散，不能成片 |
| 砂壤土 | 砂粒为主，混有少量黏粒，很粗糙，研磨时有响声，干土块用小力即可捏碎 | 勉强可成厚且短的片状，能搓成表面不光滑的小球，不能搓成条 |
| 轻壤土 | 干土块稍用力挤压即碎，手捻有粗糙感 | 片长不超过 1 cm，片面较平整，可成直径约 3 mm 的土条，但提起后易断裂 |
| 中壤土 | 干土块用较大力才能挤碎，为粗细不一的粉末，砂粒和黏粒的含量大致相同，稍感粗糙 | 可成较长的薄片，片面平整，但无反光，可以搓成直径约 3 mm 的小土条，弯成 2～3 cm 的圆形时会断裂 |
| 重壤土 | 干土块用大力才能破碎成为粗细不一的粉末，黏粒的含量较多，略有粗糙感 | 可成较长的薄片，片面光滑，有弱反光，可以搓成直径约 2 mm 的小土条，能弯成 2～3 cm 的圆形，压扁时有裂缝 |
| 黏土 | 干土块很硬，用力不能压碎，细而均一，有滑腻感 | 可成较长的薄片，片面光滑，有强反光，可以搓成直径约 2 mm 的细条，能弯成 2～3 cm 的圆形，且压扁时无裂缝 |

## 五、实验数据处理

数据处理参照表 3、表 4 和表 5 进行。

表3　甲种比重计温度校正值

| 温度/℃ | 6.5~8 | 9~9.5 | 10~10.5 | 11.0 | 11.5~12 | 12.5 | 13.0 |
|---|---|---|---|---|---|---|---|
| 校正值 | −2.2 | −2.1 | −2.0 | −1.9 | −1.8 | −1.7 | −1.6 |
| 温度/℃ | 13.5 | 14~14.5 | 15.0 | 15.5 | 16.0 | 16.5 | 17.0 |
| 校正值 | −1.5 | −1.4 | −1.2 | −1.1 | −1.0 | −0.9 | −0.8 |
| 温度/℃ | 17.5 | 18.0 | 19.5 | 20.0 | 20.5 | 21.0 | 21.5 |
| 校正值 | −0.7 | −0.5 | −0.1 | 0 | 0.15 | 0.3 | 0.45 |
| 温度/℃ | 22.0 | 22.5 | 23.0 | 23.5 | 24.0 | 24.5 | 25.0 |
| 校正值 | 0.6 | 0.8 | 0.9 | 1.1 | 1.3 | 1.5 | 1.7 |
| 温度/℃ | 25.5 | 26.0 | 26.5 | 27.0 | 27.5 | 28.0 | 28.5 |
| 校正值 | 1.9 | 2.1 | 2.2 | 2.5 | 2.6 | 2.9 | 3.1 |
| 温度/℃ | 29.0 | 29.5 | 3.0 | 31.5 | 32.0 | 32.5 | 33.0 |
| 校正值 | 3.3 | 3.5 | 3.7 | 3.8 | 4.0 | 4.2 | 4.6 |

表4　土壤石砾含量分级

| 1~3 mm 石砾含量/% | 石砾分级 |
|---|---|
| <1 | 无砾质（质地名称前不冠） |
| 1~10 | 砾质 |
| >10 | 多砾质 |

表5　卡庆斯基土壤质地分类标准

| 质地名称 | | 物理性黏粒（<0.01 mm，%） | | |
|---|---|---|---|---|
| | | 灰化土、草原土 | 红壤、黄壤 | 碱化土、碱土 |
| 砂土 | 松砂土 | 0~5 | 0~5 | 0~5 |
| | 紧砂土 | 5~10 | 5~10 | 5~10 |
| 壤土 | 砂壤土 | 10~20 | 10~20 | 10~15 |
| | 轻壤土 | 20~30 | 20~30 | 15~20 |
| | 中壤土 | 30~40 | 30~45 | 20~30 |
| | 重壤土 | 40~50 | 45~60 | 30~40 |
| 黏土 | 轻黏土 | 50~65 | 60~75 | 40~50 |
| | 中黏土 | 65~80 | 75~85 | 50~65 |
| | 重黏土 | >80 | >85 | >65 |

## 六、思考题

1. 比重计测定土壤质地时，应注意哪些问题？
2. 影响测定结果的关键操作有哪些？

# 实验四 土壤容重测定及土壤孔隙度的计算

土壤容重又叫土壤的假比重，是指田间自然状态下，每单位体积土壤的干重，单位通常用 $g/cm^3$ 表示。土壤容重除用来计算土壤孔隙度外，还可用于估算土壤的松紧和结构状况。通过实验，要求学生掌握土壤容重的测定和计算方法；了解容重和孔隙度之间的关系；利用土壤容重数据进行必要的计算和换算。

## 一、实验目的与要求

1. 学生掌握土壤容重的测定和计算方法。
2. 了解容重和孔隙度之间的关系。
3. 利用土壤容重数据进行必要的计算和换算。

## 二、实验原理

土壤容重的测定常用环刀法。环刀是一种特制的圆形钢筒，筒的一端锋利，另一端套有环盖，便于压筒入土，筒的容积约 $100\ cm^2$。测定时将环刀垂直压入土壤，切割自然状态的土体，并使其所切的土体尽量与环刀的体积相等，然后将土壤烘干称土重量，计算单位体积的烘干土重量，以求土壤的容量。

## 三、实验仪器与材料

天平；环刀；恒温干燥器；削土刀；小铁铲；铝盒；酒精；草纸；剪刀；滤纸等。

## 四、实验步骤

1. 检查环刀和环刀托是否配套，并记下环刀的编号，称重（准确至 0.1 g），同时，将事先洗净、烘干的铝盒称重、贴上标签；带上环刀、铝盒、削土刀、小铁铲到田间取样。

2. 在田间选择有代表性的地点，将环刀托套安在环刀无刃口的一端，把环刀垂直压入土中，至环刀全部充满土为止（注意保持土样的自然状态）。

3. 用铁铲将环刀周围的土壤挖去，在环刀下方切断，取出环刀，使环刀两端均留有多余的土壤。

4. 擦去环刀周围的土，并用小刀细心的沿环刀边缘削去两端多余的土壤，使土壤与环刀容积相同，盖上环刀盖，立即称重。

5. 在田间进行环刀取样的同时，再从采样处取 20 g 左右的土样放入已知重量的铝盒中，用酒精燃烧法测定土壤含水量（或直接从称重后的环刀内取出 20 g 土样，测定土壤水分含量）。

### 五、实验数据处理

#### 1．土壤容重

$$d = \frac{(M-G)\times 100}{V(100+W)} \tag{1}$$

式中：$d$——土壤容重，$g/cm^3$；

　　　$M$——环刀及湿土重，$g$；

　　　$G$——环刀重，$g$；

　　　$V$——环刀容积，$cm^3$；

　　　$W$——土壤含水量，%。

此法测定应不少于 3 次重复，允许绝对误差＜0.03 $g/cm^3$，取算术平均值。

#### 2．土壤孔隙度

$$土壤总孔隙度（P_1）=（1-\frac{土壤容量}{土壤密度}）\times 100\% \tag{2}$$

式中：土壤密度采用 2.65 $g/cm^3$；

　　　土壤毛管孔隙度（$P_2$）（%）=土壤田间持水量（水量%）×土壤容重；

　　　土壤非毛管孔隙度（$P_3$）（%）= $P_1 - P_2$。

### 六、思考题

1．土壤中大、小孔隙比例对土壤的水分、空气状况有什么影响？

2．为什么不同质地的土壤，其容重和总孔度不同？

### 七、延伸拓展

　　单位容积土壤（包括孔隙）的质量叫作土壤容重，单位为 $g/cm^3$。土壤的质量是指在 105～110℃条件下的土壤烘干重。土壤容重的数值大小，受质地、结构性和松紧度等的影响而变化。一般来说，砂土的孔隙粗大，但数目较少，总的孔隙容积较小，容重较大；反之，黏土的孔隙容积较大，容重较小；壤土的情况，介于两者之间。但是，如果壤土和黏土的团聚化良好，形成具有多级孔隙的团粒，则孔隙度显著增大，容重则相应地减少。土壤越疏松（特别是翻耕后），或是土壤中有大量的根孔、小动物穴或裂隙，则孔度大而容重小；反之，土壤越紧实则容重越大。所以，表土层（或耕层）的容重往往比心土层和底土层小。

　　一般来说，砂质土壤的容重变化在 1.2～1.8 $g/cm^3$，黏质土壤的容重变化在 1.0～1.5 $g/cm^3$；耕地土壤的耕层土壤容重变化在 1.05～1.35 $g/cm^3$，耕地土壤的底土和紧实的耕层土壤容重变化在 1.55～1.80 $g/cm^3$。

土壤容重是影响作物生长的十分重要的基本数据。容重小，表明土壤疏松多孔，结构性良好，适宜作物生长；反之，容重大，则表明土壤紧实板硬、缺少团粒结构，对作物生长有不良影响。一般来说，旱作土壤的耕层容重为 1.1～1.3 $g/cm^3$，能适应多种作物生长发育的要求。对于砂质土壤适宜的容重值宜高些，而对富含腐殖质的土壤则可适当低一些。

# 实验五　土壤团聚体的测定

土壤团聚体是指通过各种自然过程的作用而形成的直径小于 10 mm 的结构单位。它是由胶体的凝聚、胶结和黏结相互联结的土壤原生颗粒组成，通常分为大团聚体（土粒直径大于 0.25 mm）和小团聚体（土粒直径小于 0.25 mm）。根据水稳性不同，团聚体又可分为水稳性团聚体和非水稳性团聚体。水稳性团聚体大多是钙、镁、腐殖质胶结起来的颗粒，因为腐殖质是不可逆凝聚的胶体，其胶结起来的团聚体在水中振荡、浸泡、冲洗而不易崩解，仍维持原来的结构；而非水稳性团聚体则是由黏粒胶结或电解质凝聚而成，当放入水中时，就迅速崩解为组成土块的各颗粒成分，不能保持原来的结构状态。土壤团聚体的数量可以直接反映土壤肥力的高低。

## 一、实验目的与要求

1．了解土壤原生颗粒所形成的微团粒在浸水状况下的结构性能和分散强度。
2．掌握土壤微结构水稳性的测定方法。

## 二、实验原理

土壤中各级大团聚体的组成测定是将土样放在由不同孔径组成的一套筛子上进行干筛，然后计算各粒径大团聚体的百分组成。水稳性大团聚体组成的测定，是将土壤放在同样的一套筛子上，然后在水中浸泡、冲洗一定的时间，最后计算各级水稳性大团聚体风干质量百分数和各级水稳性大团聚体含量占总水稳性大团聚体含量的百分数。

## 三、实验仪器

团粒分析仪（每套筛子孔径为 5.0 mm、2.0 mm、1.0 mm、0.5 mm 和 0.25 mm，在水中上下振动 30 次/min）；天平；铝盒；电热板；洗瓶等。

## 四、实验步骤

### 1．干筛法测定非水稳性大团聚体组成

（1）将团粒分析仪的筛组按筛孔大的在上、小的在下依次套好。

（2）采用四分法取风干土样 200 g，将土样分数次加入筛组的最上层，加盖，用手摇动筛组，使土壤团聚体按其大小筛到下面的筛子内，当小于 5 mm 团聚体全部被筛到下层的筛子后，取出 5 mm 筛，用手摇动其他 4 个筛。当小于 2 mm 团聚体全部被筛到下层的筛子后，取出 2 mm 筛，按此法逐级筛选。筛选完成后，将各级筛子上的样品分别称重，计算各级团聚体占风干土样的百分比。

**2. 湿筛法测定水稳性大团聚体组成**

（1）根据干筛法求得各级团聚体的含量（g/kg），把干筛分取的风干土样按比例配 50 g 土样。例如，样品中 2～5 mm 粒级干筛法含量为 200 g/kg，则分配该级称样量为 50 g × 200 g/kg =10 g（为防止湿筛时堵塞筛孔，故不将小于 0.25 mm 的团聚体倒入准备湿筛的样品中，但计算取样数量和进行其他计算时都需要计算这一数值）。

（2）将孔径为 5.0 mm、2.0 mm、1.0 mm、0.5 mm 和 0.25 mm 的筛组依次套好，孔径大的在上面，并将已称好的样品置于筛组上。

（3）将筛组置于团粒分析仪的振荡架上，放入已经加水的水桶中，水的高度至筛组最上面一个筛子的上沿部分，在团粒分析仪工作时的整个振荡过程不可超过水面。开动马达，振荡 30 min。

（4）将振荡架慢慢升起，使筛组离开水面，待水淋干后，将留在各级筛上的团聚体洗入已知质量的铝盒中，倾去上部清液，加热烘干，然后静置过夜（使其呈风干状态），称重。

### 五、实验数据处理

$$各级非水稳性大团聚体含量 = \frac{各级非水稳性大团聚体含量}{土样质量} \times 100\% \tag{1}$$

$$各级水稳性大团聚体含量 = \frac{各级湿筛团聚体风干质量}{土样质量（50 g）} \times 100\% \tag{2}$$

$$结构保持率 = \frac{大于0.25 mm各级湿筛团聚体风干质量}{大于0.25 mm各级干筛团聚体质量} \times 100\% \tag{3}$$

### 六、注意事项

1. 必须进行平行实验，重复 2～5 次，平行绝对误差应不超过 3%。

2. 在进行湿筛时，应将土样均匀地分布在整个筛面上。将筛子放入水桶时，应慢放，避免团粒冲出。

### 七、思考题

1. 水稳性大团聚体对于土壤肥力有何意义？

2．能否强行用力将土块分开？

**八、延伸拓展**

土壤团聚体的形成，必须具备一定的条件，主要有：

1．需要有足够的细小土粒：细小的土粒包括微团聚体和单粒。土粒越细，其黏结力越大，越有利于复粒的形成。过砂的土壤不能形成团聚体。

2．胶结作用：指土粒通过有机和矿质胶体而结合在一起的过程。土壤中胶结物质有两大类：一类是有机胶物质。如有机质中的多糖、胡敏酸、蛋白质等；另一类是矿质胶结物质，如硅酸，含水氧化铁、铝及黏土矿物等。腐殖质是最理想的胶结剂（主要是胡敏酸）与钙结合形成不可逆凝聚状态，其团聚体疏松多孔，水稳性强。含水氧化铁、铝、黏粒形成的团聚体是非水稳性团聚体。

3．凝聚作用：指土粒通过反荷离子等作用而紧固的过程。带负电荷的土壤胶粒相互排斥呈溶胶状态，但在异性电子 $Ca^{2+}$、$Fe^{3+}$ 等阳离子的作用下，使胶粒相互靠近凝聚而形成复粒，这是形成团聚体内的基础。

4．团聚作用：指由于各种力的作用使土粒团聚在一起的过程。主要的外力有：

（1）植物根系及掘土动物，对土粒的穿插、切割、挤压而促使土块破裂，根系、掘土动物在土壤中的活动，微生物、菌丝体对土粒的缠绕起到成型动力的作用。

（2）土壤耕作的作用。定时的合理耕作、中耕、耙、镇压等措施具有切碎、挤压等作用，有利于促进团聚体的形成。

（3）土壤的干湿交替、冻融交替作用。干湿交替指土壤反复经受干缩和湿胀的过程，冻融交替指土壤反复经受冷冻和热融的过程。

# 实验六　土壤阳离子交换量（CEC）的测定

土壤阳离子交换量是指土壤胶体所能吸附各种阳离子的总量。其数值以每千克土壤中含有各种阳离子的物质的量来表示，即 mol/kg。阳离子交换量的大小，可以作为评价土壤保水保肥能力的指标，是改良土壤和合理施肥的重要依据之一，也是高产稳产农田肥力的重要指标。

**一、实验目的与要求**

1．理解阳离子交换量与土壤理化性质的关系。

2．掌握土壤阳离子交换量的测定方法。

## 二、实验原理

土壤阳离子交换量的测定方法有醋酸铵法、EDTA-铵盐快速法、醋酸法-氯化铵法、同位素法、醋酸钙法等，本实验仅介绍目前国内外普遍应用的醋酸铵法。但此法在洗去多余盐溶液时，容易洗过头或洗不彻底，使结果偏低或偏高，故常用于例行分析，对研究工作则不太适宜，适用于中性和酸性土壤。EDTA-铵盐快速法适用于石灰法、中性和酸性土壤，此法除所用的交换剂为乙二胺四乙酸与醋酸铵的混合液而不同于醋酸铵法外，其余操作方法及计算均相同。醋酸铵-氯化铵法及醋酸钙法适用于石灰性土壤。

土壤复合体上的钾、钠、镁、铝、氢等阳离子，被提取液中的铵离子进行当量交换，使土壤成为 $NH_4^+$ 饱和土，用95%酒精洗去多余的醋酸铵后，用定氮蒸馏的方法进行测氨，即可计算出土壤阳离子交换量。

## 三、实验仪器与试剂

### 1. 仪器

离心机（转速为 3 000～4 000 r/min）；离心管（100 mL）；皮头玻棒；天平；滴管；量筒；凯氏瓶；蒸馏器；移液管等。

### 2. 试剂

（1）$NH_4Ac$ 溶液：称取 77.09 g 化学纯 $NH_4Ac$ 加水溶解，定容至 1 L，取出 50 mL 溶液，用溴百里酚蓝作指示剂，以 50%的 $NH_4OH$ 或稀 HAc 调至绿色，即为 pH=7.0（也可在酸度计上调节）。根据 50 mL 所用的 $NH_4OH$ 或 HAc 的升数，将溶液最后调至 pH=7.0。

（2）95%乙醇：工业用，必须无 $NH_4^+$。

（3）液体石蜡。

（4）甲基红-溴甲酚绿混合指示剂：0.009 g 溴甲酚绿和 0.066 g 甲基红于研钵中，加入少量95%乙醇，研磨至指示剂完全溶解为止，最后用95%乙醇定容至100 mL。

（5）2%硼酸溶液：称取 20 g 硼酸用热蒸馏水（约 60℃）溶解，冷却后稀释至 1 L，加入甲基红-溴甲酚绿混合指示剂 20 mL，最后用稀 HCl 或稀 NaOH 调节 pH 至 4.5。

（6）0.05 mol/L 盐酸标准溶液：取浓 HCl 4.5 mL，用水稀释至 1 L，充分混匀，用硼砂标准溶液标定。

（7）pH=10.0 缓冲溶液：54 g $NH_4Cl$ 溶于 200 mL 无二氧化碳的水中，加入浓氨水 350 mL，加水稀释定容至 1 000 mL，储存于塑料瓶中，并注意防止吸入空气中的二氧化碳。

（8）K-B 指示剂：0.5 g 酸性铬蓝钾和 1.0 g 萘酚绿 B，与 100 g 于 105℃ 干燥过的氯化钠一同研磨均匀。

（9）12%MgO 悬浊液：称取 12 g 经 500～600℃ 灼烧过的 MgO，放入 100 mL 蒸馏水中（摇动后使用）。

（10）纳氏试剂：称取 134 g 的 KOH 溶于 460 mL 去离子水中。20 g 碘化钾（KI）溶于 50 mL 水中，加入约 3 g 碘化汞（$HgI_2$），使溶解至饱和状态。然后将两溶液混合即成。

## 四、实验步骤

1. 称取通过 0.25 mm 筛孔的风干土 2 g，放入 100 mL 离心管中，沿管壁加入少量 $NH_4Ac$ 溶液，用皮头玻璃棒搅拌样品，使其成为均匀的泥浆状，再加 $NH_4Ac$ 溶液使总体积达到约 60 mL，充分搅拌使土壤分散，然后用 $NH_4Ac$ 溶液洗净皮头玻棒与管壁上黏附的土粒。

2. 将离心管成对地在粗天平上平衡，用 $NH_4Ac$ 溶液使之质量平衡，对称地放入离心机中，离心 3～5 min（转速为 3 000 r/min），弃去管中清液。如此连续处理 3～4 次直到提取液中无 $Ca^+$ 反应为止。

3. 将载土的离心管口向下，用自来水冲洗外部，然后再用不含 $NH_4^+$ 的 95%乙醇如前搅拌样品，以洗去过量的 $NH_4Ac$，洗至无 $NH_4^+$ 反应为止。

4. 用自来水冲洗管外壁后，在管内放入少量自来水，用皮头玻棒搅成糊状，并洗入 250 mL 凯氏瓶中，体积须控制在 80～100 mL，加 1 mL 液体石蜡及 10 mL 的 12%MgO 悬浊液，然后在定氮器上进行蒸馏。

5. 将盛有 25 mL 硼酸指示剂吸收液的锥形瓶（250 mL）用缓冲管连接在冷凝管下端。通入蒸汽，随后摇动凯氏瓶内物质使之混合均匀，打开凯氏瓶下的电炉，接通冷凝系统的流水，用螺丝调节蒸汽流速度，使其一致。

6. 蒸馏完全检查方法：取下缓冲管，在冷凝管下端取少许溜出液于白色比色板空穴中，立即向溜出液添加 1 滴纳氏试剂。如无黄色反应，即表示蒸馏完全。

7. 将缓冲管连同锥形瓶内的吸收液一起取下，用水冲洗缓冲管内外壁，然后用盐酸标准溶液滴定。同时做空白实验。

## 五、实验数据处理

$$CEC = \frac{c \times (V - V_0)}{m} \times 1\,000 \tag{1}$$

式中：CEC——土壤离子交换量，mmol/kg；

　　　$c$——盐酸标准溶液的浓度，mol/L；

　　　$V$——盐酸标准溶液的体积，mL；

　　　$V_0$——空白实验盐酸标准溶液的用量，mL；

　　　$m$——土样的质量，g。

### 六、注意事项

1. 检查 $Ca^{2+}$ 的方法：取最后一次浸出液 5 mL 放在试管中，加 pH=10.0 缓冲溶液 1 mL，加少许 K-B 指示剂，如溶液呈蓝色，表示无 $Ca^{2+}$；如呈紫红色，表示有 $Ca^{2+}$，还要用 $NH_4Ac$ 继续浸提。

2. 检查 $NH_4^+$ 的方法：取乙醇溶液 1 滴放在白瓷比色板的孔穴中，立即加 1 滴纳氏试剂。如无黄色，表示无 $NH_4^+$。

### 七、思考题

1. 影响阳离子交换量的因素主要有哪些？
2. 黏土产生阳离子交换的原因是什么？

### 八、延伸拓展

土壤阳离子交换量的测定受多种因素的影响，如交换剂的性质、盐溶液浓度、pH、淋洗方法等，必须严格掌握操作技术才能获得可靠的结果。

联合国粮农组织规定用于土壤分类的土壤分析中使用经典的中性乙酸铵法或乙酸钠法。中性乙酸铵法也是我国土壤和农化实验室所采用的常规分析方法，适于酸性和中性土壤。最近的土壤化学研究表明，对于热带和亚热带的酸性、微酸性土壤，常规方法由于浸提液 pH 太低和离子强度太高，与实际情况相差较大，所得结果较实际情况偏高很多。

新方法是将土壤用 $BaCl_2$ 饱和，然后用相当于土壤溶液中离子强度那样浓度的 $BaCl_2$ 溶液平衡土壤，继而用 $MgSO_4$ 交换 Ba 测定酸性土壤阳离子交换量。石灰性土壤阳离子交换量的测定方法有 $NH_4Cl$-$NH_4OAc$ 法、$Ca(OAc)_2$ 法和 NaOAc 法。目前应用得较多而且被认为较好的是 $NH_4Cl$-$NH_4OAc$ 法，其测定结果准确、稳定、重现性好。NaOAc 法是目前国内广泛应用于石灰性土壤和盐碱土壤交换量测定的常规方法。

随着土壤分析化学的发展，现在已有了测定土壤有效阳离子交换量的方法。如美国农业部规定用求和法测定阳离子交换量；对于可变电荷为主的热带和亚热带地区高度风化的土壤，国际热带农业研究所建议测定用求和法土壤有效阳离子交换量（ECEC）；最近国际上又提出测定土壤有效阳离子交换量（ECEC 或 Q+，E）和潜在阳离子交换量（PCEC 或 Q+，P）的国际标准方法，如 ISO/DIS 11260（E）和 ISO 13536：1995（P），这两种国际标准方法适合于各种土壤类型。

## 实验七　土壤有机质的测定

土壤腐殖质是土壤有机质的主要组成成分。一般来讲，它主要是由胡敏酸（HA）和富里酸（FA）所组成。不同的土壤类型，其 HA/FA 比值有所不同。同时这个比值与土壤肥力也有一定关系。因此，测定土壤腐殖质组成对于鉴别土壤类型和了解土壤肥力均有重要意义。

### 一、实验目的与要求

1. 了解土壤有机质测定原理。
2. 掌握测定土壤有机质含量的方法。
3. 能比较准确地测定土壤有机质的含量。

### 二、实验原理

用 0.1 mol/L 焦磷酸钠和 0.1 mol/L 氢氧化钠混合液处理土壤，能将土壤中难溶于水和易溶于水的结合态腐殖质络合成易溶于水的腐殖质钠盐，从而比较完全地将腐殖质提取出来。焦磷酸钠还起脱钙作用，化学反应图示如下：

$$2R\begin{cases}\begin{matrix}COO\\COO\end{matrix}\Big\rangle Ca\\\begin{matrix}COO\\COO\end{matrix}\Big\rangle Mg\end{cases} + 2Na_4P_2O_7 \longrightarrow 2R\begin{cases}COONa\\COONa\\COONa\\COONa\end{cases} + Ca_2P_2O_7 + Mg_2P_2O_7$$

提取的腐殖质用重铬酸钾容量法测定。用过量的重铬酸钾-硫酸溶液氧化土壤有机质（碳），剩余的重铬酸钾用硫酸亚铁滴定，以消耗的重铬酸钾量计算有机质的含量。其化学反应如下：

$$2K_2Cr_2O_7 + 8H_2SO_4 + 3C = 2K_2SO_4 + 2Cr_2(SO_4)_3 + 3CO_2 + 8H_2O$$

$$K_2Cr_2O_7 + 6FeSO_4 + 7H_2SO_4 = K_2SO_4 + Cr_2(SO_4)_3 + 3Fe_2(SO_4)_3 + 7H_2O$$

### 三、实验仪器与试剂

#### 1. 仪器

可调温电炉；分析天平；三角瓶（100 mL、250 mL）；酸式滴定管；胶头滴管；小漏斗；pH 试纸；10 mL 移液管等。

#### 2. 试剂

（1）0.1 mol/L 焦磷酸钠和 0.1 mol/L 氢氧化钠混合液：称取分析纯焦磷酸钠 44.6 g 和氢氧化钠 4 g，加水溶解，稀释至 1 L，溶液 pH = 13，使用时新配。

（2）浓硫酸（分析纯）。

（3）3 mol/L 的 $H_2SO_4$：在 300 mL 水中，加浓硫酸 167.5 mL，再稀释至 1 L。

（4）0.01 mol/L 的 $H_2SO_4$：取 3 mol/L $H_2SO_4$ 液 5 mL，再稀释至 1.5 L。

（5）0.02 mol/L 的 NaOH：称取 0.8 g NaOH，加水溶解并稀释至 1 L。

（6）0.8 mol/L（$1/6K_2Cr_2O_7$）标准溶液：称取经 130℃烘干 3 h 的 39.224 8 g 重铬酸钾（$K_2Cr_2O_7$），精确至 0.000 1 g，加 400 mL 水，加热溶解，冷却后，加水稀释至 1 000 mL。

（7）0.2 mol/L 硫酸亚铁标准溶液：称取硫酸亚铁（$FeSO_4 \cdot 7H_2O$）56.0 g 溶于蒸馏水中，加浓硫酸 5 mL，加水稀释至 1 000 mL，使用时新配。

（8）邻菲罗啉指示剂：称取 1.485 g 邻菲罗啉（$C_{12}H_8N_2 \cdot H_2O$）和 0.695 g 硫酸亚铁（$FeSO_4 \cdot 7H_2O$），溶于 100 mL 水中，形成的红棕色络合物储于棕色瓶中，使用时必须当天标定。

### 四、实验步骤

（1）称取通过 0.25 mm 筛孔的风干土样 2 g，置于 250 mL 三角瓶中，用移液管准确加入 0.1 mol/L 的焦磷酸钠和 0.1 mol/L 的氢氧化钠混合液 50 mL，振荡 5 min，塞上橡皮套，然后在室温下静置 1 h，旋即摇匀进行干过滤，收集滤液（一定要清亮）。

（2）吸取滤液 5.00 mL，移入 100 mL 三角瓶中，加 3 mol/L 的 $H_2SO_4$ 调节 pH 为 7（约 5 滴，使用 pH 试纸检测其 pH），至溶液出现浑浊为止，置于水浴锅上蒸干。

（3）加 0.8 mol/L 的（$1/6 K_2Cr_2O_7$）标准溶液 5.00 mL，用注射筒迅速注入浓硫酸 5 mL，摇动三角瓶，使溶液混合均匀。在三角瓶口加盖一小漏斗，以冷凝加热时逸出的水汽。

（4）将三角瓶在沸水浴上加热 15 min，冷却后加蒸馏水稀释至 50 mL，加邻菲罗啉指示剂 3 滴，用 0.2 mol/L 硫酸亚铁滴定，记录滴定用去的硫酸亚铁体积 $V$。

（5）同时进行空白实验，即取少许二氧化硅代替土样，其他操作与试样测定相同。

（6）吸取上述滤液 20 mL 于小烧杯中，置于沸水浴上加热，在玻棒搅拌下滴加 3 mol/L 的 $H_2SO_4$ 酸化（约 30 滴，3 mL），至有絮状沉淀析出为止，继续加热 10 min 使胡敏酸完全沉淀。过滤，以 0.01 mol/L 的 $H_2SO_4$ 洗涤滤纸和沉淀，洗至滤液无色为止（即富里酸完全洗去）。以 0.02 mol/L 的 NaOH 溶解沉淀，溶解液收集于 100 mL 三角瓶中（切忌溶解液损失）。

（7）如前法（3）、（4），记录滴定用去的硫酸亚铁体积 $V$。

### 五、实验数据记录与整理

#### 1. 数据记录

将实验结果记录于表 1。

表1 土壤有机碳测定结果记录表

| 项目 | 总碳 | 胡敏酸 |
|---|---|---|
| 称样质量/g | | |
| 重铬酸钾标准溶液加入的体积/mL | | |
| 空白滴定用去硫酸亚铁体积/mL | | |
| 样品滴定用去硫酸亚铁体积/mL | | |
| 土壤有机碳/（g/kg） | | |

## 2. 数据计算

$$总碳量（\%）=\dfrac{\dfrac{0.8}{V_0}\times 5.00\times(V_0-V_1)\times 0.003}{W}\times 100\% \tag{1}$$

式中：$V_0$——5.00 mL 标准重铬酸钾溶液空白实验滴定的硫酸亚铁的量，mL；

$V_1$——待测液滴定用去的硫酸亚铁的量，mL；

$W$——吸取滤液相当的土样重，g；

5.00——空白所用 $K_2Cr_2O_7$ 的量，mL；

0.8——$1/6 K_2Cr_2O_7$ 标准溶液的浓度，mol/L；

0.003——碳毫摩尔质量 0.012 被反应中电子得失数 4 除得 0.003。

胡敏酸碳（%）：按式（1）计算。

$$富里酸碳（\%）=腐殖质总碳（\%）-胡敏酸碳（\%） \tag{2}$$

$$HA/FA=胡敏酸碳（\%）/富里酸碳（\%） \tag{3}$$

## 六、思考题

1. 有机质由有机碳换算，为什么腐殖质用碳表示，而不换算？

2. 土壤有机质含量不同对土壤肥力有什么影响？

## 七、延伸拓展

土壤有机质对土壤肥力起着多方面的作用，主要概括为以下几个方面。

### 1. 提供作物养分的作用

土壤有机质含有作物生长所需要的各种营养成分，随着有机质的矿质化，不断地释放出供作物和微生物利用，同时释放出微生物生命活动所必需的能量。在有机质分解和转化过程中，还可产生各种低分子有机酸和腐殖酸，对土壤矿物质部分都有一定的溶解作用，促进风化，有利于养分的有效化。此外，土壤有机质还能和一些多价金属离子络合形成络合物进入土壤溶液中，增加了养分的有效性。

### 2. 保水、保肥和缓冲作用

土壤有机质疏松多孔，又是亲水胶体，能吸持大量水分。据研究资料表明腐殖质的吸水率为 5 000～6 000 g/kg，而黏粒的吸水率只有 500～600 g/kg，腐殖质的吸水率是黏粒的10 倍，能大大提高土壤的保水能力。土壤有机胶体有巨大的表面能并带有正、负电荷，且以带负电荷为主，所以它吸附的主要是阳离子。其中作为养料离子的主要有 $K^+$、$Ca^{2+}$、$Mg^{2+}$ 等。这些离子一旦被吸附后就可避免随水流失，起到保肥作用，而且随时能被根系附近的 $H^+$ 或其他阳离子交换出来，供作物吸收，仍不失其有效性。

腐殖质保存阳离子养料的能力要比矿物质胶体大几十倍。因此，保肥力很弱的砂土增施有机肥料后，不仅增加了土壤中养分的含量，改善了土壤的物理性质，还可提高其保肥能力。腐殖酸是一种含有许多功能团的弱酸，有极高的阳离子交换量，因此它能增加土壤对酸碱变化的缓冲能力，有机质含量高的土壤缓冲能力强。

### 3. 促进团粒结构的形成，改善土壤物理性质

土壤有机质在土壤中主要是以胶膜的形式包被在矿物质土粒的表面上。一方面，腐殖物质胶体的黏结力比砂粒强。因此，有机肥料施入砂土后可增加砂土的黏性，有利于团粒结构的形成。另一方面，由于土壤有机质松软、絮状多孔，而黏结力又不像黏土那么强。所以黏粒被它包被后，就变得松软，易使硬块散碎成团粒。这说明有机质能使砂土变紧，使黏土变松，改善了土壤的通气性、透水性和保水性。

### 4. 腐殖酸的生理活性

据研究资料表明，腐殖酸分子中含有酚、羧基等各种功能团，因而它们对植物的生理过程产生多方面的影响。腐殖酸能改变植物体内糖代谢，促进还原糖的累积，提高细胞渗透压，从而提高了植物的抗旱能力。腐殖酸能提高酶系统的活性，加速种子发芽和养分的吸收，从而增加生长速度。腐殖酸能增加植物的呼吸作用，增强细胞膜的透性从而增加对养分的吸收能力，并加速细胞分裂增强根的发育。

### 5. 减轻或消除土壤中农药的残毒和重金属污染

土壤腐殖物质胶体具有络合和吸附的作用，因而能减轻或消除农药的残毒和重金属的污染。据研究资料报道，胡敏酸能吸收和溶解三氯杂苯除草剂和某些农药。腐殖物质能与重金属离子络合，从而有助于消除土壤溶液中过量的重金属离子对作物的毒害作用。

## 实验八　土壤速效磷的测定

土壤速效磷也称土壤有效磷，包括水溶性磷和弱酸溶性磷，其含量是判断土壤供磷能力的一项重要指标。测定土壤速效磷的含量，可为合理分配和施用磷肥提供理论依据。实验要求了解测定土壤速效磷的基本原理，掌握其测定方法。了解土壤中速效磷的供应状况，对于施肥有着直接的指导意义。土壤中速效磷的测定方法很多，由于提取剂的不同所得结

果也不一样。一般情况下，石灰性土壤和中性土壤采用碳酸氢钠提取，酸性土壤采用酸性氟化铵提取。

### 一、实验目的与要求

1．了解土壤中速效磷的供应状况。
2．了解测定土壤速效磷的基本原理。
3．掌握土壤速效磷的测定方法。

### 二、实验原理

石灰石土壤中由于有大量游离碳酸钙存在，因此不能用酸溶液来提取有效磷，一般使用碳酸盐的碱溶液。由于碳酸根的同离子效应，碳酸盐的碱溶液降低碳酸钙的溶解度，也就降低了溶液中钙的浓度，这样就有利于碳酸钙盐的提取。同时由于碳酸盐的碱溶液，也降低了铝离子和铁离子的活性，有利于磷酸铝和磷酸铁的提取。此外，碳酸氢钠碱溶液中存在着 $OH^-$、$HCO_3^-$、$CO_3^{2-}$ 等阴离子，有利于吸附态磷的置换，因此 $NaHCO_3$ 不仅适用于石灰性土壤，也适用于中性和酸性土壤中速效磷的提取。

在规定条件下，样品溶液与钼锑抗显色剂反应，生成磷钼蓝，其颜色的深浅与磷的含量成正比，用分光光度法定量测定全磷量。反应式如下：

$$PO_4^{3-}+钼酸盐+抗坏血酸→蓝色络合物（磷钼蓝）$$

### 三、实验仪器与试剂

#### 1．仪器
往复式振荡机；分光光度计或光电比色计；分析天平；漏斗；三角瓶；移液管；比色杯；容量瓶等。

#### 2．试剂
（1）0.5 mol/L 的 $NaHCO_3$ 浸提剂（pH=8.5）：称取 42.0 g $NaHCO_3$ 溶于 800 mL 水中，稀释至 990 mL，用 4 mol/L 的 NaOH 液调节 pH 至 8.5，然后定容至 1 L，保存于塑料瓶中，如超过一个月，使用前应重新校正 pH。

（2）无磷活性炭粉：将活性炭粉用 1∶1 HCl 浸泡过夜，然后用平板漏斗抽气过滤，用水洗净，直至无 HCl 为止，再加 0.5 mol/L $NaHCO_3$ 液浸泡过夜，在平板漏斗上抽气过滤，用水洗净 $NaHCO_3$，最后检查至无磷为止，烘干备用。

（3）5 g/L 酒石酸锑钾溶液：称取 0.5 g 酒石酸锑钾（$KSbOC_4H_4O_6·0.5H_2O$）溶于 100 mL 蒸馏水中。

（4）硫酸钼锑储备液：量取 153 mL 浓硫酸，缓缓加入 400 mL 蒸馏水中，不断搅拌，冷却。另称取 10 g 经磨细的钼酸铵 $[(NH_4)_6Mo_7O_{24} \cdot 4H_2O]$ 溶于温度约 60℃的 300 mL 蒸馏水中，冷却。然后将硫酸溶液缓缓倒入钼酸铵溶液中，再加入 5 g/L 酒石酸锑钾溶液 100 mL，冷却后，加蒸馏水定容至 1 000 mL，摇匀，储存于棕色试剂瓶中备用，此储备液含 10 g/L 钼酸铵，2.25 mol/L 的 $H_2SO_4$。

（5）钼锑抗显色剂：称取 1.5 g 左旋抗坏血酸溶液于 100 mL 钼锑储备液中，混匀，此即钼锑抗试剂，需现用现配。

（6）100 mg/L 磷标准溶液：称取 0.439 g $KH_2PO_4$（105℃烘 2 h）溶于 200 mL 水中，加入 5 mL 浓 $H_2SO_4$，转入 1 L 量瓶中，用水定容，此为 100 mg/L 磷标准液，可较长时间保存。取此溶液稀释 20 倍即为 5 mg/L 磷标准液，此液不宜久存。

### 四、实验步骤

1．称取通过 1 mm 筛孔的风干土 2.5 g（精确到 0.01 g）于 250 mL 三角瓶中，加 50 mL 0.5 mol/L 的 $NaHCO_3$ 液，再加一角匙无磷活性炭，塞紧瓶塞，在 20～25℃下振荡 30 min；

2．取出用干燥漏斗和无磷滤纸过滤于三角瓶中，同时做试剂的空白实验；

3．吸取滤液 10 mL 于 150 mL 容量瓶中，再用滴定管准确加入蒸馏水 35 mL，然后用移液管加入钼锑抗试剂 5 mL 显色，摇匀，在室温高于 15℃的条件下放置 30 min；

4．用 880 nm 或 700 nm 波长的光进行比色，以空白溶液的透光率为 100（即吸光度为 0），读出测定液的吸光度，在标准曲线上查出显色液的磷质量浓度（mg/L）；

5．标准曲线制备：吸取含磷（P）5 mg/L 的标准溶液 0 mL、1 mL、2 mL、4 mL、6 mL、8 mL、10 mL，分别加入 150 mL 容量瓶中，加 0.5 mol/L 的 $NaHCO_3$ 液 1 mL，加蒸馏水约 25 mL，再加入钼锑抗显色剂 5 mL，准确定容至 50 mL，摇匀，同待测液一样进行比色，绘制标准曲线，即得 0 mg/L、0.1 mg/L、0.2 mg/L、0.4 mg/L、0.6 mg/L、0.8 mg/L、1.0 mg/L 磷标准系列溶液，与待测溶液同时比色，读取吸收值，在方格坐标纸上以吸收值为纵坐标，磷的质量浓度（mg/L）为横坐标，绘制成标准曲线。

### 五、实验数据记录与整理

#### 1．数据记录

将实验结果记录在表 1 中，并根据表诊断出土样中的速效磷级别。

表 1　土壤有效磷标准曲线记录

| 标准曲线测定 | P/（mg/L） | 0 | 0.1 | 0.2 | 0.4 | 0.6 | 0.8 | 1.0 |
|---|---|---|---|---|---|---|---|---|
| | 吸光值 A | | | | | | | |

表2　土壤有效磷测定结果记录

| 项目 | 重复次数 | | | |
|---|---|---|---|---|
| | 1 | 2 | 3 | 空白 |
| 称样质量/g | | | | |
| 浸提剂用量/mL | | | | |
| 显色吸取量/mL | | | | |
| 显色体积/mL | | | | |
| 吸光值 A | | | | |
| 磷的浓度/（mg/kg） | | | | |
| 平均值/（mg/kg） | | | | |

## 2．数据计算

$$土壤中速效磷（mg/kg）=\frac{显色液磷含量×显色液体积×分取倍数}{风干土重} \tag{1}$$

式中：显色液磷含量——从标准曲线查得的，mg/L；

　　　显色液体积——50 mL；

　　　分取倍数——浸提液总体积（50 mL）/吸取浸提液体积。

表3　参考指标

| 土壤速效磷/（mg/kg） | 等级 |
|---|---|
| <5 | 低 |
| 5～10 | 中 |
| >10 | 高 |

## 六、思考题

1．土壤速效磷的测定中，浸提剂的选择主要根据是什么？

2．测定土壤速效磷时，哪些因素影响分析结果？

## 七、延伸扩展

土壤有效磷的含量受下列因素的影响：

### 1．土壤理化性质

土壤的理化性质影响土壤磷的形态、有效性及供应潜力。磷在土壤中的转化主要受土壤黏粒含量、土壤溶液中的游离铁、活性碳酸钙和有机碳含量等因素的影响。土壤磷形态与土壤中有机质的含量有重要关系，其中 Ca-P、Al-P、Fe-P、O-P 与土壤有机质含量呈显著相关性。有机质能竞争减少磷的吸附位点，减少磷的吸附，增加磷的移动性，进一步提高磷的有效性。

### 2. 土壤 pH

土壤 pH 是控制土壤磷形态和含量的重要因子，可影响土壤中无机磷的存在形态、迁移转化及其生物有效性。在酸性土壤中，磷酸盐易与土壤中的铁、铝、锰形成沉淀，从而有效性降低。在碱性或石灰性土壤中，通常含有较高的钙离子，磷酸根离子易与钙离子形成磷酸钙的沉淀，从而降低磷的有效性。降低石灰性土壤的 pH 或提高酸性土壤的 pH，将促进石灰性土壤中 Ca-P 和酸性土壤中 Fe-P 和 Al-P 的溶解。

### 3. 土壤酶及土壤微生物

土壤中有机磷占土壤全磷的 1/3～2/3，有机磷在磷酸酯酶的作用下转化为无机磷后才能被根系和真菌等微生物利用，一定量的磷酸酯酶对有机磷的矿化是不可或缺的；在 pH 为 4～9 的土壤中均有磷酸酯酶的存在，酸性磷酸酯酶的分泌量与根外无机磷的浓度密切相关，其活性随着供磷状况的变化而变化。土壤中存在很多微生物，能够通过其生理活动将含磷化合物中的磷释放出来，这些微生物就是解磷微生物，解磷微生物分泌出有机酸，它既能降低 pH，也能和铁、铝、钙等离子结合，从而使难溶解性磷酸盐溶解。

### 4. 作物根系分泌物

植物根系分泌物中含有一些低分子有机酸，其种类主要包括柠檬酸、草酸、酒石酸、苹果酸等，有机酸在根系周围富积，能明显促进土壤中磷的释放，提高植物对磷的吸收，缓解植物磷胁迫。有机酸中的有机阴离子与 Fe、Al 和 Ca 等金属离子间络合反应造成含磷化合物的溶液，活化土壤中的磷，促进不同磷酸盐中磷的释放和难溶性磷酸盐溶解，从而提高土壤磷的有效性。

# 实验九　土壤碱解氮含量的测定

在作物生长期间能被作物吸收的氮素称为有效性氮。它包括无机矿物态氮以及部分有机质中易分解的比较简单的氨基酸、酰胺和部分蛋白质态氮。一般是用水解法进行测定，所以也称为水解性氮。用酸进行水解测定，称为酸解氮，用碱进行水解测定称为碱解氮，北方土壤由于硝态氮的存在，碱解扩散时要加还原剂，称为还原碱解氮，是指用碱提取法所测得的土壤氮素。通过实验，了解其测定原理，掌握其测定方法和基本操作技能，并能比较准确地测定出土壤碱解氮的含量。

## 一、实验目的与要求

1. 了解土壤碱解氮的测定原理。
2. 掌握其测定方法和基本操作技能。
3. 能比较准确地测定出土壤碱解氮的含量。

## 二、实验原理

扩散皿中，用 1.2 mol/L NaOH（水田）或 1.8 mol/L NaOH（旱土）处理土样，使易水解态氮（潜在有效氮）碱解转化为 $NH_3$，$NH_3$ 扩散后为 $H_2BO_3$ 所吸收，再用标准酸溶液滴定，计算出土壤中碱解氮的含量。

水田土壤中硝态氮极少，不需加硫酸亚铁，用 1.2 mol/LNaOH 碱解即可。但测定旱地土壤中碱解氮含量时，必须加硫酸亚铁，使硝态氮还原为铵态氮。同时，由于硫酸亚铁本身能中和部分 NaOH，因此不需用 1.8 mol/LNaOH。

## 三、实验仪器与试剂

### 1. 仪器

扩散皿；半微量滴定管；恒温箱；毛玻璃；橡皮筋；吸管；分析天平（精度 0.001 g）。

### 2. 试剂

（1）2%硼酸溶液：称取硼酸 20 g，用约 60℃的蒸馏水溶解，冷却后定容至 1 000 mL，最后用稀盐酸或氢氧化钠调节 pH 至 4.5（滴加定氮混合指示剂显淡红色）。

（2）定氮混合指示剂：分别称取 0.1 g 甲基红和 0.5 g 溴甲酚绿指示剂，放入玛瑙研缸中，并加 95%酒精 100 mL 研磨溶解，然后用稀盐酸或稀氢氧化钠调节 pH 至 4.5。

（3）1.2 mol/L NaOH：称取化学纯 NaOH 48.0 g 溶于蒸馏水中，定容至 1 L。

（4）1.8 mol/L NaOH：称取化学纯 NaOH 72.0 g 溶于蒸馏水中，定容至 1 L。

（5）硫酸亚铁粉：将 $FeSO_4 \cdot 7H_2O$（三级）磨成粉状，装入密闭瓶中，置于阴凉处。

（6）特质胶水：阿拉伯胶水溶液（称取 10 g 粉状阿拉伯胶，溶于 15 mL 蒸馏水中）10 份，甘油 10 份，饱和碳酸钾 5 份，混合即成。

（7）0.01 mol/L 盐酸标准溶液：取密度为 1.19 kg/L 的浓盐酸 8.5～9 mL，加水至 1 000 mL，再用蒸馏水稀释 10 倍，用标注碱或硼砂标定其浓度。

## 四、实验步骤

1. 称取通过 0.25 mm 筛孔的风干土样 2 g，硫酸亚铁粉 1 g 混合均匀，置于洁净干燥的扩散皿外室，轻轻旋转扩散皿，使风干土样均匀铺平（水稻土样品不加入硫酸亚铁）。

2. 在扩散皿内室加入 2%硼酸溶液 2 mL，并滴加定氮混合指示剂 1 滴（溶液显微红色）。

3. 在扩散皿外沿涂上特质胶水，盖上毛玻璃，旋转几次，使周边与毛玻璃完全黏合密闭。

4. 慢慢推开玻璃一边，使扩散皿外室露出一条狭缝，迅速加入 10 mL 1.2 mol/L NaOH（水田）或 1.8 mol/L NaOH（旱土）溶液，立即盖上毛玻璃，水平轻轻旋转扩散皿，使碱液与土壤充分混匀。

5. 用橡皮筋固定毛玻璃，随后放入 40℃恒温箱中，碱液扩散 24 h 后取出（可以观察到内室溶液为蓝色）。

6. 以 0.01 mol/L 标准盐酸溶液滴定扩散皿内室溶液，溶液由蓝变为微红时即为终点。记下标准盐酸溶液消耗的体积，在样品测定同时做空白实验。

## 五、实验数据处理

$$土壤碱解氮（mg/kg）= \frac{(V - V_0) \times c \times 14}{W} \times 10^3 \qquad (1)$$

式中：$V_0$——空白实验消耗的盐酸的体积，mL；

$V$——样液消耗的盐酸的体积，mL；

$c$——盐酸标准溶液摩尔浓度，mol/L；

14——1 mol 氮的克数，g/mol；

$W$——烘干样品重，可以用风干样品重乘以水分系数。

## 六、注意事项

1. 扩散皿内室加 2%硼酸，并滴加 1 滴定氮混合指示剂后，溶液必须显微红色，否则需重做。

2. 特质胶水碱性很强，在涂胶水和洗涤扩散皿时，必须特别小心，谨防污染内室，造成错误。

3. 滴定时要用干净玻璃棒小心搅动吸收液，切不可摇动扩散皿。

4. 扩散皿外室加入碱液后，操作必须小心，谨防碱液溅入内室。

## 七、思考题

1. 碱解扩散法测定的土壤碱解氮包括哪些形态的氮？

2. 碱解扩散法测定的不同土壤碱解氮含量时，所用碱的浓度有何不同？为什么？

## 八、延伸扩展

土壤中的氮素绝大多数是以有机态存在的，有机态氮素在耕作等一系列条件下，经过土壤微生物的矿化作用，转化为无机态氮供作物吸收利用。土壤中有机态氮与无机态氮的总和称土壤全氮。土壤氮素绝大部分来自有机质，故有机质的含量与全氮含量呈正相关。土壤中的全氮含量代表着土壤氮素的总储量和供氮潜力。因此，全氮含量与有机质一样是土壤肥力的主要指标之一。碱解氮又叫水解氮，它包括无机态氮和结构简单能为作物直接吸收利用的有机态氮，它可供作物近期吸收利用，故又称速效氮。碱解氮含量的高低，取决于有机质含量的高低和质量的好坏以及施入氮素化肥数量的多少。

有机质含量丰富，熟化程度高，碱解氮含量亦高，反之则含量低。碱解氮在土壤中的含量不够稳定，易受土壤水热条件和生物活动的影响而发生变化，但它能反映近期土壤的氮素供应能力。

# 实验十　土壤酶活性测定

土壤酶参与土壤中各种生物化学过程，例如，腐殖质的分解与合成；动植物残体和微生物残体的分解及其合成有机化合物的水解与转化；某些无机化合物的氧化、还原反应。土壤酶的活性大致反映了某一种土壤生态状况下生物化学过程的相对强度；测定相应酶的活性，以间接了解某种物质在土壤中的转化情况。

## I　纤二糖酶（β-glucosidase）

多聚糖是土壤简单的含碳化合物的聚合物。在纤二糖酶作用下，多聚糖和β-葡萄糖苷裂解为葡萄糖。酶促作用产物是微生物、植物的营养源，纤二糖酶是参与碳素生物循环的一种酶。纤二糖酶能裂解β-葡萄糖苷生成葡萄糖，所以又叫β-葡萄糖苷酶。

### 一、实验目的与要求

1. 了解纤二糖酶测定的基本原理。
2. 掌握纤二糖酶测定的方法。

### 二、实验原理

测定纤二糖酶常用滴定法（滴定还原糖量）和比色法（比色靛酚和对硝基酚）。采用的底物有纤维二糖、龙胆二糖、熊果叶苷等，缓冲体系有 pH 为 6.2 的磷酸盐缓冲液、pH 为 6.2 的醋酸盐缓冲液、pH 为 4.8 的磷酸-柠檬酸缓冲液。本实验主要采用比色法进行。

### 三、实验仪器与试剂

#### 1. 仪器
烧杯；玻璃棒；容量瓶（100 mL）；三角瓶；分光光度计；恒温培养箱；漏斗；滤纸等。

#### 2. 试剂
（1）0.05 mol/L 对硝基苯-β-D-葡萄糖苷：称取 1.506 2 g 对硝基苯-β-D-葡萄糖苷，倒入烧杯中，用少量蒸馏水溶解后再用玻璃棒引流将溶液转移到 100 mL 的容量瓶中。用蒸馏水洗涤玻璃棒及烧杯，将洗涤后的蒸馏水加入容量瓶中。继续加蒸馏水定容至 100 mL，摇匀即可。

（2）甲苯。

（3）pH 为 4.8 的磷酸-柠檬酸缓冲液：首先称 5.68 g $Na_2HPO_4$，倒入烧杯并用少量蒸馏水溶解，然后转移到 200 mL 容量瓶中，所得溶液即为 0.2 mol/L $Na_2HPO_4$。同样地，称 4.2 g $C_6H_8O_7 \cdot H_2O$ 溶于蒸馏水并定容至 200 mL，即得 0.1 mol/L $C_6H_8O_7 \cdot H_2O$ 溶液。最后，取 98.6 mL 0.2 mol/L $Na_2HPO_4$ 溶液与 101.4 mL 0.1 mol/L $C_6H_8O_7 \cdot H_2O$ 溶液混合，即为缓冲液。

（4）乙醇。

（5）2 mol/L 三羟甲基氨基甲烷溶液：取 242 g 三羟甲基氨基甲烷溶于水，并定容至 200 mL，定容过程同（1）。

（6）对硝基酚标准溶液：配制 1 mL 含 1μmol 的标准溶液。标准曲线的绘制：取 1 mL 含有 0 μmol、0.2 μmol、0.4 μmol、0.6 μmol、0.8 μmol 和 1.0 μmol 的标准液 2 mL 移于 25 mL 量瓶中，加入 2 mL 三羟甲基氨基甲烷。定容混匀后在分光光度计上与 400 nm 处比色测定，绘制标准曲线。

## 四、实验步骤

取 0.5 g 土壤置于 25 mL 三角瓶中，加 0.1 mL 甲苯和 0.9 mL 蒸馏水，10 min 后加 1.5 mL pH 为 4.8 的磷酸-柠檬酸缓冲液，再加 0.6 mL 0.05 mol/L 对硝基苯-β-D-葡萄糖苷溶液。混合均匀后，在 30℃ 恒温箱中培养 1 h，然后加 8 mL 乙醇摇匀后过滤，取 2 mL 滤液移于 25 mL 量瓶中，加 2 mL 三羟甲基氨基甲烷，定容后在波长 400 nm 处比色测定。试验应设以水代替底物的土壤和无土壤的对硝基苯-β-D-葡萄糖苷为对照。

## II 芳基硫酸酯酶

土壤中的硫以有机硫化物为主。在富含腐殖质的土壤中，绝大部分的硫是以硫酸酯的形态存在。硫基水解酶催化有机硫化物转化为植物可吸收的无机态硫。芳基硫酸酯酶是硫基水解酶的一种，它在硫素生物循环中具有重要的作用。

## 一、实验目的与要求

1. 了解芳基硫酸酯酶测定的基本原理。

2. 掌握芳基硫酸酯酶测定的方法。

## 二、实验原理

芳基硫酸酯酶催化有机硫化物脱硫成为无机形态。本方法基于碱性条件下，芳基硫酸酯酶作用 $n$-硝基酚硫酸酯，比色测定水解生成的酚量表示酶的活性。

## 三、实验仪器与试剂

（1）0.005 mol/L $n$-硝基酚硫酸酯溶液：称取 0.128 7 g $n$-硝基酚硫酸钾溶于醋酸缓冲液（pH=5.8）中，并用同一缓冲液将溶液定容 100 mL。溶液保存在冰箱中。

（2）0.5 mol/L 醋酸缓冲液（pH=5.8）：在烧杯中准备 800 mL 蒸馏水，首先加入 63.96 g 醋酸钠（CH₃COONa·3H₂O），然后加入 2.7 g 醋酸（CH₃COOH）。使用盐酸或者氢氧化钠将所配制溶液的 pH 调整到 5.8，最后继续加入蒸馏水定容至 1 L。

（3）0.5 mol/L CaCl₂·2H₂O：称取 11.14 g CaCl₂·2H₂O，倒入烧杯中，用少量蒸馏水溶解，然后用玻璃棒引流转移到 200 mL 容量瓶中，用蒸馏水洗涤玻璃棒及烧杯，将洗涤后的蒸馏水加入容量瓶中。继续加蒸馏水定容至 200 mL，摇匀即可。

（4）0.5 mol/L NaOH 溶液：称取 4 g NaOH，倒入烧杯中，溶解及定容过程同（3）。

（5）$n$-硝基酚标准溶液：取 1 g $n$-硝基酚溶于水并定容 1 L（1 mL 含 1 mg）。标准曲线的绘制：取 1 mL $n$-硝基酚标准溶液稀释至 100 mL（1 mL 含 10 μg），然后吸取不同量的稀释液配成系列。用与测定纤二糖酶活性相同的方法，使 $n$-硝基酚显色，比色后绘制成标准曲线。

## 四、实验步骤

取 1 g 土壤置于 50 mL 三角瓶中，加几滴甲苯处理土壤中，再加 4 mL 醋酸缓冲液（pH=5.8）和 1 mL 0.005 mol/L $n$-硝基酚硫酸酯。摇荡三角瓶后盖上瓶塞，并放在 37℃ 恒温箱中培养 1 h。培养结束后，加入 1 mL 0.5 mol/L CaCl₂ 和 4 mL 0.5 mol/L NaOH。用慢速滤纸过滤培养混合物，取滤液在分光光度计上于 400 nm 处比色测定滤液的黄色深度。实验需设无底物对照。土壤芳基硫酸酯酶活性，以 1 g 土壤在 1 h 内释放出的 $n$-硝基酚的微克数表示。

## Ⅲ 过氧化氢酶

过氧化氢酶广泛存在于土壤中和生物体内。土壤过氧化氢酶催化过氧化氢的分解，有利于防止它对生物体的毒害作用。过氧化氢酶活性与土壤有机质含量有关，与微生物数量也有关。一般认为，土壤中催化过氧化氢分解的活性，有 30% 或 40% 以上是耐热的，即非生物活性，常由锰、铁引起催化作用。土壤肥力因子与不耐热的过氧化氢酶活性成正比例。

过氧化氢酶能酶促过氧化氢分解生成分子氧和水。本书主要以容量法为重点进行介绍。

### 一、实验目的与要求

1. 了解过氧化氢酶测定的基本原理。
2. 掌握过氧化氢酶测定的方法。

### 二、实验原理

容量法根据过氧化氢与土壤相互作用时，未分解的过氧化氢的数量用容量法（常用高锰酸钾滴定未被分解的过氧化氢）测定过氧化氢酶活性。

### 三、实验仪器与试剂

1. 0.3%过氧化氢溶液：称取 0.3 g 过氧化氢溶于 99.7 g 蒸馏水中即得 0.3%过氧化氢溶液。

2. 1.5 mol/L 硫酸：量取 81.5 mL 98%浓硫酸溶液，然后缓缓注入 918.5 mL 蒸馏水中，冷却，摇匀即可。

3. 0.05 mol/L 高锰酸钾溶液：称取 3.3 g 高锰酸钾溶于 1 050 mL 蒸馏水中，缓慢煮沸 15～20 min，冷却后于暗处密闭保存两周。玻璃过滤器过滤，滤液储存于具有磨口塞的棕色瓶中。

### 四、实验方法

取 2 g 风干土，置于 100 mL 三角瓶中，并注入 40 mL 蒸馏水和 5 mL 0.3%过氧化氢溶液。将三角瓶放在往复式振荡机上，振荡 20 min。而后加入 5 mL 1.5 mol/L 硫酸，以稳定未分解的过氧化氢。再将瓶中悬液用慢速型滤纸过滤。然后，吸取 25 mL 滤液，用 0.05 mol/L 高锰酸钾滴定至淡粉红色终点。

### 五、实验数据处理

用于滴定土壤滤液所消耗的高锰酸钾量（毫升数）为 $B$，用于滴定 25 mL 原始的过氧化氢混合液所消耗的高锰酸钾量（毫升数）为 $A$。$(A-B)\times T$ 即为过氧化氢酶活性。式中 $T$ 为高锰酸钾滴定度的校正值。

### 六、思考题

1. 过高或过低的纤二糖酶、芳基硫酸酯酶和过氧化氢酶活性分别代表什么含义？
2. 三种酶中，哪一种酶最易受环境的影响？哪一种敏感性最强？

## 七、延伸扩展

土壤酶是能催化土壤生物学反应的蛋白质，主要来自土壤微生物和植物根系，也来自土壤动物和进入土壤的动植物残体。它是在没有微生物繁殖发生的情况下，土壤里存在的具有活性的蛋白质。它包括：①在细胞外执行催化功能，自由存在于土壤溶液里或固定在无机或有机组分上的酶；②存在于细胞碎片内的酶；③存在于死细胞或具有生命力但不进行繁殖的细胞内的酶。

关于土壤存在聚积酶的报道，最初见于19世纪末。1899年Woods发现土壤中有过氧化氢酶的存在，并指出它来源于植物的腐解。Konvg和Gvle用气量法对其进行了首次测定。随后又发现了淀粉酶、磷酸酶和脲酶。早期土壤酶的研究主要是酶的来源、类型以及一些研究方法等。20世纪50年代后，许多理论成果及研究方法引入酶学研究，加之土壤生物化学的迅速发展，使土壤酶学逐渐发展成为土壤科学的一个新分支。目前土壤酶主要向两个领域延伸：①了解土壤酶存在的状态及生化动力学特性，包括研究酶的稳定提取，稳定机理及现代化测试方法并阐明它们在生态系统中的作用；②应用土壤酶学知识解决现代环境、农林业及其他方面的实际问题。

我国土壤酶学研究起步于20世纪60年代初期，研究的土壤种类较少，仅涉及水稻土、红壤、棕壤和黑土等，其研究内容仅为土壤酶与土壤微生物的关系及耕作技术对土壤酶的影响及其与植物生长的关系。从20世纪70年代开始，土壤酶研究的土壤类型涉及十几种，研究内容既结合微生物性质研究土壤酶活性，同时又特别注意研究一些土壤积累酶的特性以及土壤酶活性与土壤其他肥力因素的关系，用土壤酶评价农业技术措施的效果，鉴别土壤类型和肥力水平。研究的酶类主要有过氧化氢酶、多酚氧化酶、脲酶、蛋白酶、磷酸酶、脱氢酶和蔗糖等，在林型上多集中于杉木与马尾松混交林、杉木、落叶松和沙棘等林地。目前，推广和应用土壤酶学知识解决现代环境、农业和其他方面的实际问题已经取得一定进步。我国近20年来对土壤酶的研究也有了很大发展，且重点在农地土壤酶，而对森林土壤酶重视不够，今后有必要开展更深入的研究。

## 实验十一　土壤重金属含量测定

近年来，研究关注较多的土壤污染与生态问题主要集中在土壤中的重金属含量方面，如Cr、Pb、Hg等有毒有害重金属的存在会对生物的生长、发育及生殖产生不同程度的影响和毒害。而Cu、Zn、Mn等金属元素一方面作为生物所需的微量有益元素在一定含量范围内对生物有一定积极的影响，另一方面当其含量超过一定临界值后也会对生物产生毒害。因此，测定土壤介质中重金属的含量及其种类对土壤生态系统的质量与健康意义重大，在污染土壤的修复中也具有重要的作用。

土壤中重金属元素的测定方法包括原子吸收分光光度法、石墨炉法等，针对具体的金属元素如 Pb、Zn 等，还有各自的国家标准测定方法。近年来，随着测试手段的快速发展，电感耦合等离子体（ICP）技术的发展，使多种元素的同时测定变得简单、快捷。因此本实验选用 ICP-OES 测定技术对土壤中的重金属含量进行测定。

## 一、实验目的与要求

1. 了解土壤重金属测定的基本原理。
2. 基本掌握原子吸收分光光度法和石墨炉法的使用。
3. 掌握土壤重金属的测定方法。

## 二、实验原理

等离子发射光谱法可以同时测定样品中多种元素的含量。当氩气通过等离子体火炬时，经射频发生器所产生的交变电磁场使其电离、加速并与其他氩原子碰撞。这种连锁反应使更多的氩原子电离，形成原子、离子、电子的粒子混合气体，即等离子体。等离子体火炬可达 6 000～8 000 K 的高温。过滤或消解处理过的样品经进样器中的雾化器并由氩载气带入等离子体火炬中，气化的样品分子在等离子体火炬的高温下被原子化、电离、激发。不同元素的原子在激发或电离时刻发射出特征光谱，所以等离子体发射光谱可用来定性样品中存在的元素。特征光谱的强弱与样品中原子浓度有关，与标准溶液进行比较，即可定量测定样品中各元素的含量。

## 三、实验仪器与试剂

### 1. 仪器

ICP-OES 测试系统；微波消解仪或电热板；通风橱；天平（精确至 10 mg）；天平（精确至 0.1 g）。

### 2. 试剂

$HNO_3$（优级纯）；$H_2O_2$（优级纯）；HF（优级纯）；重金属标准溶液等。

## 四、实验步骤

1. 称取通过 0.25 mm 筛孔的风干土样约 0.5 g，并记录准确值，将土样移入消解罐。
2. 向消解罐中加入 2 mL $HNO_3$（优级纯），再加入 200 μL $H_2O_2$（优级纯），开始冒泡并伴有黄烟，待剧烈反应过后，于 130℃电热板上蒸至近乎干（不再流动），以完全去除有机物。
3. 沿消解罐壁缓缓加入 $HNO_3$ 和 HF 各 1.5 mL，盖上盖子，静止 5 min 后，置于 80～90℃电热板上，蒸干罐外的水即可。

4．将消解罐密封，置于 170℃烘箱加热 12 h。

5．取出消解罐，待冷却后打开消解罐（此时罐内溶液为黄色，但应无黑色沉淀，若有则说明有未溶解土样，可继续加热至罐内变为无色。若有灰白色沉淀，说明 HF 过量，可加入少许 $HNO_3$ 驱赶 HF，避免腐蚀仪器）。置于 130℃电热板上蒸至近乎干。

6．加入 1 mL 浓 $HNO_3$、1 mL 高纯水，盖上盖子，超声处理 30 min，取出，于 70℃电热板上蒸干壁外水分。

7．用超纯水将消解液定容至 100 mL，充分混匀，即可测试重金属含量（此处采用"重量稀释法"，因实际称取土壤约为 0.5 g，定容至 500 mL，因此稀释倍数为 1 000 倍，实际稀释倍数需根据样品重金属含量确定）。

8．标准曲线的绘制：用逐级稀释法配置含待测重金属质量浓度分别为 0 mg/L、1.0 mg/L、3.0 mg/L、5.0 mg/L、10.0 mg/L 和 20.0 mg/L 的系列标准溶液，同时制备一份样品空白溶液，按仪器工作条件进行测定，并由计算机绘制标准曲线。

**五、实验数据处理**

$$样品重金属含量（mg/kg）=\frac{实测值（\mu g/kg）\times 稀释倍数}{1\ 000} \qquad （1）$$

**六、思考题**

为什么 HF 过量时，消解罐中会出现灰白色沉淀物质？

# 实验十二　土壤可溶性盐分测定

土壤可溶性盐（soil soluble salts）是指土壤中可溶于弱酸、弱碱或水中的盐类。通常是指水溶性盐类，为钙、镁、钠、钾的硫酸盐、盐酸盐、碳酸盐或酸性碳酸盐，其总含量超过 11.2% 时，即形成盐化上坡。

在农田中，由于盐分的毒害，作物生长受到强烈抑制或死亡。因此，定期测定土壤中盐分含量，可以了解土壤的盐渍程度和季节性盐分动态，并且可以据此拟定改良和利用盐碱土的措施。

**一、实验目的与要求**

1．了解盐渍程度对土壤的危害。

2．了解土壤可溶性盐分测定的基本原理。

3．掌握土壤可溶性盐分的测定方法。

## 二、实验原理

可溶性盐总量的测定方法很多，有重量法、比重计法、阴阳离子总和计算法和电导法等。用电导法测定土壤可溶性盐总量是比较快速和准确的。土壤中可溶性盐是强电解质，因此，溶液具有导电能力，其导电能力用电导率（mV/cm）表示。当溶液中可溶性盐组成一定时，其电导率与溶液浓度呈正相关，也就是溶液浓度越大，导电能力越强，电导率越大。

某一地区的电导率与可溶性盐相关直线的绘制：可以取这一地区土的盐结皮或地下水，先用重量法测定出可溶性盐总量，稀释成不同浓度，测定其电导率，从而绘制出相关曲线，或求出相关方程。下列四个方程是南京土壤研究所编著的《土壤理化分析》一书中，电导法测定土壤全盐量四种类型盐土的相关方程，方程由大量样品统计得出，适用于0.02%～0.5%含盐量范围：

①氯化物盐土：$y=3.90x+0.015$；

②硫酸盐-氯化物盐土：$y=3.556x+0.02$；

③氯化物-硫酸盐盐土：$y=3.471x+0.015$；

④苏打盐土：$y=3.404x+0.015$。

以上式中：$y$——电导率，mV/cm；

$\qquad$ $x$——土壤总盐量，%。

溶液导电能力受温度影响，一般每升高1℃，电导率增加2%，通常把溶液电导率换算成25℃时的电导率，在测定样品同时测定溶液温度，进行温度校正。

## 三、实验仪器

电导率仪；天平（精确至0.01 g）；磁力搅拌器；100 mL 烧杯；50 mL 量筒；温度计。

## 四、实验步骤

称取通过 1 mm 筛的风干样 10 g，置于 100 mL 烧杯中，加入无 $CO_2$ 蒸馏水 50 mL，搅拌 30 min 后，将电极插入待测液中，稍摇片刻，打开测量开关，读取电导读数。同时测量待测液温度，取出电极，用蒸馏水冲洗后用滤纸吸干。

## 五、实验数据处理

温度校正公式为

$$y=电导率+电导率×（25-待测液温度）×0.02 \qquad (1)$$

式中：$y$——校正后数值。

把校正后数值代入相应的土壤类型的方程中，求出全盐量。

## 六、思考题

为什么可以通过测定电导率来表示土壤可溶性盐分含量？

# 实验十三　土壤重金属形态分析

土壤中的重金属较难迁移，具有残留时间长、隐蔽性强、毒性大等特点，并且可能经作物吸收后进入食物链，或者通过某些迁移方式进入水、大气中，从而威胁人类的健康以及其他动物的生息繁衍。

重金属的生物毒性不仅与其总量有关，更大程度上由其形态分布所决定。不同的形态产生不同的环境效应，直接影响到重金属的毒性、迁移及在自然界中的循环。土壤重金属的形态及其转化对研究重金属的环境效应及重金属污染土壤的治理修复具有重要意义。本实验介绍了土壤中典型重金属 Cd、Pb、Cr、Hg 和 As 的总量和形态的分析方法。

## 一、实验目的与要求

1. 了解土壤重金属形态分析的方法。
2. 理解土壤中不同形态重金属之间的相互转化过程。

## 二、实验仪器与试剂

### 1. 仪器

火焰光度计；恒温电热板；数显恒温振荡器；微波消解仪；pH 计；原子吸收分光光度计；原子荧光光谱仪；可见分光光度计等。

### 2. 试剂

硫酸；高氯酸；硝酸；氢氟酸；盐酸；氢氧化钠；柠檬酸；重铬酸钾；乙酸铵；草酸；抗坏血酸；过氧化氢；氯化铵；盐酸羟胺；乙酸钠；钼酸铵等。

## 三、实验步骤

### 1. 样品的采集

对农田土壤进行分层采集，采用蛇形采样法，并且避开田边、路边、沟边等特殊部位，每个小区布置 5 个采样点，同一小区的每个点分别采集表层土壤（0~10 cm）、中层土壤（10~20 cm）和底层土壤（20~30 cm）样品各 500 g，同一层的土壤混匀并且多次采用四分法直至土样最终质量为 500 g 左右为止，然后装袋，贴上标签。

## 2. 土壤中 Cd、Pb 和 Cr 总量的测定方法

精确称量 0.3 g 土样置于 50 mL 的坩埚中，然后添加少量 $H_2O$ 和 10 mL 浓 HCl，在电热板上 150℃温度下开始溶解，当溶液体积为 3 mL 时，再依次添加 5 mL 浓 $HNO_3$、5 mL HF、3 mL $HClO_4$，加盖并在电热板上 180℃持续 1 h，然后开盖让酸蒸发掉，其间进行间歇性的晃动坩埚以增大酸的蒸发速度。当溶液冒出大量白色烟雾时进行加盖处理，让黑色含碳物质分解完全，然后开盖，将电热板温度调至 150℃并保持至溶液呈黏稠状。如果消解不完全，继续添加 3 mL 浓 $HNO_3$、3 mL HF、1 mL $HClO_4$，重复上述步骤。最后取下坩埚，冷却至低温时添加 3 mL 浓 $HNO_3$ 溶解剩余盐类，再全部转移至 50 mL 容量瓶中，用去离子水定容。采用原子吸收分光光度计测定 Pb、Cr 和 Cd 的浓度。

**表 1　土壤重金属形态的连续提取方法**

| 重金属形态 | 浸提溶剂 | 实验操作步骤 |
| --- | --- | --- |
| 可交换态 | （1）1 mol/L 的 NaOAc 溶液（pH = 8.2） | 加入 16 mL 浸提溶剂（1），室温振荡 1 h，4 000 r/min 离心 15 min，上清液过 0.45 μm 滤膜后定容于 50 mL 容量瓶 |
| 碳酸盐结合态 | （2）1 mol/L 的 NaOAc 溶液（pH=5.0） | 向上一步残渣加入 16 mL 浸提溶剂（2），室温振荡 8 h，然后离心—过滤—定容 |
| 铁锰氧化物结合态 | （3）0.04 mol/L 盐酸羟胺溶液（25%的 HOAc，pH=2.0） | 向上一步残渣加入 40 mL 浸提溶剂（3），96℃恒温水浴消解 6 h，间歇振荡，然后离心—过滤—定容 |
| 有机物结合态 | （4）0.01 mol/L $HNO_3$ 溶液；（5）30%的 $H_2O_2$（pH=2.0）；（6）3.2 mol/L 的 $NH_4OAc$（含 20% $HNO_3$ 溶液） | 向上一步残渣加入 6 mL 浸提溶剂（4）和 10 mL 浸提溶剂（5），85℃恒温水浴消解 2 h，间歇振荡，再加入 6 mL 浸提溶剂（5），85℃恒温水浴消解 3 h，间歇振荡，取出冷却，再加入 10 mL 浸提溶剂（6）并稀释至 20 mL，然后离心—过滤—定容 |
| 残渣态 | （7）硝酸-氢氟酸-高氯酸（Cd、Pb 和 Cr）；（8）硝酸-盐酸（Hg 和 As） | 将上一步剩余残渣继续消解，其中 Cd、Pb 和 Cr 用电热板消解，Hg 和 As 用微波消解，具体操作步骤同其重金属总量的分析方法 |

## 3. 土壤中重金属 Hg 和 As 总量的测定方法

称取 0.2 g 土壤样，置于微波消解罐，依次加入 2 mL 浓 $HNO_3$ 和 6 mL 的浓 HCl，置于通风橱下 30 min，加盖后置于微波消解系统，按照以下两个阶段升温程序开始消解：第一阶段的升温时间、反应温度和保持时间分别设置为 7 min、120℃、3 min；第二阶段的升温时间、反应温度和保持时间分别设置为 10 min、180℃、15 min。消解完毕后冷却至罐内压力为常压，开盖。然后将罐内所有溶液转移至 50 mL 的容量瓶，加水定容。采用原子荧光光谱仪进行 Hg 和 As 的测定。

### 4．土壤重金属 Cd、Pb、Cr、Hg 和 As 形态的分析方法

本研究中土壤重金属的形态分析采用以 Tessier 法为基础的 5 步连续浸提法。将重金属主要分为 5 种化学形态：可交换态、碳酸盐结合态、铁锰氧化物结合态、有机结合态、残渣态。其中可交换态和碳酸盐结合态二者一般为评价土壤重金属活性强弱及生物有效性的最重要的指标。将采集的土壤自然晾干后过 100 目筛（150 μm），每个土样有 4 个平行，称取 2 g 土样于 100 mL 塑料离心管中，然后按照表 1 的提取方法进行操作，其中不同形态的 Cd、Pb 和 Cr 含量采用原子吸收分光光度计进行测定，Hg 和 As 的含量采用原子荧光光谱仪分析。

# 实验十四　重金属污染对土壤酶活性的影响

土壤酶在土壤物质循环和生物化学过程中具有重要作用，是土壤环境监测的良好生物指标。研究土壤酶与重金属污染关系及作用机理，揭示重金属对土壤生态功能的影响，对重金属污染危害、污染监测及修复具有重要意义。

## 一、实验目的与要求

1．了解表征土壤重金属污染的主要指示酶。
2．了解重金属污染土壤酶活性对土壤环境质量评价的重要性。

## 二、实验仪器与试剂

### 1．仪器

火焰光度计、恒温电热板、数显恒温振荡器、微波消解仪、pH 计、原子吸收分光光度计、原子荧光光谱仪、可见分光光度计、烧杯、玻璃棒、容量瓶、三角瓶、恒温培养箱、漏斗、滤纸等。

### 2．试剂

甲苯、硝酸铜、硝酸铅、砷酸钠、亚砷酸钠、重铬酸钾、氯化镉、氯化锌、高锰酸钾、过氧化氢、邻苯三酚、乙醚、蔗糖、尿素等。

## 三、实验步骤

1．重金属污染实验：在 3 g 土样中添加适量甲苯（抑制土壤微生物生长），混匀静置 15 min 后加入不同浓度的重金属（Cu、Pb、As、Cd、Cr、Zn 等）溶液。加入 3 mL 不同质量分数（0 mg/kg、25 mg/kg、50 mg/kg、100 mg/kg、200 mg/kg、300 mg/kg、400 mg/kg、500 mg/kg）的重金属溶液，混匀静置 30 min 后分别加入底物和缓冲液，摇匀，在 37℃恒温培养，12 h 后取出测定土壤酶活性。每次处理重复 3 次，并设无底物和无土壤处理作

为对照。

2．土壤过氧化氢酶（CAT）采用高锰酸钾滴定法：称取 1 g 土于 100 mL 三角瓶，设置不同浓度（0.15%、0.30%、0.45%、0.60%）过氧化氢溶液，设置不同温度（10℃、20℃、30℃、40℃），然后在不同温度下对不同底物浓度进行培养，20 min 后，用高锰酸钾溶液对待滴定液滴定至浅粉色，30 s 不褪色，以消耗高锰酸钾的体积表示过氧化氢酶活性。

3．多酚氧化酶（PPO）采用邻苯三酚比色法：称取 0.5 g 土于 25 mL 容量瓶，设置不同浓度（20 mmol/L、40 mmol/L、80 mmol/L、160 mmol/L）邻苯三酚溶液，设置不同温度（10℃、20℃、30℃、40℃），然后在不同温度下对不同底物浓度进行培养，2 h 后，加入 20 mL 乙醚萃取 30 min，用分光光度计在 430 nm 下测光，以 2 h 后 1 g 土壤中紫色没食子素的毫克数表示多酚氧化酶活性。

4．土壤碱性磷酸酶（ALP）活性测定采用磷酸苯二钠比色法：称取 2 g 风干土于容量瓶中加入 0.2 mL 甲苯后，设置不同浓度（5 mmol/L、10 mmol/L、15 mmol/L、30 mmol/L、60 mmol/L、75 mmol/L）苯磷酸二钠溶液，设置不同温度（15℃、25℃、35℃、45℃），然后在不同温度下对不同底物浓度进行培养，24 h 后利用分光光度计在 578 nm 下测光，以 24 h 后 1 g 土壤中酚的毫克数表示碱性磷酸酶活性。

5．转化酶（INV）采用二硝基水杨酸比色法：称取 2 g 风干土于容量瓶中加入 0.2 mL 甲苯后，设置不同浓度（0.1 mol/L、0.2 mol/L、0.4 mol/L、0.8 mol/L）蔗糖溶液，设置不同温度（15℃、25℃、35℃、45℃），然后在不同温度下对不同底物浓度进行培养，24 h 后，利用分光光度计在 508 nm 下测光，以 24 h 后 1 g 土壤中葡萄糖的毫克数表示转化酶活性。

6．脲酶（URE）采用纳氏比色法：称取 2 g 风干土于容量瓶中加入 0.2 mL 甲苯后，设置不同浓度（0.1 mol/L、0.2 mol/L、0.4 mol/L、0.8 mol/L）尿素溶液，设置不同温度（15℃、25℃、35℃、45℃），然后在不同温度下对不同底物浓度进行培养，24 h 后，利用分光光度计在 578 nm 下测光，以 24 h 后 1 g 土壤中氨氮的毫克数表示脲酶活性。

# 第九章　环境水文地质学基础实验

地下水是宝贵的水资源，是人类赖以生存和社会可持续发展的基础，在生产、生活中发挥着极为重要的作用。地下水作为地球上重要的水资源，与人类生产生活有着密切的关系。地下水的储存犹如在地下形成一个巨大的水库，以其稳定的供水条件、良好的水质，使之成为农业灌溉、工业制造以及城市生活用水的重要水源，成为人类生产、生活必不可缺少的重要资源，尤其在地表水缺乏的干旱、半干旱地区，地下水通常成为主要的供水水源。开设环境水文地质学基础实验的主要目的是通过实验手段辅助理论课程的学习，使学生更加直观地了解地下水的赋存、迁移转化等，重点学习环境工程与水文地质多学科间的交叉内容，掌握相关的实验设计、仪器操作及实验数据分析。通过实验设计与操作，使学生更加深入地理解理论课上所学习的知识，加强学生的实际动手能力与对问题的分析能力，真正做到理论与实际相结合，为今后的土壤及地下水污染修复工作以及研究加下坚实的基础。

## 实验一　松散岩石孔隙度、持水度和给水度的测定

岩石的孔隙是地下水赋存的场所和运移的通道，作为含水介质，孔隙的大小和形状严格控制着地下水的埋藏、分布和运动特征。岩石中水的富存形式主要有三种：孔隙水、裂隙水和岩溶水。在孔隙水研究中，首先要对岩石的孔隙度、持水度和给水度进行实际测定，以了解岩层容水、持水和给水能力等方面的水文地质特征。

岩石的孔隙度是用以表征岩石容水性能的重要指标，岩石的持水度是用来表征岩石在重力作用下仍能保持一定水量能力的指标，岩石的给水度是表征饱水岩石在重力作用下所释出或给出水量大小的指标，岩石的给水度是评价地下水资源量的重要参数，也是矿坑排水或疏干、建筑工程地基设计和施工等工作必需的重要水文地质参数。

### 一、实验目的与要求

1. 通过本次实验，使学生加深对孔隙度、给水度和持水度概念的理解，掌握室内测定基本方法。

2. 要求学生在实验过程中认真观察和记录，分析本次实验后面的相关问题，写出实验报告书。

### 二、实验原理

松散岩石的孔隙度、持水度与给水度测定方法，通常有高柱仪法和加压法，前者适用于砂土和亚砂土；后者则适用于黏土及亚黏土。

本实验为高柱仪法，实验装置如图1所示，用以下两种方法均可求得其相应参数。

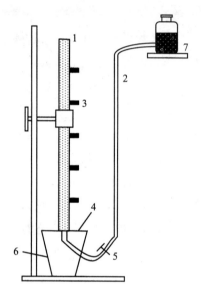

1—高柱筒；2—橡胶管；3—橡皮塞；4—金属网；5—调流量管夹；6—接水桶；7—供水瓶。

**图 1　高柱仪测定装置**

#### 1. 直接测定水量法

根据定义，孔隙度等于孔隙体积除以岩石（含水层）总体积，持水度等于饱水岩石在重力释水后仍能保持的水体积除以岩石总体积，给水度等于饱水岩石释出的水的体积除以岩石总体积。在实验中，含水层总体积等于装入高柱筒中干试样的体积（$V_{干试样}$），孔隙体积等于试样饱水时所用水的体积（向供水瓶内加入的水和剩余水的体积之差），即

$$V_{饱水}=V_{加水}-V_{剩水} \tag{1}$$

在重力的作用下试样排出水的体积（$V_{排水}$），则试样所保持的水体积（$V_{持水}$）为

$$V_{持水}=V_{饱水}-V_{排水} \tag{2}$$

据此，就可求出相应的孔隙度（$n$）、持水度（$S_r$）和给水度（$\mu$）。

#### 2. 间接测定水量法

先将干试样装入高柱筒，并测出干试样体积（$V_{干试样}$），倒出干试样，并将干燥试样称

量获得其总重量（$W_{干试样}$）后，再装入高柱筒，并加水饱和，最后使其在重力的作用下自由流出，直至排尽。根据试样所排出的水量（$V_{排水}$）、试样饱水时的含水率和重力作用下仍能保持的含水率与试样总重量 $W_{干试样}$，就可求出砂土的 $V_{持水}$ 及 $V_{饱水}$。然后再由后面第五节中的公式求出相应的孔隙度（$n$）、持水度（$S_r$）和给水度（$\mu$）。

砂类土孔隙度等于其容水度；而膨胀性黏性土的孔隙度往往小于其容水度。

### 三、实验仪器与试剂

漏斗；塑料桶；供水瓶；支撑铁架；流量调节阀；高柱仪；接水桶；样品盒；天平；橡胶塞；牛角勺；烘箱；电子天平。

### 四、实验步骤

#### 1. 直接测定水量法

（1）用滤网垫住高柱筒底部排水孔，将橡胶塞斜面上抹少量凡士林，塞住高柱筒侧壁上各个取样孔。

（2）用漏斗向高柱筒中分层加入干燥试样，一边装一边振动，使试样达到最大密实度，装填试样至距离高柱筒顶部孔口 3～5 cm 为止。

（3）用盒尺量取高柱筒内径和试样柱高度，计算试样体积 $V_{干试样}$。

（4）将供水瓶排水口用胶塞、玻璃管和胶管连接好，装上流量调节阀并关闭阀门，向瓶内加入约 2/3 容积水，测量记录所加水体积 $V_{加水}$，并将供水瓶放置在支撑铁架子上。连接供水瓶胶管与高柱仪筒下面水嘴。

（5）缓缓开启流量调节阀，使水自下而上流入高柱仪筒中，直至在高柱仪筒顶部孔口试样表面出现水膜为止，此时试样已全部饱和。随即关闭流量调节阀停止供水，测量记录供水瓶中剩余水的水量 $V_{剩水}$。

（6）将接水塑料桶放在高柱仪筒下面，拔开高柱仪筒下面水嘴胶管，使水从高柱仪筒内试样中自由释出，测量记录接水桶中水的水量 $V_{排水}$。

#### 2. 间接测定水量法

（1）用滤网垫住高柱筒底部排水孔，将橡胶塞斜面上抹少量凡士林，塞住高柱筒侧壁上各个取样孔。

（2）用漏斗向高柱筒中分层加入干燥试样，一边装一边振动，使试样达到最大密实度，装填试样至距离高柱筒顶部孔口 3～5 cm 为止。

（3）用盒尺量取高柱筒内径和试样柱高度，计算试样体积 $V_{干试样}$。

（4）将供水瓶排水口用胶塞、玻璃管和胶管连接好，装上流量调节阀并关闭阀门，向瓶内加入约 2/3 容积水，将供水瓶放置在支撑铁架子上。连接供水瓶胶管与高柱仪筒下面水嘴。

（5）缓缓开启流量调节阀，使水自下而上流入高柱仪筒中，直至在高柱仪筒顶部孔口试样表面出现水膜为止，此时试样已全部饱和。随即关闭流量调节阀停止供水。

（6）从高柱仪筒顶部孔口中用牛角勺取 30～50 g 饱水试样装入已称重并贴上标签的样品盒，放在托盘天平上称量，将称量结果和样品盒重填写在测定孔隙度实验数据记录表 2，之后放入瓷盘中待烘。

（7）将接水塑料桶放在高柱仪筒下面，拔开高柱仪筒下面水嘴胶管，使水从高柱仪筒内试样中自由释出，直至排尽为止，测量记录供水瓶中剩余水的水量 $V_{剩水}$。

（8）从上至下依次拔开高柱仪筒上各取样孔胶塞，用牛角勺在各取样孔掏取 30～50 g 试样，分别装入已称重并贴好标签的样品盒，称取重量后依次放入瓷盘，并将称量结果填写在测定持水度实验数据记录表 3，最后连同饱水样一起放入烘箱。

（9）将烘箱温度设定为 105℃，烘 6～7 h 后，取出各个烘干样称量，并将称量结果填写在相应的测定孔隙度和测定持水度实验数据记录表 2 和表 3。

（10）将高柱仪筒内试样倒出，并取出底部滤网，清洗干净，将各种器具放回原处。

## 五、实验数据记录与整理

### 1. 直接测定水量法

#### 表 1　直接测定水量法实验数据记录

| 实验次数 | 加入瓶的水量（$V_{加水}$） | 瓶内剩余水量（$V_{剩水}$） | 试样饱和水量（$V_{饱水}$） | 试样排出水量（$V_{排水}$） | 试样的持水量（$V_{持水}$） | 试样的总体积（$V_{干试样}$） | 实测的孔隙度（$n$） | 实测的给水度（$\mu$） | 实测的持水度（$S_r$） |
|---|---|---|---|---|---|---|---|---|---|
|  |  |  |  |  |  |  |  |  |  |
|  |  |  |  |  |  |  |  |  |  |
|  |  |  |  |  |  |  |  |  |  |
|  |  |  |  |  |  |  |  |  |  |

注：表中体积单位：cm³。

### 2. 间接测定水量法实验数据记录表

#### 表 2　测定孔隙度数据记录

| 实验次数 | 样品编号 | 湿样加盒重量（$q_3$） | 干样加盒重量（$q_4$） | 样品盒的重量（$q_0$） | 饱和样含水率（$\omega_1$） | 饱和样水体积（$V_{饱水}$） | 实测的孔隙度（$n$）/% |
|---|---|---|---|---|---|---|---|
|  |  |  |  |  |  |  |  |
|  |  |  |  |  |  |  |  |
|  |  |  |  |  |  |  |  |
| 平均值 |  |  |  |  |  |  |  |

试样的总重量 $W_{干试样}$_____；试样的体积 $V_{干试样}$_____。
注：表中湿样为饱和样，干样为烘干后样，重量单位为 g。

表3　测定持水度数据记录

| 实验次数 | 测孔编号 | 样品盒号 | 湿样样盒重量（$q_1$） | 干样加盒重量（$q_2$） | 样品的盒重量（$q_0$） | 样品的含水率（$\omega_2$） | 样品含水体积（$V_{持水}$） | 实测的持水度（$S_r$）/% |
|---|---|---|---|---|---|---|---|---|
| | | | | | | | | |
| | | | | | | | | |
| | | | | | | | | |
| | | | | | | | | |
| | | | | | | | | |
| 平均值 | | | | | | | | |

试样的总重量 $W_{干试样}$＿＿＿＿＿＿；试样的体积 $V_{干试样}$＿＿＿＿＿＿。

注：表中湿样为保持水样，干样为烘干后样，重量单位为g。

将以上实验数据记录表中各相应量代入下式即可求出其水文地质参数：

$$n-S_r+\mu \tag{3}$$

式中：$n=(V_{饱水}/V_{干试样})\times100\%$；

$S_r=(V_{持水}/V_{干试样})\times100\%$；

$\mu=(V_{排水}/V_{干试样})\times100\%$。

$$W_1=(q_3-q_4)/(q_4-q_0) \tag{4}$$

$$W_2=(q_1-q_2)/(q_2-q_0) \tag{5}$$

$$V_{饱水}=\omega_1\times W_{干试样}/\rho_水 \tag{6}$$

$$V_{持水}=\omega_2\times W_{干试样}/\rho_水 \tag{7}$$

式中：$W_{干试样}$——高柱仪内干试样总重量；

$\rho_水$——水的比重，常等于1。

$V_{排水}$也可由式（8）求出：

$$V_{排水}=V_{饱水}-V_{持水} \tag{8}$$

最后由实验数据记录表中各相关参数的平均值和以上 $n$、$S_r$ 和 $\mu$ 各公式求得其结果。

## 六、注意事项

1. 试样充水时，水流量不宜调得过大，以免破坏试样结构。
2. 本实验应平行测定两次以上，平均误差不得大于 0.5%。

## 七、思考题

1. 高柱仪筒内试样重力释水后，为什么要在其上部、中部和下部分别取样？
2. 高柱仪筒内试样重力释出的水为什么形式水？释尽后试样中还保留的水是什么形式水？
3. 孔隙度、持水度和给水度与介质粒径的关系是什么？

# 实验二　达西渗流实验——岩石渗透系数的实验室测定

地下水在岩石孔隙中的运动称为渗流。渗透系数是表征地下水在岩石孔隙中渗透性能的指标，具有速度的量纲（$LT^{-1}$），在数值上等于水力坡度为 1 时的渗透速度，是进行地下水资源评价、地下水中污染物迁移等各种水文地质研究和计算的重要参数，也是从事水文地质工作首先测定的最主要参数。

## 一、实验目的与要求

1. 通过稳定流条件下的渗流实验，使学生加深理解达西定律的建立条件，渗流速度、水力坡度和渗透系数之间的关系。
2. 掌握测定渗透系数的方法。

## 二、实验原理

由达西定律，常水头条件下，水流在单位时间内透过岩石孔隙的流量（$Q$）与岩石的断面面积（$\omega$）、水力坡度（$I$）成正比：

$$Q=K\omega I \text{ 或 } V=KI \tag{1}$$

式中：$Q$、$\omega$、$I$ 均可在实验中测得，渗透系数 $K$ 也就求出。

## 三、实验仪器

实验所用器具包括水平尺、量筒、秒表、盒尺、捣棒、达西仪、测水头板，实验装置如图 1 所示。

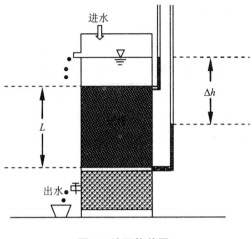

图 1　达西仪装置

## 四、实验步骤

1．根据达西仪筒体内径大小，裁取适当大小的过滤网放置在达西仪筒内网筛上，再取一长条形滤网垫在达西仪筒内侧的两个水位观测孔口上。

2．达西仪筒内装入试样，一般装 5 cm 厚用捣棒捣实一遍，直至超过达西仪筒内侧的上部水位观测孔 5 cm 左右为止，然后再在试样上铺一层 2～3 cm 厚的卵石，以防实验时试样颗粒浮起。

3．水平尺校验使达西仪处于水平状态，通过调节达西仪下方三脚架上的 3 个螺丝，将达西仪调平。

4．将测水头板两胶管分别插上细玻璃管和胶塞与达西仪筒上的 2 个水位观测孔相连。

5．盒尺量取达西仪筒内径（$D$）和壁上分别代表 2 个过水断面的 2 个水位观测孔间距（$L$），分别将测量数据填入实验数据记录表 1。

6．打开自来水阀门，使自来水缓缓流入达西仪中，保持水位调节器侧面溢水口始终有水稳定流出。直到达西仪筒口有水出现并从达西仪上部排水管流出，且使达西仪筒口上保持稳定的水位。

7．观测水头板上两玻璃管内水位。若连接胶管内有气泡，则水位会发生异常，可用吸耳球从两玻璃管上方口中将气泡吸出。最后将上、下两管水位高度（$H_2$、$H_1$）分别填入表 1。

8．量筒和秒表观测从达西仪上部排水管流出的水量，每隔 10～15 min 观测一次，连续观测 3 次，每次误差均应小于 5%，最后将测得的结果填入表 1。

9．初始水位分别抬高 20 cm 两次，重复上面操作过程，分别再观测水位和测流量 6 次，将测得的结果填入表 1。

10．除了实验装置，倒出达西仪筒内试样，将仪器各部分清洗干净，放回原处。

### 五、实验数据记录与整理

表1　岩石渗透系数的实验室测定数据记录表

| 实验次数 | 测流量时间/s | 实测的水体积/cm³ | 渗透流量 $Q$/（cm³/s） | 测压管的水位/cm | | 水位差值（$H_1-H_2$）或 $\Delta H$/cm | 水力坡度（$I$） | 水的温度/℃ | 渗透系数 $K$/（cm/s） |
|---|---|---|---|---|---|---|---|---|---|
| | | | | $H_1$ | $H_2$ | | | | |
| | | | | | | | | | |
| | | | | | | | | | |
| | | | | | | | | | |
| | | | | | | | | | |
| | | | | | | | | | |
| | | | | | | | | | |
| | | | | | | | | | |
| 平均 | | | | | | | | | |

$D$: ＿＿＿＿＿＿　　$L$: ＿＿＿＿＿＿。

由达西定律得

$$K=Q/I\omega \tag{2}$$

$$I=(H_1 - H_2)/L=\Delta H/L \tag{3}$$

$$\omega=(\pi D^2)/4 \tag{4}$$

式中：$L$——达西仪侧面两水位观测孔中心距离，cm；

　　　　$D$——达西仪圆筒内径，均可用盒尺量出，cm。

将实验记录表1中相应数据和式（3）、式（4）代入式（2），即可求出渗透系数 $K$。最后取其平均值作为最终测得结果。

### 六、注意事项

1. 实验前一定要检查连接水头板的胶管和玻璃管中有无气泡，需先排除空气后才能进行实验。

2. 单位换算要统一为厘米·克/秒（cm·g/s）制。

### 七、思考题

1. 为什么要在测压管水位稳定后才能测流量？

2. 同一粒径砂样，达西实验所做出的渗透系数与不同粒径的渗透系数是否一样？

3. 圆筒垂直放置和倾斜放置所测的 $K$ 值、$I$ 值、$V$ 值和 $Q$ 值是否一样？如果将渗透圆筒水平放置所求各值又怎样？

# 实验三　土的毛细水上升高度测定

毛细水是赋存在包气带岩石孔隙中的地下水，它同时承受着重力和毛细力的共同作用。最受人类关注的主要是地下水面以上的支持毛细水，它分布在包气带底部形成毛细水带，毛细水上升高度决定着该带的厚度。岩石中毛细水上升高度对于研究包气带水运动、大气降水入渗补给地下水、农田灌溉、盐碱地改良、地下水污染及工程建筑地基处理设计与稳定性评价等，都具有重要意义。

### 一、实验目的与要求

1. 加深对毛细水相关概念的理解。

2. 掌握影响毛细水上升高度的因素以及毛细水上升高度测量的方法，包括直接观察法和卡明斯基仪法。

### 二、实验原理

饱水带的地下水之所以能沿毛细孔隙上升，主要是受毛细力的牵引。毛细力是发生在岩石介质孔隙中固、液、气三相界面上的一个向上的力，它是由岩石颗粒表面张力和重力共同对水的作用产生的。毛细力是一个向上的弯液面力。该弯液面力抵抗着重力使水沿毛细管上升，直至平衡。若换算成水柱高度可表示为

$$h=0.03/D \tag{1}$$

式中：$h$——水柱最大毛细上升高度，m；

$\quad\ \ D$——毛细管的直径，mm。

由式（1）看出，毛细管直径越小，水的毛细上升高度越大，反之则越小。因而在大孔隙的粗砂中，毛细管直径较大，毛细水上升高度较小，而在细砂、黏土中，由于孔隙直径较小，毛细水上升高度则较大。

松散岩石的毛细水上升高度测定方法，有直接观察法和卡明斯基仪法。前者适用于粗砂和中砂，后者则适用于粉砂和黏土。

（1）直接观察法

该法是将试样装入有刻度的玻璃管中，管的底部缚有滤网，并放置于盛水槽中，直接观测毛细水的上升高度。

（2）卡明斯基仪测定法

该法是根据弯液面力能产生一定负压力，使供水中的静水压力小于外界大气压力。其压力差所支持的毛细水柱高度即为被动的毛细力支持的下降水柱高度，用连通管等压面原理就可进行测定。

### 三、实验装置

#### 1. 直接观察法装置

实验装置如图1所示。主要由铜丝网、透水石、带刻度玻璃管、砂样、铁皮水槽、进水管、溢水管、支架组成。

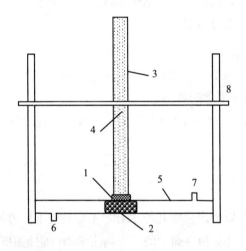

1—铜丝网；2—透水石；3—玻璃管；4—砂样；5—水槽；6—进水管；7—溢水管；8—支架。

**图1 砂土毛细水上升高度直接观测装置**

#### 2. 卡明斯基仪测定法装置

实验装置如图2所示。主要由供水瓶、供水胶管、固定铁架、玻璃岩样管、橡胶塞、滤网、测压管、木支架、排气胶管、标尺、固定板、流量调节阀、供（排）水玻璃管、玻璃三通A、玻璃三通B、U形胶管、固定架、接水桶组成。

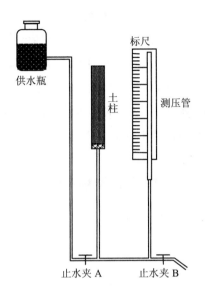

图2 卡明斯基仪测定装置

## 四、实验步骤

### 1. 直接观察法

（1）将内径为 2～3 cm、长 80～100 cm，两端开口并有刻度的玻璃管一端用滤网包住并用尼龙绳捆紧。

（2）将准备好的粗砂、中砂、细砂、极细砂试样分别用漏斗装入不同玻璃管，使砂柱高度达到 70～80 cm 即可。将装好砂样的玻璃管分别插入玻璃管架，包滤网一端放入铁皮水槽内，最后向铁皮水槽内加水，至玻璃管零刻度线位置，并始终保持该水位不变。

（3）先按经过 5 min、10 min、20 min、30 min、60 min 的时间间隔观测和记录各管中的毛细水上升高度，以后每隔数小时观测各管毛细水上升高度一次，直至稳定为止。同时将观测的结果填入表 1。如果毛细水升高的湿润面不平，则可取其平均值。

### 2. 卡明斯基仪测定法

（1）将试样装入玻璃岩样管，对于风干扰动砂土样，应一边装一边用捣棒捣实，装至约 8 cm 高即可；对于原状砂土样，直接用切土筒削出 8 cm 高试样装入玻璃管，周围用蜡密封；对于黏土样，则在滤网上铺一粗砂缓冲层，但供水玻璃管口应高于缓冲层。最后将试样的岩性、粒径填写在表 2 中。

（2）将供水胶管装上流量调节阀并与供水瓶下排水口相连，关闭流量调节阀，向供水瓶加水至 2/3 容积。将供水细玻璃管下端口与 U 形胶管相连，U 形胶管另一端与玻璃三通 B 其中一端口相连，玻璃三通 B 另外两端其中一端与测压管下端口相连，另一端与玻璃三通 A 其中一端口用胶管相连。玻璃三通 A 另外两端其中一端与供水瓶胶管相连，另一端与装有流量调节阀并伸进接水桶的排水胶管相连。

（3）关闭排水胶管上流量调节阀，慢慢开启供水胶管上的流量调节阀向土样供水，待土样表面出现水膜完全饱和后，关闭供水胶管上流量调节阀。

（4）缓缓打开排水胶管上流量调节阀，一边向接水桶内放水，一边注意观察测压管水位沿标尺的下降情况，待下降缓慢时，应减缓排水速率，直至水柱下降到一定高度停下来，然后又猛地一跳，向上快速返回时停止放水，并记下开始回跳位置读数，测定累计时间一同填写在表 2 中。

本实验应平行做两次以上，取其平均值作为该样毛细水上升高度，如果两次实验结果相差太大，应重新另做。

### 五、实验数据记录与整理

将数据记录到记录表中，在同一坐标纸上分别绘出粗砂、中砂、细砂和极细砂的毛细水上升高度与时间关系曲线。该曲线可用如下经验式表示：

$$H^n = mt \tag{2}$$

式（2）中的 $n$、$m$，可利用作图分析方法分别确定。并可求出其三条曲线的实用经验式。将式（2）两边取对数得

$$\lg t = n\lg H - \lg m \tag{3}$$

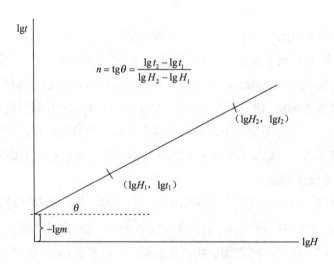

图 3　砂土的 $\lg t$-$\lg H$ 曲线

显然式（3）为一线性方程，将所测的 $t$ 和 $H$ 取对数，然后在双对数纸上作其关系曲线（图 3），其直线的斜率为 $n$，截距为 $-\lg m$。取其反对数就可求出 $m$ 来。

其相应经验式也就得出。

表 1　直接观测毛细水上升高度实验数据记录

| 观察次数 | 观察时间 | | | | 各种粒度成分砂毛细上升高度/cm | | | |
|---|---|---|---|---|---|---|---|---|
| | 日 | 时 | 分 | 间隔/min | 极细砂 | 细砂 | 中砂 | 粗砂 |
| | | | | | | | | |
| | | | | | | | | |
| | | | | | | | | |

表 2　卡明斯基仪法测定毛细水上升高度实验数据记录

| 实验次数 | 岩性 | 粒径/mm | 测定累计时间 | | | 毛细水上升高度/cm | 备注 |
|---|---|---|---|---|---|---|---|
| | | | 时 | 分 | 秒 | | |
| | | | | | | | |
| | | | | | | | |
| 平均值 | | | | | | | |

## 六、注意事项

1．试样饱和时，供水速度宜慢，否则容易在试样底部冲成小坑。

2．水位下降速度开始可控制在 2～5 cm/min，最后可减至 1～2 cm/min。

## 七、思考题

1．用直接观察法数据做出四种砂样毛细水上升高度与时间关系曲线后，请指出初期及后期 4 种砂样的毛细水上升速度自大而小的顺序，并分析其原因。

2．从试样中退出的水是什么形式的水？试样中保留的是什么形式的水？

3．如果改测黏土试样，毛细水上升高度数值是大还是小？

# 实验四　潜水模拟实验

根据地下埋藏条件的不同，地下水可分为上层滞水、潜水和承压水三大类。潜水是埋藏于地表以下第一个稳定隔水层上的地下水，通常所见到的地下水多半是潜水。潜水含水层是与土壤、地表水进行物质和能量交换的主要地下水。例如在河流的枯水期，潜水含水层中的地下水可以向河水中补充，在丰水期土壤中的一些组分随着雨水的入渗进入潜水含水层中。因此潜水是地下水非常重要的组成部分，对潜水地下水进行深入的了解是进行水文地质工作和场地修复研究的重要前提。

## 一、实验目的与要求

1. 熟悉与潜水有关的基本概念，增强对潜水补给、径流和排泄的基本认识。

2. 加深对流网概念的理解，培养综合分析问题的能力。

3. 认真观察地表径流，确定潜水面形状，同时分析地下水分水岭的移动过程和不同条件下的潜水流网。

## 二、实验原理

饱水带中第一个具有表面的含水层中的水称作潜水。潜水没有隔水顶板，或只有局部的隔水顶板。潜水的水面为自由水面，称作潜水面。由于潜水含水层上面不存在隔水层，直接与包气带相接，所以潜水在其全部分布范围内都可以通过包气带接受大气降水、地表水或凝结水的补给。潜水面不承压，通常在重力作用下由水位高的地方向水位低的地方径流。潜水的排泄方式有两种：一种是径流到适当地形处，以泉、渗流等形式泄出地表或流入地表水，这便是径流排泄；另一种是通过包气带或植物蒸发进入大气，这是蒸发排泄。本次实验就是根据自然潜水的补给和排泄方式进行模拟，通过人工降水以及不同排泄方式来演示潜水运移，同时通过改变河流水位，进而改变地下水分水岭的移动，从而让学生更直观地观察潜水流网。

## 三、实验仪器

1. 地下水演示仪（图1）。该仪器的主要组成部分及功能介绍如下：

（1）槽体：内盛均质砂，模拟含水层。

（2）降雨器：模拟降雨，可人为控制雨量大小及降雨的分布。

（3）模拟井：两个完整井和两个非完整井分别装在仪器的正面（A面）和背面（B面），均可人为对任一井进行抽（注）水模拟，也可联合抽（注）水。

（4）模拟集水廊道：可人为控制集水廊道的排水。

（5）测压点：与测压管架上的测压管连通，可以测定任一测压点的测压水头；与示踪剂注入瓶连通可以演示流线。

（6）测压管架。

（7）示踪剂注入瓶。

（8）稳水箱：用于稳定河水位。

（9）水表：用于测定流量。

2. 示踪剂：选用有色示踪剂亮蓝（$C_{37}H_{34}N_2Na_2O_9S_3$）演示流线。

3. 直尺（50 cm）和计算器等。

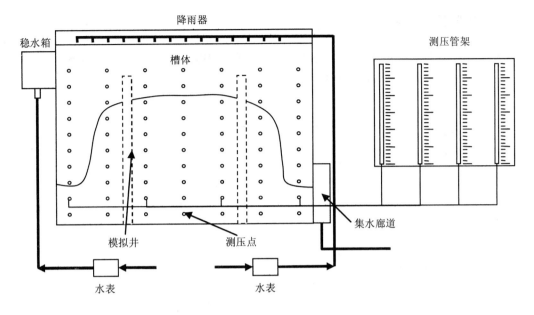

图 1 地下水演示仪

## 四、实验步骤

1. 熟悉地下水演示仪的结构及功能。

2. 地表径流的演示。

打开降雨开关，人为调节降雨强度。保持两河较低水位排水。认真观察地表径流产生情况。

3. 观测有入渗条件的潜水面形状。

4. 观测地下分水岭的偏移中等强度均匀降雨，保持两河等值低水位排水，观察地下分水岭位置。

5. 人为活动影响下地下水与河水的补给和排泄关系的变化（此项为选择内容）。

中等强度降雨，保持两河同等较高水位排水。选择 3～5 个测压点注入示踪剂，使地下水位处于稳定的初始状态。具体演示：

（1）集水廊道抽水：打开集水廊道开关进行排水。观察流线变化特征，分析集水廊道排水对地下水与河水的补给和排泄关系的影响。

（2）完整井抽（注）水：恢复初始状态。打开两个完整井开关，一个抽水，一个注水。观察地下分水岭的变化及流线形态。

（3）非完整井抽水：恢复初始状态。打开两个非完整井的开关，通过开关控制两个非完整井等降深抽水。

## 五、实验数据记录与整理

根据实验步骤 3 绘制 A 剖面流网图；根据步骤 5 中的（3）演示，在 B 剖面上示意画出两个非完整井等降深抽水时的流网图。

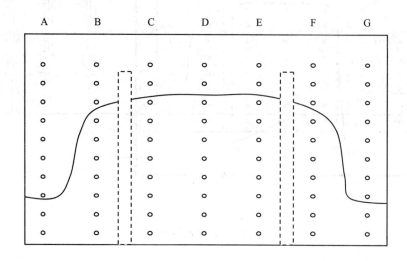

图2　槽体剖面示意图

## 六、注意事项

要认真观察潜水流网变化的形状，以便更清楚地了解天然条件下潜水运移规律。

## 七、思考题

1．抬高一侧河水位，即抬高一侧的稳水箱。观察地下分水岭向什么方向移动。试分析为什么分水岭会发生移动？能否稳定？停止降雨地下分水岭又将如何变化？认真观察停止降雨后地下分水岭变化过程。

2．若两个非完整井降深抽水相等时，各井的抽水量是否相等。

3．对于河间地块含水层，当河水位不等时，地下水分水岭偏向哪一侧？试分析其原因？

## 实验五　承压水模拟演示实验

承压水（自流水）是埋藏较深、赋存于两个隔水层之间的地下水。这种地下水往往具有较大的水压力，特别是当上下两个隔水层呈倾斜状时，隔层中的土体要承受更大的水压力。当井或钻孔穿过上层顶板时，强大的水压力就会使水体喷涌而出，形成自流水。承压水因其埋层较深，不容易受到污染且水质较好，是我国一些地区的饮用水水源。在现代工程中，承压水水压力对基坑的安全稳定性有很大影响，在深、超深基坑中，常需采取措施降低承压水水头高度。因此，承压水与人们的生产生活密切相关，是地下水的重要组成部分。

## 一、实验目的与要求

1. 熟悉承压水及其相关的基本概念，增强对承压水的补给、排泄和径流的基本认识。
2. 练习运用达西定律分析讨论水文地质问题。
3. 分析讨论承压含水层补给与排泄的关系，观测泉流量的衰减曲线。

## 二、实验原理

充满两个隔水层之间的含水层中的水叫作承压水。承压水含水层上部的隔水层称作隔水顶板，或限制层。下部的隔水层叫作隔水底板。顶底板之间的距离为含水层厚度。承压水受到隔水层的限制，与大气圈、地表水圈的联系较弱。当顶底板隔水性能良好时，主要通过含水层出露地表的补给区（这里的水实际上已转为潜水）获得补给，并通过范围有限的排泄区排泄。本实验所模拟的以抬高河水的水位来补给承压水，同时以泉、集水廊道和井的形式进行排泄，通过演示承压水运移规律，让学生更直观地了解承压水，同时通过测量泉流量，可以更清楚地了解天然条件下泉流量的衰减曲线。

## 三、实验仪器

1. 承压水演示仪（图 1）。该仪器主要组成部分的功能如下：
（1）含水层：用均质石英砂模拟。
（2）隔水层：用黏土模拟。构成大致等厚的承压含水层的顶板和底板。

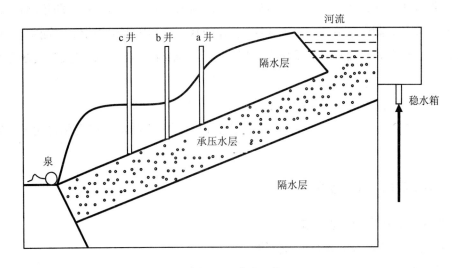

图 1　承压水演示仪

（3）断层上升泉：承压含水层主要通过泉排泄，泉水通过开关排出，可用秒表和量筒配合测其流量。

（4）模拟井：中间 b 井和开关连通，通过开关可以控制 b 井的抽（注）水。

（5）模拟河：承压含水层接受河流补给，通过调整稳水箱（开关接稳水箱）的高度控制补给承压含水层的河水水位。

（6）隔水板：上部穿孔，河水可以通过穿孔部分补给承压含水层。

2．秒表。

3．量筒：500 mL、50 mL、25 mL 各一个。

4．直尺（50 cm）。

5．计算器等。

## 四、实验步骤

1．熟悉承压水演示仪的装置与功能。

2．测绘测压水位线。

抬高稳水箱，使河水保持较高水位，以补给含水层，待测压水位稳定后，分别测定 a 井、b 井、c 井三井和泉的水位，在图 1 上绘制承压含水层的测压水位线。

3．测绘平均水力梯度与泉流量关系曲线。

测定步骤 2 的泉流量、河水位（$H_河$）、泉点水位（$H_泉$），计算平均水力梯度（$I$），记入表 1。

分两次降低稳水箱，调整河水位（但仍保持河水能补给含水层）。待测压水位稳定后，测定各点水头、计算平均水力梯度，同时测定相应的泉流量，记入表 1。

4．b 井抽水，测定泉流量及 b 井抽水量。

为了保证 b 井抽水后，仍能测到各井水位，抽水前应抬高河水位（即抬高稳水箱）。待测压水位稳定后测定泉流量，记入表 1。b 井抽水，待测压水位稳定后，测定各点水头，标在图 1 上，画出 b 井抽水时的承压含水层平面示意流网；同时测定泉流量及 b 井抽水量并记入表 1。

5．测绘泉流量随时间的衰减曲线。

停止 b 井抽水，待水位稳定后，关闭开关，测量泉流量随时间的变化将测量结果记入表 1。

## 五、实验数据记录与整理

1．提交实验报告表（表 1）。

2．在图 1 上绘制承压水测压水位线。

3．绘出 b 井抽水时的承压含水层平面示意流网。

4. 绘制泉流量随时间的变化曲线。

**表 1　承压水模拟实验记录表**

| 步骤 | 项目 | | | | | |
|---|---|---|---|---|---|---|
| | 河水位 $H_{河}$/cm | 泉点水位 $H_{泉}$/cm | 平均水力梯度 $I$ | 泉流量/（L/s） | 井流量/（L/s） | 备注 |
| 3 | | | | | | |
| | | | | | | |
| | | | | | | |
| 4 | 抽水前 | | | | | |
| | 抽水后 | | | | | |
| 5 | 次数 | 1 | 2 | 3 | 4 | 5 |
| | 累计时间/s | | | | | |
| | 泉流量/（L/s） | | | | | |
| | 次数 | 6 | 7 | 8 | 9 | 10 |
| | 累计时间/s | | | | | |
| | 泉流量/（L/s） | | | | | |

## 六、思考题

分析自补给区到排泄区水力梯度有何变化？为什么会出现这些变化？

# 实验六　钙的碳酸盐沉积与脱碳酸作用

含水层介质中含有大量的碳酸盐，介质中的碳酸盐对酸性物质具有一定的缓冲能力，尤其是对重金属离子具有较强的稳定效果。此外介质中的碳酸盐参与很多微生物作用，尤其是生物地球化学作用。同时钙离子浓度也会影响一些修复技术对地下水污染的修复效果，因此了解掌握钙的碳酸盐沉积与脱碳酸作用有利于水文地质工作和场地修复工作的开展。

## 一、实验目的与要求

1. 了解溶度积对元素沉积和迁移的影响，以及在水文地球化学中研究它的意义。

2. 了解影响元素迁移和沉积的因素。

## 二、实验原理

自然界中大多数矿物是难溶盐或微溶盐。溶解作用使元素随水迁移，沉淀作用使元素从水中沉积而富集。因此研究水中元素形成的难溶盐的溶解和沉淀作用平衡就具有重要的意义。

难溶盐在水中的溶解和沉淀平衡是一种多相平衡。当两个相反方向的作用达到平衡时，其平衡常数，称为溶度积，用 $K_{sp}$ 表示：

$$CaCO_3(S) \rightleftharpoons Ca^{2+}_{(a)} + CO_3^{2-}_{(a)}$$

$$K_{sp} = [Ca^{2+}]eq[CO_3^{2-}]eq = 8.7 \times 10^{-9}(25℃)$$

水中 $Ca^{2+}$ 是否生成沉淀，水中固体 $CaCO_3$ 是否溶解，主要取决于水中 $Ca^{2+}$ 和 $CO_3^{2-}$ 浓度的乘积 $Q$，若 $Q < K_{sp}$，则水中固体 $CaCO_3$ 会溶解，直至 $Q = K_{sp}$；若 $Q > K_{sp}$，则水中 $Ca^{2+}$ 会自水中以 $CaCO_3$ 形式析出，也直至 $Q = K_{sp}$。达到 $Q = K_{sp}$ 的平衡也是有条件的，一旦条件改变，平衡就会发生移动。

### 三、实验仪器与试剂

#### 1. 仪器

酸度计；启普发生器或自置 $CO_2$ 发生器；酒精灯；三脚架；石棉网；pH 计；烧杯 2 个。

#### 2. 试剂

0.05 mol/L $Na_2CO_3$；0.05 mol/L $CaCl_2$；固体碳酸钙；1 mol/L HCl；0.05 mol/L HCl；0.05 mol/NaOH。

### 四、实验步骤

1. 各取 20 mL 0.05 moL/L $CaCl_2$ 于 A、B 两个 100 mL 烧杯中，用 pH 计测量其 pH。

2. 各逐滴加入 2.00 mL $Na_2CO_3$ 溶液，观察出现沉淀前后的现象，并测量 pH。一般加入 1.0 mL 时出现微混浊，加 2.0 mL 出现明显白色浑浊。

3. 向 A 烧杯逐滴加入 0.05 mol/L HCl，边滴加边摇动，直至沉淀刚好消失、溶液透明，测量 pH。

4. 向 B 烧杯通入 $CO_2$ 直至溶液透明澄清，测量 pH。向 A 烧杯逐滴加入 0.05 mol/L NaOH，边滴加边摇动，直至刚有沉淀生成，溶液刚出现白色浑浊，测量 pH。

5. 将 B 烧杯放在酒精灯上加热，注意观察现象。加热时，随温度上升，慢慢产生小气泡，由少而多。在大量气泡过后，溶液表面有结晶物，此时溶液混浊度很小，停止加热，让溶液冷却，逐渐有沉淀物，溶液变混浊，表面晶体下沉，冷却至室温，测量 pH。

### 五、实验数据记录与整理

将有关数据记于表 1。

表1　实验记录表

| 反应杯 | A | | | | B | | | |
|---|---|---|---|---|---|---|---|---|
| NO | 1 | 2 | 3 | 4 | 1 | 2 | 3 | 4 |
| 加入 $CaCl_2$/mL | | | | | | | | |
| 加入 $Na_2CO_3$/mL | | | | | | | | |
| 加入 HCl/mL | | | | | | | | |
| 通入 $CO_2$ | | | | | | | | |
| 加入 NaOH/mL | | | | | | | | |
| 加热 | | | | | | | | |
| pH | | | | | | | | |
| $[Ca^{2+}]$/（mol/L） | | | | | | | | |
| $[CO_3^{2-}]$/（mol/L） | | | | | | | | |
| $Q$ | | | | | | | | |
| $K_{sp}$ | | | | | | | | |
| $Q$ 与 $K_{sp}$ 比较 | | | | | | | | |
| 现象 | | | | | | | | |

## 六、思考题

1．在水文地球化学中，$K_{sp}$ 有何意义？

2．影响脱碳酸作用的主要因素是什么？自然环境中脱碳酸作用主要受什么因素控制？

3．影响 $CaCO_3$ 在水中沉积和溶解平衡的因素有哪些？实验中使用了哪几个因素？

# 实验七　地下水示踪弥散实验

地下水质模拟的基本理论是弥散理论，它在俄罗斯等国家被总称为物质输送（运移）理论。对此，弗里德和贝尔等以及美国、俄罗斯和日本的一些学者发表了很多这方面的论著，这些论著充分说明了国外学者对地下水质模拟研究的关注，也体现了地下水动力学与水文地球化学相互配合、渗透，地下水量和地下水质模拟问题统一的现代水文地球化学发展的总趋势。因此，在地下水环境影响评价工作中，弥散试验成为必不可少的工作。

## 一、实验目的与要求

1．通过本次实验掌握弥散系数的含义及其测试方法，了解影响弥散系数的因素。

2．掌握示踪剂选取的原则。

## 二、实验原理

地下水含水系统的弥散性是影响地下水污染物质运移的主要因素之一。弥散系数是控制水动力弥散作用的参数，是描述进入地下水系统中污染物质浓度稀释的时间、空间变化的参数。其方向性取决于水流的水动力作用方向，而不是与多孔介质的方向性和几何特性有关。即使那些几何上均质，并具有均匀的水力传导率的粒状沉积物，就弥散而言仍然是有方向的。通常情况下，可以通过室内或野外示踪模拟弥散实验来获得弥散系数，从而为地下水污染发展趋势提供计算依据。弥散系数的室内测定，一般借助于示踪剂溶液的躯体实验（在砂柱或砂槽中）进行。为了可以更好地模拟溶质的运移，同时又有较强的可行性与可重复性，一种理想示踪剂应该符合以下要求：无毒，成本低，随水一起运动，易于微量检测，同时不改变水的天然流向，在要求的时间内能保持化学稳定性，又不在研究的水中大量存在；对大多数场合，水通过固体介质时，要求示踪剂不被滤除也不被吸收。目前，弥散实验最常用的方法是 NaCl 法，与水动力弥散有关的参数很多，其中包括流体参数（流体密度、黏度、溶质浓度）、介质参数（多孔介质的比表面、弯曲率）及流动参数（速度、分子扩散系数），由此，对 NaCl 这一示踪剂进行了不同示踪剂浓度、不同水力梯度和不同砂土干密度的弥散实验，从而确定示踪剂 NaCl 浓度、水力梯度及砂土干密度与弥散系数的关系。

## 三、实验仪器与试剂

### 1. 仪器

电导率仪。

### 2. 试剂

（1）砂土：选择埋深较浅的砂性土壤；

（2）药品与试剂：NaCl、自来水；

（3）土柱：PVC 管装填土柱。

## 四、实验步骤

### 1. NaCl 的测量方法

在实验中，采用电导率仪测定溶液的电导率，再根据浓度与电导率的关系确定 NaCl 的浓度。通过测定一系列已知浓度的 NaCl 溶液的电导率，并减去自来水的电导率背景值后，确定了 NaCl 溶液浓度与电导率的线性关系。

### 2. 土样装柱

实验装置选用内径为 4.67 cm、高 30 cm 的 PVC 管作为渗流土柱的外壁，选用同一粒径砂土装柱。在 PVC 管最下方装上一层孔隙很小的滤网，上方装入 1 cm 厚的粗砂作为承托层，同时防止水流冲散土壤，以达到均匀进水的目的。然后装入一定高度的同等粒径的砂土，在接近土柱上端打孔作为取样孔。装样过程中，尽量使土层压实周边，以避免水流短路。实验装置如图 1 所示。

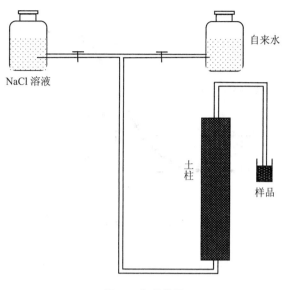

图 1 实验装置

### 3. 示踪实验

（1）装填土柱。在装好滤网和粗砂的 PVC 管中，分层装柱捣实，每 2～3 cm 捣实一次，装柱高度为 29 cm。

（2）淋滤阶段。土柱装填完成后，用自来水进行淋滤洗柱。将马里奥特瓶与土柱底部相连，打开止水夹由下而上供水，形成稳定流后，保证水的渗流状态和水质保持不变，同时测定其稳定流速和流量。

（3）示踪阶段。关闭自来水供水，打开 NaCl 溶液的马里奥特瓶进行弥散实验，每 2 min 取样一次，测定并记录水样的电导率和体积，直到水样电导率达到初始 NaCl 溶液的电导率。

（4）冲洗阶段。关闭 NaCl 溶液供水，打开自来水进行土柱冲洗，每 2 min 取样一次，测定并记录水样的电导率和体积，直到水样电导率达到初始自来水的电导率。

### 五、实验数据记录与整理

#### 1. NaCl 标准曲线的绘制

通过建立电导率与 NaCl 浓度间的定量函数关系，绘制 NaCl 的标准曲线，得到所有样品中 NaCl 的浓度。

#### 2. 绘制 NaCl 的穿透曲线

利用标准曲线求得测得的电导率对应的 NaCl 溶液浓度 $c$，绘制 $c/c_0$-$t$ 关系曲线，如图 2 所示。在曲线图中找出 $c/c_0$ 等于 0.16、0.5 和 0.84 所对应的时间 $t_{0.16}$、$t_{0.5}$、$t_{0.84}$，从而计算弥散系数。

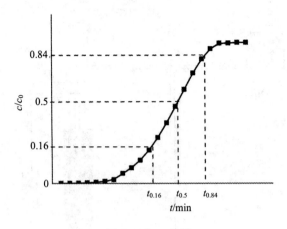

图2　$c/c_0$-$t$ 曲线

## 六、注意事项

室内测定弥散系数（一维弥散），是在室内进行示踪剂注入实验，需要满足一些条件：

1. 流动距离为一半无限长的直线或渗流柱的长度是管径的 3～4 倍，流动和弥散都是一维的。

2. 流动是均匀的、稳定的，达西流速为一常数。

3. 多孔介质是均质的，渗透系数、孔隙度和弥散系数都是常数。

4. 流体是不可压缩的均质流体，密度、黏度为常数，温度不变。

5. 实验土柱及其中的流体，示踪剂的初始浓度为零（或常数）。

## 七、思考题

1. 弥散系数与哪些影响因素有关？

2. 还可以用哪些试剂代替 NaCl 作为示踪剂？

## 实验八　含水层介质对氯酚类污染物的吸附-解析特性

当污染物进入含水层时，一部分污染物会被含水层介质吸附拦截，由于含水层介质中通常含有有机质，根据相似相溶的原理，有机污染物在含水层介质中富集。当液相中污染物的浓度降低时，被吸附在含水层介质中的有机物会向地下水中释放，即污染物在含水层介质中的吸附-解析过程。污染物在含水层介质中的吸附-解析过程影响着污染物在含水层中的迁移转化，同时也影响着污染修复的进程。因此，掌握污染物的吸附-解析过程是开展污染修复工作的前提。

## 一、实验目的与要求

1．掌握污染物在含水层介质中的吸附-解析实验的设计和操作方法。

2．掌握 Freundlich 和 Langmiur 两种等温吸附模型的应用，了解两种吸附模型所代表的含义。

## 二、实验原理

氯酚类属典型的难降解有机物 POPs，而且是内分泌干扰物或是潜在的内分泌干扰物，其中很多化合物被认为具有致癌、致畸、致突变效应和遗传毒性，美国环境保护局（USEPA）和我国都将氯酚类中的 2,4-DCP、2,4,6-TCP、PCP 列为优先控制有毒污染物。氯酚类物质的大量使用、事故泄漏及含氯酚废物的处置不当已经导致了地表水、土壤和地下水的严重污染。因此，本实验选择氯酚类物质中的 2,4-DCP 作为研究对象，通过实验室静态批实验，测量含有 2,4-DCP 的模拟地下水与含水层介质混合前后污染物的浓度变化，研究含水层介质对氯酚类污染物的吸附-解析特性，并对吸附-解析的影响因素进行研究。

## 三、实验仪器及试剂

### 1．仪器
紫外可见分光光度计；恒温振荡器；高速离心机。

### 2．试剂
2,4-DCP（分析纯）；不同粒径的砂土（0.1～0.25 mm、0.25～0.5 mm、0.5～1 mm）；氯化钠（分析纯）。

## 四、实验步骤

### 1．等温吸附-解析实验
称取 50.0 g 砂土（粒径为 0.1～0.25 mm）于 250 mL 三角瓶中，分别加入 100 mL 质量浓度为 2 mg/L、5 mg/L、10 mg/L、20 mg/L、50 mg/L 的 2,4-DCP 溶液，将三角瓶置于恒温振荡器中，条件为 10℃、150 r/min，至达到吸附平衡。取被砂土吸附过的溶液 5 mL，以 4 500 r/min 离心分离 15 min，取上清液通过 0.45 μm 醋酸纤维素滤膜，滤出液用分光光计比色测量，同时做空白实验。解析实验中将混合液离心去上清液，向三角瓶中加入等体积蒸馏水，10℃、150 r/min 振荡至平衡，取样分析。

### 2．吸附动力学实验
称取 50.0 g 砂土（粒径为 0.1～0.25 mm）于 250 mL 三角瓶中，分别加入 100 mL 质量浓度为 30 mg/L 的氯酚溶液，在 10℃、150 r/min 的条件下振荡，于 0 h、1 h、2 h、4 h、8 h、12 h、24 h 取样分析溶液中 2,4-DCP 的质量浓度。

### 3. 离子强度与 pH 对吸附的影响

实验中，离子强度以 NaCl 计，质量浓度分别为 1 mg/L、2 mg/L、4 mg/L、8 mg/L；pH 分别为 6、7、8、9；称取 50.0 g 砂土（粒径为 0.1～0.25 mm）于 250 mL 三角瓶中，分别加入含不同质量浓度的 NaCl 和不同 pH 的 2,4-DCP 溶液（浓度为 25 mg/L）100 mL，在 10℃、150 r/min 的条件下振荡，平衡后取样分析溶液中氯酚质量浓度。

### 4. 介质粒径对吸附的影响

分别称取 50.0 g 粒径为 0.1～0.25 mm、0.25～0.5 mm、0.5～1 mm 的砂土于 250 mL 三角瓶中，分别加入浓度为 25 mg/L 的 2,4-DCP 溶液 100 mL，在 10℃、150 r/min 的条件下振荡，平衡后取样分析溶液中氯酚质量浓度。

## 五、实验数据记录与整理

1. 等温吸附-解析实验、离子强度、pH 与介质粒径对吸附的影响实验数据按照表 1 进行记录，吸附动力学实验按照表 2 进行记录。根据实验数据计算不同条件下含水层介质对 2,4-DCP 的吸附量。

**表 1　实验记录（吸附-解析，影响因素）**

| 实验目的 | NaCl 浓度/（mg/L） | pH | 介质粒径/mm | 2,4-DCP 浓度/（mg/L） | | | 吸附量 | 解析量 |
| --- | --- | --- | --- | --- | --- | --- | --- | --- |
| | | | | 吸附前 | 吸附后 | 解析后 | | |
| 等温吸附-解析 | | | | | | | | |
| | | | | | | | | |
| | | | | | | | | |
| | | | | | | | | |
| 离子强度与 pH 对吸附的影响 | | | | | | | | |
| | | | | | | | | |
| | | | | | | | | |
| 介质粒径对吸附的影响 | | | | | | | | |
| | | | | | | | | |

**表 2　实验记录（吸附动力学）**

| 时间/h | 0 | 1 | 2 | 4 | 8 | 12 | 24 |
| --- | --- | --- | --- | --- | --- | --- | --- |
| 2,4-DCP 平衡浓度/（mg/L） | | | | | | | |

2. 将吸附量与平衡浓度代入 Freundlich 和 Langmiur 两种等温吸附方程，进行数据拟合，得到相关性系数，比较相关性系数，研究含水层介质对 2,4-DCP 的吸附更符合哪种吸

附模型，并对吸附机理进行简要的分析。

## 六、注意事项

1. 实验过程均在密封避光条件下进行，防止 2,4-DCP 的挥发和光解。
2. 为确保实验的准确性，在条件允许的情况下设置平行样品。

## 七、思考题

1. 各个影响因素如何影响含水层介质对 2,4-DCP 的吸附？
2. 吸附结果符合 Freundlich 和 Langmiur 两种等温吸附模型分别代表着什么？

# 第十章　环境生态学实验

作为环境科学与工程类的一门学科基础课程，环境生态学运用生态学原理，阐明人类对环境的影响以及解决这些问题的生态途径。随着人们对环境保护的日益重视，以及环境科学的发展，环境生态学也愈显重要。该课程的主要任务是使学生掌握生态学的基本原理，运用生态学理论，保护和合理利用自然资源，治理环境污染，恢复和重建生态系统，以满足人类生存和发展的需要。环境生态学实验的主要目的是通过实验手段培养学生对生态现象及生态过程的分析能力，配合理论课程掌握环境生态学的基本概念与基本理论，学习相关的常用技术、方法、仪器和设备，学习如何用实验方法找出环境生态过程的规律，引导学生了解实验手段在生态环境治理中所起的作用，使学生获得一定程度的设计生态工程项目的独立工作能力。在实验过程中，要求学生深化理论知识，做到理论联系实际，加强学生的动手操作能力，进一步培养学生正确和良好的实验习惯和严谨的科研作风，为今后走向工作岗位打下坚实基础。

## 实验一　生态环境中生态因子测定

生态因子是指对生物生长、发育、生殖、行为和分布等生命活动有直接或间接影响的环境因子，包括生物因素和非生物因素。各种生态因子构成生物的生态环境，而某一特定生物体或生物群体栖息地的环境称为生境。生态系统的物质交替、能量流动和信息交流与生态因子有着密不可分的联系。随着全球环境的不断变化，生态因子的变化规律也已经成为人们普遍关注的焦点。

### 一、实验目的与要求

1. 了解主要生态因子的观测和测定方法及一些常见仪器的使用方法。
2. 理解不同生态环境中主要生态因子的变化规律。

### 二、实验原理

生态学是研究生物与生物之间、生物与环境之间相互关系和相互作用的科学。任何一种生物都生活在错综复杂的生态环境中，不仅受到各生态因子的制约和束缚，同时也能明显地改变各生态因子。本实验通过对不同生态环境中主要生态因子的观测与测定，使学生掌握几种主要生态因子的观测和测定方法，并通过不同类型群落及同一群落中不同位置的比较，了解生态因子的变化规律，认识生物与环境的相互作用和相互关系。

### 三、实验仪器

手持气象站；温湿度计；手持式海拔罗盘仪；照度计；地表温度计；土壤温度计；土壤湿度计；皮尺；卷尺；记录笔；记录纸等。

### 四、实验步骤

#### 1．光照强度的测定

（1）选取两种不同类型的森林群落。

（2）分别在不同类型的群落，从林缘向林地中心均匀选取 5 个测定点，用照度计测定每一点的光照强度，并记录每次测定的数值。

（3）选择一空旷无林地（最好地面无植被覆盖）作为对照，随机测定 5 个点，用照度计测定裸地的光照强度，并记录每次测定的数值。

#### 2．植物群落内与对照地温湿度的测定

在上述同样的群落以及对照地中，实施下述内容的测定：

（1）大气温、湿度的测定

①从林缘向林地中心在 1.5 m 高处，均匀选取 5 个点，测定每一点的温度和湿度，并记录每次测定的数值。

②同时在空旷无林地的 1.5 m 高处，随机选取 5 个点，测定空气温度和湿度，并记录每次测定的数值。

（2）地表温、湿度的测定

①从林缘向林地中心均匀选取 5 个测定点，用地表温度计与湿度计分别测定每一点的地表温、湿度，并记录每次测定的数值。

②同时在空旷无林地随机选取 5 个点，同样测定地表温度和湿度。

（3）群落内土壤不同深度温、湿度的测定

①在群落中，随机确定 2 个测定点，用土壤温度计与土壤湿度计，分别测定距地表 5 cm、10 cm、15 cm、20 cm、25 cm、30 cm、35 cm 深处的土壤湿度与温度，并记录每次测定的数值。

②在空旷无林地同样随机选取 2 个点，同样测定距地表 5 cm、10 cm、15 cm、20 cm、25 cm、30 cm、35 cm 深处的土壤湿度与温度。

### 3．风速的测定

（1）在上述同样的群落中，从林缘向林地中心 1.5 m 的高处，均匀选 5 个点。

（2）用风速测定仪分别测定每点的风速。

（3）同时在空旷无林地，随机选取 5 个点，测定每个点的风速。

根据测定结果，列表整理得到的数据，并分析不同群落中和空旷无林地中的生态因子及其差异性。

### 五、实验数据记录与整理

1．拍摄各样地的照片，记录主要植物。

2．列表说明各样地的光照强度、气温、空气相对湿度、土壤水分状况和风速等情况。

3．比较各样地的生态因子，分析得出该生态环境中的主导因子，并说明理由。

### 六、注意事项

植物群落内及对照地的环境生态因子（如光照强度、空气温度和湿度、地表温度和湿度、土壤温度和湿度）测定，一定要在相同或相近的时间进行，这样获得的数据才具有可比性。

### 七、思考题

1．不同类型的植物群落中，群落内的小气候环境有什么差异？试分析造成此种差异的原因。

2．植物群落内的小气候环境与空旷无林地的小气候环境有什么差异？试分析造成此种差异的原因。

## 实验二　种群空间分布格局的调查

种群个体在水平空间内的分布形式，即种群空间分布格局，比较适用于植物、定居或不大活动的动物的空间分布格局研究，也适用于测量鼠穴、鸟巢等栖息地的空间分布格局。格局是生物学特性、种间关系、环境条件综合作用的体现，也是物种生态位的客观表现。格局是种群个体在立体空间的多维分布结构，所以种群空间分布格局是种群结构的直观反映。找出种群空间分布格局的类型，并探索该类型与环境之间的关系，反映该种群在群落中的地位、作用的大小，是种群空间分布格局调查的主要目的。

### 一、实验目的与要求

1．通过实验操作，掌握种群野外调查和采样的基本方法。

2．使学生认识群落中不同种群个体在空间分布上表现出的不同类型。

## 二、实验原理

判断种群分布格局的原理是：假设有 $n$ 个样方，$x_i$ 为第 $i$ 个样方的种群个体数（$i=1$，2，3，…，$n$），$m$ 为 $n$ 个样方的种群个体平均数，则种群的分散度 $S^2$ 可以表达为

$$S^2 = \frac{\sum(x_i - m)^2}{n-1} \tag{1}$$

当 $S^2/m$ 显著小于 1 时，则种群分布格局为均匀分布；如果 $S^2/m=1$，则为随机分布；如果 $S^2/m$ 显著大于 1，则为集群分布。

在理论上，物种的密度和频度反映的是该物种在一定环境内空间分布特征，是种群生物学特征对环境条件长期适应或选择的结果。其数值的大小影响种间或种内关系，进而影响种群生存竞争。

## 三、实验仪器

样方测绳（100 m）；皮尺（50 m）；铅笔；野外记录表格；计算器等。

## 四、实验步骤

### 1．样地的选择

（1）确定样地：样地是指能够反映植物群落基本特征的一定地段。根据具体情况在室外就近选择乔木、灌木或草地样地。

（2）确定样方大小：乔木样方面积为 20 m×20 m；灌木面积为 5 m×5 m；草本面积为 1 m×1 m。

（3）取样方法：随机设置样方 10～30 个（根据具体情况确定）。

### 2．确定研究物种

对在样地内选择 2～10 种植物、识别物种名称并编号（如果不认识植物，用物种 1、2、3 等来代替）。

### 3．数据的调查

（1）在一个样方内调查选定物种的数量，并做记录。

（2）在随机设置的 $n$ 个样方内调查选定物种出现情况，并做记录。

### 4．数据计算

种群个体分布格局的计算见实验原理部分。

## 五、实验数据记录与整理

1．调查统计表

表 1　种群个体分布格局

| 项目 | 种群 | | |
|---|---|---|---|
| | 种群 1 | 种群 2 | 种群 3 |
| $m$ | | | |
| $S^2$ | | | |
| $S^2/m$ | | | |
| 分布格局 | | | |

2．样方法估测不同种群个体分布格局（如原理所述）。

## 六、注意事项

1．注意安全，同学之间要互相关照。

2．及时记录各项数据并签名，注意保管好记录材料，以备分析。

## 七、思考题

1．样方大小会影响实验结果吗？怎样影响？

2．通过野外测量与室内计算分析，判断群落内实验种群的空间格局分布类型，并对其特点和可能形成原因进行分析。

# 实验三　植物群落物种多样性测定

生物多样性可分为遗传多样性、物种多样性和生态系统多样性三个层次。物种多样性具有两种含义：一是指一个群落或生境中物种数目的多寡（丰富度）；二是指一个群落或生境中全部物种个体的数量分配状况（均匀度）。植物群落的物种多样性是物种数及其多度的函数。两个具有相同物种数的群落，可能由于相对多度的不同而在物种多样性上有一定差异。

## 一、实验目的与要求

1．掌握物种多样性测定的取样和计算方法。

2．比较样本间物种多样性的差异。

## 二、实验原理

### 1．取样方法介绍

确定样方形状、确定最小样方面积、确定最小样方数量。

## 2. 关于群落物种多样性

物种多样性是衡量一个群落中物种的数目及其相对多度的指标，代表群落的组织水平和功能特性，通常用多样性指数表示。常用的多样性指数有 Simpson 指数、Shannon-Wiener 指数、种间相遇概率（PIE）等。

①Simpson 指数：该指数假设在无限大的群落随机取样，样本中两个不同种个体相遇的概率可认为是一种多样性的测度。用公式表示为

$$D = 1 - \sum_{i=1}^{S} P_i^2 \tag{1}$$

式中：$D$——Simpson 指数；

$P_i$——第 $i$ 个物种个体数占全部物种个体数的比例；

$S$——物种数目。

② Shannon-Wiener 指数：该指数假设在无限大的群落中随机取样，而且样本包含了群落中所有的物种，个体出现的机会即为多样性指数。种信息量越大，不确定性也越大，因而多样性也就越高。其计算公式为

$$H' = - \sum_{i=1}^{S} P_i \ln P_i \tag{2}$$

式中：$H'$——Shannon-Wiener 指数；

$P_i$——第 $i$ 个物种个体数占全部物种个体数的比例；

$S$——物种数目。

$P_i$ 为第 $i$ 个种在全体物种中的重要性比例。对于乔木而言，以个体数量计，$n_i$ 为第 $i$ 个物种的个体数量，$N$ 为总个体数量，则有 $P_i = n_i/N$；对于灌木和草本，以相对盖度计，$C_i$ 为第 $i$ 个种的盖度，则有 $P_i = C_i / \Sigma C_i$。

③ Pielou 均匀度指数：该指数为群落的实测多样性（$H'$）与最大多样性（$H'_{max}$，即在给定物种数 $S$ 下的完全均匀群落的多样性）之比率。

$$E = H' / H'_{max} \tag{3}$$

式中：$H'$——Shannon-Wiener 指数；

$H'_{max}$——最大的物种多样性指数，$H'_{max} = \ln S$；

$S$——物种数目。

## 三、实验仪器

卷尺或直尺；取样框；植物标本采集器；计算器。

## 四、实验步骤

1．样方面积的确定：记录样方的物种数，绘制物种-面积曲线。

2．样方数的确定：根据调查目的，取 10～15（或 8～10）个样方，记录物种数。

3．群落物种多样性比较。

（1）选择样地：在同一块林地、草地，山的阳坡与阴坡，不同生物群落交错地带或者其他生境作为样地。

（2）样方面积和样方数量：根据调查目的确定。

（3）统计生物种类及其个体数：记录各样方内的物种名称和每一物种的个体数量，对不认识的生物，可采样带回实验室检索。

（4）计算比较物种的多样性指数。

## 五、实验数据记录与整理

1．样方面积的确定。用绳围成 0.5 m×0.5 m、1 m×1 m、2 m×2 m 和 3 m×3 m 的巢式正方形，调查记录其中的物种。当样方面积大于一定值，而物种数量不再继续增加，则确定此面积为最终调查的样方面积。

2．样方数的确定。样方数量依调查目的确定。

3．群落物种多样性计算。见实验原理部分。

表 1　植物群落多样性调查记录表

样地编号：　　　样地面积：　　　调查日期：　　　调　查　人：　　　地理位置：　　　地貌类型：
海　　拔：　　　坡　　度：　　　坡　　向：　　　群落描述：　　　土壤状况：　　　生境描述：

| 样方编号 | 面积/m$^2$ | 物种数 | 个体数（$n_i$） | $P_i$ | Simpson 指数 | Shannon-Wiener 指数 |
|---|---|---|---|---|---|---|
| A |  |  |  |  |  |  |
| B |  |  |  |  |  |  |
| C |  |  |  |  |  |  |
| ... |  |  |  |  |  |  |

## 六、注意事项

1．在使用 $P_i$ 值时，要使用相应的参数。

2．在计算和比较物种多样性时，要分层进行（乔、灌）。

3．比较物种多样性时，其调查面积应当一致。

## 七、思考题

1．不同环境中物种多样性的差异程度及其形成原因分析。
2．物种多的群落是否物种多样性指数就高？

# 实验四　草本植物群落生物量测定

生物量是指某一时间单位面积或体积栖息地内所含一个或一个以上生物种，或所含一个生物群落中所有生物种的总个数或总干重（包括生物体内所存食物的重量）。广义的生物量是生物在某一特定时刻单位空间的个体数、重量或其所含能量，可用于指某种群、某类群生物或整个生物群落的生物量。狭义的生物量仅指以重量表示的，可以是鲜重或干重，与生产力是不同的概念。某一特定时刻的生物量是一种现存量，生产力则是某一时间内由活的生物体新生产出的有机物质总量。$t$ 时间的生物量比 $t_1$ 时刻的增加量（Δ生物量），必须加上该时间中的减少量才等于生产力，即生产力=Δ生物量+Δ减少量。通过分析植物生产力的大小，参考植物在群落中的位置和生态作用，来揭示不同种植物在群落中的作用，从而为人类利用和改造生态系统提供理论上的依据。

## 一、实验目的与要求

1．掌握草本植物群落生物量的测定方法。
2．通过测定植物生产力，了解群落不同植物种的生长特点和生产力大小。
3．分析群落生产力，了解不同功能群的作用。

## 二、实验原理

生物量是指某一时间单位面积或体积栖息地内所含一个或一个以上生物种，或所含一个生物群落中所有生物种的总个数或总干重（包括生物体内所存食物的重量）。某一特定时刻的生物量是一种现存量，生产力则是某一时间内由活的生物体新生产出的有机物质总量。

## 三、实验仪器

铁铲；锄头；标本夹；记录本；剪刀；海拔仪；光度计；GPS；罗盘仪；坡度计；烘干箱；天平；测高仪；电刨；锯刀；放大镜。

## 四、实验步骤

### 1．确定样方

群落的生物量也称现存量，是指特定时间内群落现有的活有机体的干物质总重量。生物量的测定是把一定样方内全部植物割下称重（根系全部挖出称重）求得，这种方法称刈割法。分层刈割法则是把群落每一层的生物量分别割下称重。

首先根据群落情况决定样方大小及数目。高草（高度＞1 m）通常用 3 m×3 m 或 5 m×5 m 大小的样方，中草（高度 1 m 左右）通常用 1 m×1 m 或 2 m×2 m 的样方，矮草（高度＜1 m）通常用 1 m×1 m 或更小的样方。在样方的四角竖立标杆，确定每层的厚度（高度 1 m 以下的群落以 10 cm 为宜，1 m 以上群落用 15 cm 或 20 cm）。先在样方内测定各层的光照强度，然后拉上水平线，以线的高度为准进行剪割。剪割完上层后，用同样的方法剪较下一层。剪时应尽量按照群落原有的自然状态。如果剪掉了上层，有些枝叶翘起，应把它固定到原来的位置。每层的样本分别装在塑料袋里，包好，以防水分损失。

**2. 样品分类、测重和干燥**

剪割完成后，把各样品按植物种的叶（光合系统）、茎、花、果（非光合系统）分开，测定鲜重。然后用感量为 0.1 g 天平取各样品鲜重 50 g 左右，置于烘箱中，于 80℃烘至恒重（12 h）。冷却后，用感量 0.01 g 天平称干重。记录数据于表 1 中。

**五、实验数据记录与整理**

表 1　草地群落分层刈割记录

| 物种 | 光合系统 | | | 非光合系统 | | |
|---|---|---|---|---|---|---|
| | 鲜重/g | 干重/g | 叶面积/cm$^2$ | 鲜重/g | 干重/g | 枯落物/g |
| | | | | | | |
| | | | | | | |
| | | | | | | |
| | | | | | | |
| | | | | | | |
| 总生物量 | | | | | | |

**六、注意事项**

1. 样方大小与数目应根据群落情况而定。
2. 剪割时应尽量按照群落原有的自然状态。
3. 剪割下的样品应装在塑料袋里，以防水分损失。

**七、思考题**

1. 如何进一步完善草本植物群落生物量的测定？
2. 分层刈割法适宜于测定哪些植物群落的植物现存量？

# 实验五　淡水水域初级生产力的测定

淡水水域中的初级生产力直接决定了水体的生物量，也是评价水体环境的重要指标。水体生态系统的生产过程主要是水生植物，尤其是以水生浮游植物为主体的植物群落，在光合作用和呼吸作用共同作用下，在单位体积和单位时间内所生产的有机物的质量，即为该生态系统的初级生产力。

## 一、实验目的与要求

1．通过分析抽样，掌握测定水体生态系统初级生产力的意义和方法。

2．以黑白瓶测氧法为例学习测定水体生产力的原理和操作方法。

3．利用测定的水体初级生产力，正确评价该水域和生态环境。

## 二、实验原理

将几只注满水样的白瓶和黑瓶悬挂在采水深度处，曝光 24 h，黑瓶中的浮游植物由于得不到光照只能进行呼吸作用，因此黑瓶中的溶解氧就会减少；白瓶完全暴露在光下，瓶中的浮游植物可进行光合作用，因此白瓶中的溶解氧量一般会增加。通过黑白瓶间溶解氧量的变化，就可估算出水体的生产力。

水体初级生产力是评价水体富营养化水平的重要指标。水体初级生产力测定的黑白瓶测氧法是根据水中藻类和其他具有光合作用能力的水生生物利用光能合成有机物、同时释放氧的生物化学原理，测定初级生产力的方法。该方法所反映的指标是每平方米垂直水柱的日平均生产力。

## 三、实验仪器与试剂

1．黑白瓶：容量在 250～300 mL，校准至 1 mL，可使用具塞、完全透明的温克勒瓶或其他适合的细口玻璃瓶，瓶肩最好是直的。每个瓶和瓶塞要有相同的编号。用称量法来测定每个细口瓶的体积。玻璃瓶用酸洗液浸泡 6 h 后，用蒸馏水清洗干净。黑瓶可用黑布或用黑漆涂在瓶外进行遮光，使之完全不透光。

2．采水器：可使用有机玻璃采水器。

3．照度计或透明度盘。

4．水温计。

5．吊绳和支架：固定和悬挂黑、白瓶用。形式以不遮蔽浮瓶为宜。

6．测定溶解氧的全套器具和试剂［按《水质　溶解氧的测定　碘量法》（GB 7489—87）执行］。

### 四、实验步骤

1. 水样采集与挂瓶。

（1）采水与挂瓶深度确定：采集水样之前先用照度计测定水体透光深度，如果没有照度计可用透明度盘测定水体透光深度。采水与挂瓶深度确定在表面照度 1%～100%，可按照表面照度的 100%、50%、25%、10%、1%选择采水与挂瓶的深度和分层。浅水湖泊（水深≤3 m）可按 0.0 m、0.5 m、1.0 m、2.0 m、3.0 m 的深度分层。

（2）水样采集：根据确定的采水分层和深度，采集不同深度的水样。每次采水至少同时用虹吸管（或采水器下部出水管）注满 3 个实验瓶，即一个白瓶、一个黑瓶、一个初始瓶。每个实验瓶注满后先溢出 3 倍体积的水，以保证所有实验瓶中的溶解氧与采样器中的溶解氧完全一致。灌瓶完毕，将瓶盖盖好，立即对其中一个实验瓶（初始瓶）进行氧的固定，测定其溶解氧，该瓶溶解氧为"初始溶解氧"。

（3）挂瓶与曝光：将灌满水的白瓶和黑瓶悬挂在原采水处，曝光培养 24 h。挂瓶深度和分层应与采水深度和分层完全相同。各水层所挂的黑、白瓶以及测定初始溶解氧的玻瓶应统一编号，做好记录。

2. 溶解氧的固定与分析：曝光结束后，取出黑、白瓶，立即加入 1 mL 硫酸锰溶液和 2 mL 碱性碘化钾溶液，使用细尖的移液管将试剂加入到液面之下，小心盖上塞子，避免空气带入。将实验瓶颠倒转动数次，使瓶内成分充分混合，然后将实验瓶送至实验室测定溶解氧。初始瓶的溶解氧固定和室内测定方法与此相同，均依照《水质　溶解氧的测定　碘量法》（GB 7489—1987）方法执行。有条件时，也可依据《水质　溶解氧的测定　电化学探头法》（HJ 506—2009）进行现场测定。

### 五、实验数据记录与整理

1. 各水层日生产力 [mg（$O_2$）/（$m^2 \cdot d$）] 计算方法：

$$总生产力=白瓶溶解氧-黑瓶溶解氧 \tag{1}$$

$$净生产力=白瓶溶解氧-初始瓶溶解氧 \tag{2}$$

$$呼吸作用量=初始瓶溶解氧-黑瓶溶解氧 \tag{3}$$

2. 每平方米水柱日生产力 [g（$O_2$）/（$m^2 \cdot d$）] 计算方法：

可用算术平均值累计法计算。

例如，某水体某日的 0.0 m、0.5 m、1.0 m、2.0 m、3.0 m、4.0 m 处的总生产力分别是 2.0 mg（$O_2$）/L、4.0 mg（$O_2$）/L、2.0 mg（$O_2$）/L、1.0 mg（$O_2$）/L、0.5 mg（$O_2$）/L、0.0 mg（$O_2$）/L，则某水柱总生产力的计算见表 1。

表 1　水柱总生产力计算

| 水层/m | 1 m² 水层下水层体积/(L/m²) | 每升平均日生产量/[mg/(L·d)] | 每 1 m² 水面下各水层日生产力/[g($O_2$)/(m²·d)] |
|---|---|---|---|
| 0.0~0.5 | 500 | (2+4)÷2=3 | 3×500=1 500 mg($O_2$)/(m²·d) =1.5 g($O_2$)/(m²·d) |
| 0.5~1.0 | 500 | (4+2)÷2=3 | 3×500=1 500 mg($O_2$)/(m²·d) =1.5 g($O_2$)/(m²·d) |
| 1.0~2.0 | 1 000 | (2+1)÷2=1.5 | 1.5×1 000=1 500 mg($O_2$)/(m²·d) =1.5 g($O_2$)/(m²·d) |
| 2.0~3.0 | 1 000 | (1+0.5)÷2=0.75 | 0.75×1 000=750 mg($O_2$)/(m²·d) =0.75 g($O_2$)/(m²·d) |
| 3.0~4.0 | 1 000 | (0.5+0)÷2=0.25 | 0.25×1 000=250 mg($O_2$)/(m²·d) =0.25 g($O_2$)/(m²·d) |
| 0.0~4.0 （水柱生产力） |  |  | $\sum$=5.5 g($O_2$)/(m²·d) |

## 六、注意事项

1. 在有机质含量较高的湖泊、水库，可采用 2~4 h 挂瓶一次，连续测定的方法，以免由于溶解氧过低而使净生产力可能出现负值。

2. 在光合作用很强的情况下，会形成氧的过饱和，在瓶中产生大量的气泡，应将瓶略微倾斜，小心打开瓶塞加入固定剂，再盖上瓶盖充分摇匀，使氧气固定下来。

3. 测定时间应同时记录当天的水温、水深、透明度，并描述水草的分布情况。

4. 尽可能同时测定水中主要营养盐，特别是总磷和总氮。

5. 对于较大的湖泊和水库，因船只、风浪、气候等因素的影响，使用 24 h 曝光实验，耗资耗力较大，可采用模拟现场法。模拟现场法的采样、布设曝光方法同现场法。仅布设曝光地点可选择在离水岸较近的水域进行。选择模拟现场法，主要为了保证交通、安全、实施方便，但要尽可能考虑模拟地点和现场法在水深、光照、温度等因素一致。

## 七、思考题

1. 在淡水水域生态系统中出现什么程度的分层？存在温度递变吗？

2. 比较水域不同深度的产量/呼吸量的比率，有什么规律性？

## 实验六　水体富营养化的测定与分析

水体富营养化（eutrophication）是指在人类活动的影响下，氮、磷等营养物质大量进入湖泊、河口、海湾等缓流水体，引起藻类及其他浮游生物迅速繁殖，水体溶解氧量下降，水质恶化，鱼类及其他生物大量死亡的现象。在自然条件下，湖泊也会从贫营养状态过渡到富营养状态，沉积物不断增多，先变为沼泽，后变为陆地。这种自然过程非常缓慢，常需几千年甚至上万年。而人为排放含营养物质的工业废水和生活污水所引起的水体富营养化现象，可在短期内出现。水体富营养化后，即使切断外界营养物质的来源，也很难自净和恢复到正常水平。水体富营养化严重时，湖泊可被某些水生植物及其残骸淤塞，成为沼泽甚至干地。局部海区可变成"死海"，或出现"赤潮"。

许多参数可用作水体富营养化的指标，常用的有总磷、叶绿素 a 含量和初级生产率的大小（表 1）。

**表 1　水体富营养化程度划分**

| 富营养化程度 | 初级生产率/ $[mg (O_2) / (m^2 \cdot d)]$ | 总磷/ （μg/L） | 无机氮/ （μg/L） |
|---|---|---|---|
| 极贫 | 0～136 | <0.005 | <0.200 |
| 贫～中 | | 0.005～0.010 | 0.200～0.400 |
| 中 | 137～409 | 0.010～0.030 | 0.300～0.650 |
| 中～富 | | 0.030～0.100 | 0.500～1.500 |
| 富 | 410～547 | >0.100 | >1.500 |

### 一、实验目的与要求

1. 掌握总磷、叶绿素 a 的测定原理和方法。

2. 运用环境监测、环境微生物及环境评价等课程知识，综合分析和评价水体的富营养化状况，并初步提出治理水体富营养化的方案。

### 二、实验原理

#### 1. 磷的测定

在酸性溶液中，将各种形态的磷转化成磷酸根离子（$PO_4^{3-}$）。随之用钼酸铵和酒石酸锑钾与之反应，生成磷钼锑杂多酸，再用抗坏血酸把它还原为深色钼蓝。

砷酸盐与磷酸盐一样也能生成钼蓝，0.1 μg/mL 的砷就会干扰测定。六价铬、二价铜和亚硝酸盐能氧化钼蓝，使测定结果偏低。

### 2．生产率的测定

绿色植物的生产率是光合作用的结果，与氧的产生量成比例。因此测定水体中的溶解氧含量可看作对生产率的测量。然而在任何水体中都有呼吸作用，要消耗一部分氧。因此在计算生产率时，还必须测量因呼吸作用所损失的氧。本实验用测定 2 只无色瓶和 2 只深色瓶中相同样品内溶解氧变化量的方法测定生产率。此外，测定无色瓶中氧的减少量，提供校正呼吸作用的数据。

### 3．叶绿素 a 的测定

测定水体中的叶绿素 a 的含量，可估计该水体的绿色植物存在量。将色素用丙酮萃取，测量其吸光度值，便可以测得叶绿素 a 的含量。

## 三、实验仪器与试剂

### 1．仪器

（1）可见分光光度计。

（2）移液管：1 mL、2 mL、10 mL。

（3）容量瓶：100 mL、250 mL。

（4）锥形瓶：250 mL。

（5）比色管：25 mL。

（6）BOD 瓶：250 mL。

（7）具塞小试管：10 mL。

（8）玻璃纤维滤膜、剪刀、玻棒、夹子。

### 2．试剂

（1）过硫酸铵（固体）。

（2）浓硫酸。

（3）1 mol/L 硫酸溶液。

（4）2 mol/L 盐酸溶液。

（5）6 mol/L 氢氧化钠溶液。

（6）1%酚酞：1 g 酚酞溶于 90 mL 乙醇中，加水至 100 mL。

（7）丙酮：水（9∶1）溶液。

（8）酒石酸锑钾溶液：将 4.4 g $K(SbO)C_4H_4O_6 \cdot 1/2H_2O$ 溶于 200 mL 蒸馏水中，用棕色瓶在 4℃时保存。

（9）钼酸铵溶液：将 20 g $(NH_4)_6MO_7O_{24} \cdot 4H_2O$ 溶于 500 mL 蒸馏水中，用塑料瓶在 4℃时保存。

（10）抗坏血酸溶液，$c$=0.1 mol/L：溶解 1.76 g 抗坏血酸于 100 mL 蒸馏水中，转入棕色瓶，若在 4℃时保存，可维持一周不变。

（11）混合试剂：50 mL 2 mol/L 硫酸、5 mL 酒石酸锑钾溶液、15 mL 钼酸铵溶液和 30 mL 抗坏血酸溶液。混合前，先让上述溶液达到室温，并按上述次序混合。在加入酒石酸锑钾或钼酸铵后，如混合试剂有浑浊，须摇动混合试剂，并放置几分钟，至澄清为止。若在 4℃下保存，可维持 1 周不变。

（12）磷酸盐储备液（1.00 mg/mL 磷）：称取 1.098 g $KH_2PO_4$，溶解后转入 250 mL 容量瓶中，稀释至刻度，即得 1.00 mg/mL 磷溶液。

（13）磷酸盐标准溶液：量取 1.00 mL 储备液于 100 mL 容量瓶中，稀释至刻度，即得磷含量为 10 μg/mL 的工作溶液。

### 四、实验步骤

#### 1．磷的测定

（1）水样处理：水样中如有大的微粒，可用搅拌器搅拌 2～3 min，以至混合均匀。量取 100 mL 水样（或经稀释的水样）2 份，分别盛入 250 mL 锥形瓶中，另取 100 mL 蒸馏水于 250 mL 锥形瓶中作为对照，分别加入 1 mL 2 mol/L $H_2SO_4$，3 g $(NH_4)_2S_2O_8$，微沸约 1 h，补加蒸馏水使体积为 25～50 mL（如锥形瓶壁上有白色凝聚物，应用蒸馏水将其冲入溶液中），再加热数分钟。冷却后，加 1 滴酚酞，并用 6 mol/L NaOH 将溶液中和至微红色。再滴加 2 mol/L HCl 使粉红色恰好褪去，转入 100 mL 容量瓶中，加水稀释至刻度，移取 25 mL 至 50 mL 比色管中，加 1 mL 混合试剂，摇匀后，放置 10 min，加水稀释至刻度再摇匀，放置 10 min，以试剂空白作参比，用 1 cm 比色皿，于波长 880 nm 处测定吸光度（若分光光度计不能测定 880 nm 处的吸光度，可选择 710 nm 波长）。

（2）标准曲线的绘制：分别吸取 10 μg/mL 磷的标准溶液 0.00、0.50 mL、1.00 mL、1.50 mL、2.00 mL、2.50 mL、3.00 mL 于 50 mL 比色管中，加水稀释至约 25 mL，加入 1 mL 混合试剂，摇匀后放置 10 min，加水稀释至刻度，再摇匀，10 min 后，以试剂空白作参比，用 1 cm 比色皿，于波长 880 nm 处测定吸光度。

#### 2．生产率的测定

（1）取 4 只 BOD 瓶，其中两只用铝箔包裹使之不透光，这些分别记作"亮"瓶和"暗"瓶。从一水体上半部的中间取出水样，测量水温和溶解氧，溶解氧采用碘量法测定（参见 GB 7489—1987）。如果此水体的溶解氧未过饱和，则记录此值为 $O_i$，然后将水样分别注入一对"亮"瓶和"暗"瓶中。若水样中溶解氧过饱和，则缓缓地给水样通气，以除去过剩的氧。重新测定溶解氧并记作 $O_i$。按上法将水样分别注入一对"亮"瓶和"暗"瓶中。

（2）从水体下半部的中间取出水样，按上述方法同样处理。

（3）将两对"亮"瓶和"暗"瓶分别悬挂在与取水样相同的水深位置，调整这些瓶子，使阳光能充分照射。一般将瓶子暴露几个小时，暴露期为清晨至中午，或中午至黄昏，也可以是清晨到黄昏。为方便起见，可选择较短的时间。

（4）暴露期结束即取出瓶子，逐一测定溶解氧，分别将"亮"瓶和"暗"瓶的数值记为 $O_L$ 和 $O_d$。

### 3. 叶绿素 a 的测定

（1）将 $100 \sim 500$ mL 水样经玻璃纤维滤膜过滤，记录过滤水样的体积。将滤纸卷成香烟状，放入小瓶或离心管。加 10 mL 或足以使滤纸淹没的 90% 丙酮液，记录体积，塞住瓶塞，并在 4℃下暗处放置 4 h。如有浑浊，可离心萃取。将一些萃取液倒入 1 cm 玻璃比色皿，加比色皿盖，以试剂空白为参比，分别在波长 665 nm 和 750 nm 处测其吸光度。

（2）加 1 滴 2 mol/L 盐酸于上述两只比色皿中，混匀并放置 1 min，再在波长 665 nm 和 750 nm 处测定吸光度。

根据测定结果，评价水体富营养化状况。

### 五、实验数据记录与整理

#### 1. 磷的测定

由标准曲线查得磷的含量，按下式计算水中磷的含量：

$$P = \frac{P_i}{V} \times 10^{-3} \tag{1}$$

式中：$P$——水中磷的含量，g/L；

$\quad$ $P_i$——由标准曲线上查得磷含量，μg；

$\quad$ $V$——测定时吸取水样的体积（本实验 $V$=25.00 mL）。

#### 2. 生产率的测定

（1）呼吸作用：$R$=氧在"暗"瓶中的减少量=$O_i - O_d$ $\tag{2}$

$\quad$ 净光合作用：$P_n$=氧在"亮"瓶中的增加量=$O_L - O_i$ $\tag{3}$

$\quad$ 总光合作用：$P_g$=呼吸作用+净光合作用=$(O_i - O_d) + (O_L - O_i) = O_L - O_d$ $\tag{4}$

（2）计算水体上下两部分值的平均值。

（3）通过以下公式计算来判断每单位水域总光合作用和净光合作用的日速率：

①把暴露时间修改为日周期：

$$日\ P_g' \left[ mg（O_2）/（L \cdot d）\right] = P_g \times 每日光周期时间/暴露时间 \tag{5}$$

②将生产率单位从 mg（O_2）/L 改为 mg（O_2）/m$^2$，这表示 1 m$^2$ 水面下水柱的总产生率。为此必须知道产生区的水深：

$$日\ P_g'' \left[ mg（O_2）/（m^2 \cdot d）\right] = P_g \times 每日光周期时间/暴露时间 \times 10^3 \times 水深（m） \tag{6}$$

式中：$10^3$——由质量浓度 mg/L 换算为 mg/m$^3$ 的系数。

③假设全日 24 h 呼吸作用保持不变，计算日呼吸作用：

$$R\left[mg\left(O_2\right)/\left(m^2\cdot d\right)\right]=R\times24/暴露时间（h）\times10^3\times水深（m）\tag{7}$$

④计算日净光合作用：

$$P_n\left[mg\left(O_2\right)/\left(L\cdot d\right)\right]=P_g-R\tag{8}$$

（4）假设符合光合作用的理想方程（$CO_2+H_2O\rightarrow CH_2O+O_2$），将生产率的单位转换成固定碳的单位：

$$P_m\left[mg\,C/\left(m^2\cdot d\right)\right]=P_n\left[mg\left(O_2\right)/\left(m^2\cdot d\right)\right]\times12/32\tag{9}$$

3. 叶绿素 a 的测定：

酸化前：$A=A_{665}-A_{750}$

酸化后：$Aa=A_{665a}-A_{750a}$

在 665 nm 处得吸光度减去 750 nm 处测得值是为了校正浑浊液。

用下式计算叶绿素 a 的浓度（μg/L）：

$$叶绿素\,a=\frac{29(A-A_a)V_{萃取液}}{V_{样品}}\tag{10}$$

根据测定结果，评价水体富营养化状况。

## 六、思考题

1. 水体中氮、磷的主要来源有哪些？
2. 在计算日生产率时，有几个主要假设？
3. 被测水体的富营养化状况如何？

## 实验七　土地利用格局的景观生态指数计算与分析

　　土地利用变化是在错综复杂的自然因素和社会经济因素的合力作用下形成的，其变化是引起其他全球变化问题的主要原因之一。土地利用斑块作为人类与自然相互作用的产物，其形状特征随人地相互作用的强度和方向改变而变化，是土地利用功能和动态变化研究的基础。不同土地利用类型斑块有不同的空间图形特征，同一土地利用类型斑块在不同演化阶段或处于不同环境中其空间形状也有差异。景观格局主要指空间格局，包括景观组成单元的类型、数目以及空间分布与配置。如不同类型的斑块可在空间上呈随机型、均匀型或聚集型分布。景观指数能够高度浓缩景观格局信息，反映其结构组成和空间配置某些方面特征的简单定量指标。

## 一、实验目的与要求

1．熟悉各特征指数的计算方法及其生态意义。

2．了解格局分析中误差的来源、精度评价方法和常用降低的误差方法。

## 二、实验原理

1．景观指数能够高度浓缩景观格局信息，反映其结构组成和空间配置某些方面特征的简单定量指标。

2．景观要素斑块特征分析。

（1）景观要素斑块规模：A 斑块面积、B 内部生境面积；

（2）景观要素斑块形状：A 景观要素斑块形状指数、B 景观要素斑块分维数。

3．景观异质性指数。

（1）景观斑块密度和边缘密度：A 景观斑块密度、B 景观边缘密度；

（2）景观多样性：A 多样性指数与均匀度、B 景观要素优势度。

## 三、实验仪器

遥感技术；GIS；遥感图像处理软件 ERDAS；ArcGIS 软件。

## 四、实验步骤

1．以研究目的和方案为指导，收集和处理景观数据；

2．将真实的景观系统转换为数字化的景观，选用适当的格局研究方法进行分析；

3．最后对分析结果加以解释和综合。

## 五、实验数据记录与整理

### 1．景观要素斑块特征分析

（1）景观要素斑块规模

①斑块面积

类斑块平均面积：景观中某类景观要素斑块面积的算术平均值。反映该类景观要素斑块规模的平均水平。

$$\overline{A}_i = \frac{1}{N_i} \sum_{j=1}^{N_i} A_{ij} \qquad (1)$$

式中：$N_i$——第 $i$ 类景观要素的斑块总数；

$A_{ij}$——第 $i$ 类景观要素第 $j$ 个斑块的面积。

最大和最小斑块面积：是指景观中某类景观要素最大和最小斑块的面积。反映该类景观要素斑块规模的极端情况。

$$A_{i\max} = \max(A_{ij}) \tag{2}$$

$$A_{i\min} = \min(A_{ij}) \tag{3}$$

类斑面积标准差（$S_i$）和变动系数（$C_i$）：是指景观中某类景观要素斑块面积的统计标准差和变动系数。反映该类景观要素斑块规模的变异程度。

$$S_i = \sqrt{\frac{1}{N_i}\sum_{j=1}^{N_i}\left(A_{ij}-\overline{A}_i\right)^2} \tag{4}$$

$$C_i = \frac{S_i}{A_i}\times 100\% \tag{5}$$

②内部生境面积

类斑块内部生境总面积：该类生境全部斑块内部面积之和。

$$\mathrm{AI}_i = \sum_{j=1}^{N_i}\left(A_{ij}-\mathrm{EA}_{ij}\right) \tag{6}$$

式中：$\mathrm{AI}_i$——第 $i$ 类生境的内部生境总面积；

　　　$A_{ij}$——第 $j$ 类生境的斑块平均内部生境面积；

　　　$\mathrm{EA}_{ij}$——第 $i$ 类景观要素第 $j$ 斑块的边际带面积。

平均内部生境面积：该类生境全部斑块内部面积算术平均值。

$$\overline{\mathrm{AI}}_i = \frac{1}{N_i}\sum_{j=1}^{N_i}\left(A_{ij}-\mathrm{EA}_{ij}\right) \tag{7}$$

实际研究工作中，某一类生境斑块内部生境面积的测度，并不通过上式计算，而是在GIS 支持下通过生成该类斑块的边际缓冲带（buffer）图层后，直接由非缓冲带面积得到。

（2）景观要素斑块形状

①景观要素斑块形状指数

斑块形状指数 $D$：通过计算某一斑块形状与相同面积的圆或正方形之间的偏离程度来测量其形状的复杂程度。

以圆为参照：　　　　　　　　$D = P / 2\sqrt{\pi A} \tag{8}$

式中：$P$——斑块周长；

　　　$A$——斑块面积。

以正方形为参照：　　　　　　$D = 0.25P\sqrt{A} \tag{9}$

式中：$P$——斑块周长；

　　　$A$——斑块面积。

斑块的形状越复杂或越扁长，$D$ 的值就越大。

②景观要素斑块分形维数（fractal dimension）

分形：不规则的非欧几里得几何形状可统称为分形。组成部分以某种方式与整体相似的形体称分形。

分形维数或分维数：不规则几何形状的非整数维数。

分维数的一般数学表达式：

$$Q（L）=LD \tag{10}$$

式中：$Q（L）$——在观测尺度 $L$ 上获得的某种量（即分维变量）；

　　　$D$——量 $Q$ 的分维数，$D$ 取值越大，则 $Q$ 的结构和变化越复杂。

对于单个斑块：

$$P = kA^{D/2} \tag{11}$$

$$D = 2\ln\left(\frac{P}{k}\right) / \ln(A) \tag{12}$$

式中：$P$——斑块的周长；

　　　$A$——斑块的面积；

　　　$D$——分维数；

　　　$k$——常数。

对于栅格景观而言，$k=4$。一般地说，欧几里得几何形状的分维为 1，具有复杂边界斑块的分维则大于 1，但小于 2。

### 2. 景观异质性指数

（1）景观斑块密度和边缘密度

①景观斑块密度

景观斑块密度：指景观中包括全部异质景观要素斑块的单位面积斑块数。

$$景观斑块密度 = 景观斑块总数/景观总面积 \tag{13}$$

$$PD = \frac{1}{A}\sum_{j=1}^{M} N_i \tag{14}$$

$$PD_i = \frac{N_i}{A_i} \tag{15}$$

式中：PD——景观斑块密度；

$PD_i$——景观要素 $i$ 的斑块密度；

$M$——研究范围内某空间分辨率上景观要素类型总数；

$A$——研究范围景观总面积。

景观要素斑块密度：指景观中某类景观要素的单位面积斑块数。

$$\text{类型的斑块密度（孔隙度）} = \text{类型斑块总数/类型总面积} \tag{16}$$

②景观边缘密度

景观边缘密度包括景观总体边缘密度（或称景观边缘密度）和景观要素边缘密度（简称类斑边缘密度）。

景观边缘密度（ED）指景观范围内单位面积上异质景观要素斑块间的边缘长度。

景观要素边缘密度（$ED_i$）指研究对象单位面积上某类景观要素斑块与其相邻异质斑块之间的边缘长度。

$$ED = \frac{1}{A}\sum_{i=1}^{M}\sum_{j=1}^{M} P_{ij} \tag{17}$$

$$ED_i = \frac{1}{A_i}\sum_{j=1}^{M} P_{ij} \tag{18}$$

式中：$P_{ij}$——景观中第 $i$ 类景观要素斑块与相邻第 $j$ 类景观要素斑块间的边界长度。

（2）景观多样性

1）多样性指数与均匀度

①景观丰富度指数（landscape richness index）

景观丰富度 $R$：景观中斑块类型的总数，$R = m$，$m$ 是指景观中斑块类型数目。

相对丰富度 $R_r$：   $$R_r = m/m_{max} \tag{19}$$

丰富度密度 $R_d$：   $$R_d = m/A \tag{20}$$

式中：$m_{max}$——景观中斑块类型数的最大值，即景观最大可能丰富度；

$A$——景观面积。

②景观多样性指数（landscape diversity index）

Shannon 多样性指数：

$$H = -\sum_{k=1}^{m} P_k \ln(P_k) \tag{21}$$

$$H_{max} = \ln(m) \tag{22}$$

式中：$P_k$——斑块类型 $k$ 在景观中出现的概率；

$m$——景观中斑块类型总数。

Simpson 多样性指数：

$$H' = 1 - \sum_{k=1}^{m} P_k^2 \tag{23}$$

$$H'_{\max} = 1 - (1/m) \tag{24}$$

多样性指数的大小取决于两个方面的信息：斑块类型的多少（即丰富度）及各斑块类型在面积上分布的均匀程度。对于给定的 $m$，当各类斑块的面积比例相同时（即 $P_k=1/m$），$H$ 达到最大值。

③景观均匀度指数（landscape evenness index）

反映景观中各斑块类型在面积上分布的均匀程度。

以 Shannon 多样性指数为例：

$$E = \frac{H}{H_{\max}} = \frac{-\sum_{k=1}^{m} P_k \ln(P_k)}{\ln(m)} \tag{25}$$

$E \leqslant 1$，当 $E$ 趋于 1 时，景观斑块类型分布的均匀程度也趋于最大。

2）景观要素优势度

景观优势度指数（landscape dominance index）

描述景观由少数几类斑块控制的程度。通常，较大的 $D$（RD）对应于一个或少数几个斑块类型占主导地位的景观。

优势度指数 $D$： $$D = H_{\max} - H \tag{26}$$

相对优势度 RD： $$RD = 1 - E = 1 - (H/H_{\max}) \tag{27}$$

## 六、注意事项

1．原始数据收集过程、数据处理和分类过程引入过程、空间分析过程中应尽量减少误差。

2．各种景观指数和空间统计学方法的局限性和非确定性；采用这些方法的人的实际操作水平和对结果的解译能力。

## 七、思考题

1．土地利用格局的景观生态指数计算与分析的方法有哪些？

2．举例说明如何利用景观生态学原理和方法促进生物多样性保护和自然资源管理。

## 实验八 重金属在植物中的迁移、积累和分布

重金属一般是指密度在 4.0 g/cm³ 以上的约 60 种元素或密度在 5.0 g/cm³ 以上的约 45 种元素。在环境污染研究中所说的重金属主要是指 Hg、Cd、Pb、Cr 以及类金属 As 等生物毒性显著的元素，还包括具有一定毒性的一般重金属元素（Zn、Cu、Co、Ni、Sn、Mn 等）。重金属一般以天然浓度广泛存在于自然界中，但由于人类对重金属的开采、冶炼、加工及商业制造活动日益增多，造成不少重金属如 Pb、Hg、Cd、Co 等进入大气、水、土壤中，引起严重的环境污染。

### 一、实验目的与要求

1. 用原子吸收法测定土壤及植物中 Cu、Zn、Pb、Cd 的含量。
2. 了解土壤-植物体系中重金属的迁移、转化规律。

### 二、实验原理

1. 通过消化处理将在同一农田中采集植物及土壤样品中各种形态的重金属转化为离子态，用原子吸收分光光度法测定。
2. 通过比较分析土壤和作物中的重金属含量，探讨重金属在植物-土壤体系中的迁移能力。

### 三、实验仪器与试剂

**1. 仪器与器皿**
（1）原子吸收分光光度计。
（2）尼龙筛（100 目）。
（3）电热板。
（4）量筒：100 mL。
（5）高脚烧杯：100 mL。
（6）容量瓶：25 mL、100 mL。
（7）三角烧瓶：100 mL。
（8）小三角漏斗。
（9）表面皿。

**2. 试剂**
（1）硝酸、硫酸：优级纯。
（2）氧化剂：空气，用气体压缩机供给，经过必要的过滤和净化。

（3）金属标准储备液：准确称取 0.500 0 g 光谱纯金属，用适量的 1∶1 硝酸溶解，必要时加热直至溶解完全。用水稀释至 500.0 mL，即得 1.00 mg/mL 标准储备液。

（4）混合标准溶液：用 0.2%硝酸稀释金属标准储备溶液配制而成，使配成的混合标准溶液中镉、铜、铅和锌浓度分别为 10.0 μg/mL、50.0 μg/mL、100.0 μg/mL 和 10.0 mg/L。

## 四、实验步骤

### 1．土壤样品的制备

（1）土样的采集：在芦苇田取土样，倒在塑料薄膜上，晒至半干状态，在阴凉处使其慢慢风干。风干土样经磨碎后，过 2 mL 尼龙筛，风干细土反复按四分法弃取，最后约留下 100 g 土样，再进一步磨细。

（2）土样的消解：HCl-HClO$_4$-HNO$_3$ 三酸消煮。

取风干磨细过 100 目土样 0.500 0 g 于玻璃烧杯内，加 HCl∶HNO$_3$∶HClO$_4$（6∶4∶2 mL 优级纯）混合酸，放置过夜，砂浴低温（100℃以下）消化 1 h 以后，升到 200℃消化 1 h，再升高温度（250℃以下），继续消化至 HClO$_4$ 大量冒烟并至干（糊状），再加 5 mL 硝酸消解至余约 2 mL，直至消煮完全。

冷却后定容至 25 mL 待测，标线用 1%硝酸定容，标准曲线与样品酸度条件尽量保持一致。同时做一份空白实验。

### 2．植物样品的制备

（1）植物样品采集：取与土壤样品同一地点的芦苇（茎、叶或果实部分）经风干后，再经粉碎，研细成粉，装入样品瓶，保存于干燥器中。

（2）植物样品消解：HNO$_3$∶HClO$_4$=4∶1 消煮法。

称取烘干磨细植物样品 0.500 0～1.000 g 于 100 mL 高脚烧杯中，加 HNO$_3$∶HClO$_4$（4∶1，优级纯）混合酸 10 mL，放置过夜，沙浴低温 100～150℃加热 30 min，加大火力（温度控制在 250℃以下），待瓶内开始冒大烟时，注意经常摇动烧杯防止样品炭化变黑，必要时可以补加适量混合酸，直到瓶内溶液呈无色透明尚有约 2 mL 时终止，冷却后用三级水洗入 25 mL 容量瓶中，定容，必要时需要用定量滤纸过滤，样品溶液待测。工作曲线用 1%硝酸溶液配制。同时做一份空白实验。

### 3．土壤及植物中的 Pb、Zn、Cu、Cd 的测定

用 1%硝酸调零。吸入空白样和试样，测量其吸光度，记录数据。扣除空白值后，从标准曲线上查出试样中的金属质量浓度。由于仪器灵敏度的差别，土壤及植物样品中重金属元素含量不同，必要时应对试液稀释后再测定。

### 4．工作曲线的绘制

分别在 6 支 100 mL 容量瓶中按表 1 加入金属标准溶液，用 1%硝酸稀释定容。金属质量浓度见表 1。接着按样品测定的步骤测量吸光度，绘制标准曲线。

**表 1    金属标准系列溶液质量浓度**

| 金属质量浓度/（mg/L） | 混合标准使用液体积/mL | | | | | |
|---|---|---|---|---|---|---|
| | 0 | 0.50 | 1.00 | 3.00 | 5.00 | 10.00 |
| Cd | 0 | 0.05 | 0.10 | 0.30 | 0.50 | 1.00 |
| Cu | 0 | 0.25 | 0.50 | 1.50 | 2.50 | 5.00 |
| Pb | 0 | 0.50 | 1.00 | 3.00 | 5.00 | 10.00 |
| Zn | 0 | 0.05 | 0.10 | 0.30 | 0.50 | 1.00 |

### 五、实验数据记录与整理

由测定所得吸光度，分别从标准工作曲线上查得被测试液中各金属的质量浓度，根据下式计算出样品中被测元素的含量：

$$被测元素含量（\mu g/g）=(\rho \times V)/W_实 \tag{1}$$

式中：$\rho$——被测试液的质量浓度，$\mu g/mL$；

$\quad\quad V$——试液的体积，$mL$；

$\quad\quad W_实$——样品的实际重量，$g$。

### 六、注意事项

1. 取药品时细心仔细，确保安全。

2. 实验操作过程中应规范操作，最大限度地减少误差。

### 七、思考题

1. 植物的前处理有干法及湿法两种，各有什么优缺点？

2. 比较铜、锌、铅、镉在土壤及植物中的含量，描述土壤-植物体系中 Cu、Zn、Pb、Cd 迁移情况，分析重金属富集的情况及影响因素。

# 第十一章　物理性污染控制实验

　　物理性污染同化学性污染和生物性污染是不同的。化学性污染和生物性污染是环境中有了有害物质和生物，或者是环境中的某些物质超过正常含量。而机器振动要发出声波、电气设备要发射电磁波、各种热源释放着热，诸如此类的物理运动充满着空间、包围着人群，构成了人类的物理环境，引起物理性污染的声、光、热、电磁场等在环境中是永远存在的，它们本身对人无害，一旦这些物理运动的强度超过人的忍耐限度，就形成了物理性污染。随着科学技术的发展，人们的生活水平越来越高，但人们的生活环境却越来越不利于人体健康。物理性污染是指由物理因素引起的环境污染，如放射性辐射、电磁辐射、噪声、光污染等。物理性污染程度是由声、光、热、电等在环境中的量决定的，因此应注意物理现象的定量研究。

　　本章主要介绍各种物理性污染的定量测定手段及分析方法，主要帮助学生理解典型物理性污染指标的仪器测量原理，熟悉仪器使用方法和操作过程，掌握典型物理性污染的监测规范和结合环境标准进行评估的过程和方法。通过实验操作加深对课堂所学知识的理解，掌握通过实验和实践过程研究和评估物理性污染的程序和方法，提高学生对物理性污染学习的兴趣，为以后从事环境评价、环境管理、环境监测、污染治理等工作奠定实践基础。教学过程中需强调实验要解决问题的思路和方法，实验前要明确目的和问题，查找解决问题涉及的规范和标准，确定实验过程和评估方法。

## 实验一　道路交通噪声测量与评价

　　交通噪声污染源包括各种汽车、摩托车、拖拉机、火车、飞机和轮船等。交通噪声主要源于发动机壳体的振动、进排气噪声、喇叭声及轮胎与地面的摩擦噪声。交通噪声是一种不稳定的噪声，声源具有流动性，影响面较广，约占城市噪声源的 40%。其强度与行车速度有关。交通噪声对人的听力、生理和心理、生活和工作以及建筑设备等都可能产生影响，因此对交通噪声进行监测和评价显得尤为重要。

### 一、实验目的与要求

1. 掌握声级计的使用方法。

2. 加深对交通噪声特征的全面了解，并掌握等效连续声级、昼夜等效声级、累计百分数声级的概念以及监测方法。

### 二、实验原理

交通噪声的测量按照《声学　环境噪声的描述、测量与评价　第一部分：基本参量与评价方法》（GB/T 3222.1—2006）和《声环境质量标准》（GB 3096—2008）中的有关规定进行。

#### 1. 测试评价量

本实验中采用等效连续声级及累计百分数声级对测试的交通噪声进行评价。

（1）等效连续 A 声级

等效连续 A 声级又称等能量 A 计权声级，它等效于在相同的时间 $T$ 内与不稳定噪声能量相等的连续稳定噪声的 A 声级。在同样的采样时间间隔下测量时，测量时段内的等效连续 A 声级可通过下面的表达式计算：

$$L_{eq} = 10 \lg\left[ (1/T)\int_0^t 10^{0.1L_A}\, dt \right] \tag{1}$$

式中：$L_{eq}$——等效连续 A 声级，dB；

$T$——噪声暴露时间，h 或 min 或 s；

$L_A$——时间 $t$ 内的 A 声级，dB。

当测量是采样测量，且采样的时间间隔一定时，式（1）可表示为

$$L_{eq} = 10 \lg\left[ (1/N)\sum 10^{0.1L_{Ai}} \right] \tag{2}$$

式中：$L_{Ai}$——第 $i$ 次采样测得的 A 声级，dB；

$N$——采样总数。

（2）累计百分数声级

累计百分数声级 $L_n$ 表示在测量时间内高于 $L_n$ 声级所占的时间为 $n\%$。对于统计特性符合正态分布的噪声，其累计百分数声级与等效连续 A 声级之间有近似关系：

$$L_{eq}=L_{50}+d^2/60 \tag{3}$$

式中：$d=L_{10}–L_{90}$。

（3）昼夜等效声级

昼间等效声级，是指在昼间时间段测得的等效连续 A 声级，通常用 $L_d$ 表示，根据《中华

人民共和国环境噪声污染防治法》，"昼间"是指 6:00—22:00 的时段；"夜间"是指 22:00—次日 6:00 的时段。县级以上人民政府为环境噪声污染防治的需要（如考虑时差、作息习惯差异等）而对昼间、夜间的划分另有规定的，应按其规定执行。夜间等效声级，是指在夜间时间段测得的等效连续 A 声级，通常用 $L_n$ 表示。

昼夜等效声级，是指在整个昼间和夜间时间段测得的等效连续 A 声级，通常用 $L_{dn}$ 表示。由于人们对夜间的声音比较敏感，因而在夜间测得的所有声级都加上 10 dB 作为补偿，可表示为

$$L_{dn}=10\lg\left[1/24\left(\sum_{i=1}^{16}10^{0.1L_i}+\sum_{j=1}^{8}10^{0.1(L_i+10)}\right)\right]=10\lg\left[\frac{2}{3}\cdot10^{0.1L_d}+\frac{1}{3}\cdot10^{0.1(L_n+10)}\right] \quad (4)$$

式中：$L_{dn}$——昼夜等效声级，dB；

　　　$L_d$——昼间（6:00—22:00）的等效声级，dB；

　　　$L_n$——夜间（22:00—次日 6:00）的等效声级，dB；

　　　$L_i$——昼间 16 个小时中第 $i$ 小时的等效声级，dB；

　　　$L_j$——夜间 8 个小时中第 $j$ 小时的等效声级，dB。

### 2. 测点选择及时间

道路交通噪声的测点应选在市区交通干线两路口之间，道路边人行道上，距马路沿 20 cm 处，此处距两交叉路口均应大于 50 m。道路交通噪声的测量时间间隔不大于 0.1 s 和频率计权 A，采样时间 20 min。交通干线是指机动车辆每小时流量不小于 100 辆的马路。这样该测点的噪声可用来代表两路口间该马路的交通噪声。测点离地面高度大于 1.2 m，并尽可能避开周围的反射物（离反射物至少 3.5 m），以减少周围反射对测试结果的影响。

## 三、实验仪器

测量仪器采用 2 型或 2 型以上的积分式声级计或噪声自动监测仪器，其性能应符合《电声学　声级计　第 1 部分：规范》（GB/T 3785.1—2010）和《电声学　声级计　第 2 部分：型式评价试验》（GB/T 3785.2—2010）的规定，并定期校验。

为保证测量的准确性，声级计在使用前后要进行校准，通常使用活塞发生器、声级校准器或者其他声压校准仪器对声级计进行校准。

## 四、实验步骤

1. 准备好符合要求的测试仪器，打开电源待稳定后，用校准器将仪器校准。
2. 在分别选定的测量位置布置测点。
3. 在仪器上选择时间间隔和频率计权、采样时间和采样模式，开始监测。
4. 在测量时段内，同时记录各类车辆（卡车、大巴、中巴和轿车、摩托）通过测点

的数量，供测量结果分析参考。

5．测量结束后，用校准器对仪器再次进行校准，检查前后校准误差是否小于 0.5 dB，否则重新测量。

6．对实验数据进行处理、计算，并根据结果对所测路段交通噪声进行评价。

## 五、实验结果

测试结果报告中应包括测试路段及环境简图、测试时段、小时车流量以及车流量特征的简单表述（大车、小车出现情况、其他干扰情况）。测试数据列表，并计算出评价量，并加以讨论。

## 六、注意事项

1．交通噪声测定过程中务必注意道路安全。

2．在测量前后使用声级校准器进行校准，要求测量前后校准偏差不大于 0.5 dB，否则测量无效。

3．测量应在无雨、无雪、无雷电的天气条件下进行，风速要求控制在 5 m/s 以下。

## 七、思考题

《声环境质量标准》（GB 3096—2008）与已作废的《城市区域环境噪声标准》（GB 3096—1993）相比在 4 类声环境功能区上有何变化？标准名称的变化意味着什么？

## 八、延伸阅读

### 噪声的利用

#### 1．利用噪声除草

科学家发现，不同植物对不同的噪声敏感程度不一样。根据这个道理，人们制造出噪声除草器。这种噪声除草器发出的噪声能使杂草的种子提前萌发，这样就可以在作物生长之前用药物除掉杂草，用"欲擒故纵"的妙策，保证作物的顺利生长。

#### 2．利用噪声促进农作物生长

噪声应用于农作物同样获得了令人惊讶的成果。科学家们发现，植物在受到声音的刺激后，气孔会张到最大，能吸收更多的二氧化碳和养分，加快光合作用，从而提高增长速度和产量。有人曾经对生长中的番茄进行实验，在经过 30 次 100 dB 的噪声刺激后，番茄的产量提高近 2 倍，而且果实的个头也成倍增大，增产效果明显。通过实验发现，水稻、大豆、黄瓜等农作物在噪声的作用下，都有不同程度的增产。

## 实验二　校园环境噪声监测

校园环境是对学生进行潜移默化教育的重要外在因素。物质环境是校园环境的重要组成部分，主要是指校园及周边基本设施组成的客观环境，包含了众多因素，而声环境是其中一个可控因素。良好的高校校园环境可以保证师生有充沛的精力学习和研究。然而近年来，校园噪声污染越来越严重，校园声质量不容乐观，给学校师生造成了一定困扰。为了解校园环境噪声污染状况，本实验主要对校园环境噪声进行监测，对监测结果进行数据统计与分析，客观评价校园声环境质量，为创建生态、和谐的校园环境提供科学根据。

### 一、实验目的与要求

1. 熟悉声级计的使用方法。

2. 加深对校园区域环境噪声特征的全面了解，并掌握等效连续声级的概念以及监测方法。

3. 根据《声环境质量标准》（GB 3096—2008）对所测区域的噪声排放达标情况进行评价。

### 二、实验原理

校园噪声的测量按照《声环境质量标准》（GB 3096—2008）中的有关规定进行。

本实验中采用等效连续声级进行评价。噪声评价量同本章实验一的式（1）和式（2）。

本实验将选定区域按网格划分，布点在空间方位的基础上考虑功能区的划分。监测点应选在模拟实验的边界外 1 m 处、高度 1.2 m 以上、距任一反射面距离不小于 1 m 的位置。固定设备结构传声至噪声敏感建筑物室内，在噪声敏感建筑物室内测量时，测点应距任一反射面至少 0.5 m 以上、距地面 1.2 m、距外窗 1 m 以上，窗户关闭状态下测量。被测房间内的其他可能干扰测量的声源应关闭。

被测声源是稳态噪声，采用 1 min 的等效声级；被测声源是非稳态噪声，测量被测声源有代表性时段的等效声级，必要时测量被测声源整个正常工作时段的等效声级。

### 三、实验仪器

测量仪器采用 2 型或 2 型以上的积分式声级计或噪声自动监测仪器，其性能应符合《电声学　声级计　第 1 部分：规范》（GB/T 3785.1—2010）和《电声学　声级计　第 2 部分：型式评价试验》（GB/T 3785.2—2010）的规定，并定期校验。

## 四、实验步骤

1．准备好符合要求的带频谱的测试仪器，打开电源待稳定后，用校准器将测试仪器校准。

2．在校园内选定的测量位置，布置测点。

3．在仪器上选择时间间隔和频率计权、采样时间和采样模式，开始监测。

4．待被测设备运行正常时，开始测量，要求监测等效连续声级，并记录监测结果。

5．测量结束后，用校准器对仪器再次进行校准，检查前后校准误差是否小于 0.5 dB，否则重新测量。

6．对实验数据进行处理、计算，根据监测结果并结合《声环境质量标准》（GB 3096—2008）对该模拟校园环境噪声排放的达标情况进行评价。

## 五、实验报告

测试结果报告中应包括环境简图、监测位置、监测点位、测试时段、监测仪器以及被测设备等情况。

提供测试数据列表，并计算出各种结果，根据监测结果对该校园噪声进行评价，并加以讨论。

## 六、注意事项

1．在测量前后使用声级校准器进行校准，要求测量前后校准偏差不大于 0.5 dB，否则测量无效。

2．测量应在无雨、无雪、无雷电的天气条件下进行，风速要求控制在 5 m/s 以下。

## 七、思考题

1．如果测量时有小雨或小雪，请问检测结果有效吗？

2．如厂界有实体围墙，测量点为什么应高于围墙？

## 八、延伸拓展

### 1. 新型吸声材料

日本正在研究一种消除列车噪声的新型吸声材料，这种材料来自废弃垃圾，是从焚烧垃圾烧不掉的物质中提取的再生材料。经过在火车线路上的实际试验验证，吸声效果十分明显。由于这种再生材料的质量较轻，为了避免被风吹走，需要装入袋中，然后用树脂加固，最后缠绕在混凝土枕木中。

### 2."绿浪"降噪工程

德国在柏林的希尔街（Heer Str.）搞了一项被称作"绿浪"的降噪工程。当汽车基本以恒速（60～80 km/h）在这条大街上行驶时，汽车将一直遇到绿灯。这样，既能保证行驶的平稳，又能降低油耗，减少废气的排放，还能减少起步停车次数，保证发动机一直在良好状态运转，降低发动机噪声。我国部分城市也开展了这方面的尝试。

# 实验三　环境振动的测量

振动是自然界中最普遍的现象之一。在许多情况下，振动被认为是消极因素。例如，振动会影响精密仪器设备的功能，降低加工精度和光洁度，加剧构件的疲劳和磨损，从而缩短机器和结构的使用寿命。当振动超过一定的界限，从而对人体的健康和设施产生损害，对人的生活和工作环境形成干扰，或使机器、设备和仪表不能正常工作时，这种现象称为振动污染。振动污染属于物理性污染，具有物理性污染的特点。首先，振动污染有强烈的主观性，是一种危害人体健康的感觉公害，振动对人的危害受到个体因素及时间因素的影响；其次，振动污染具有局部性特点，即振动传递时，随着距离的增大，振动强度逐渐衰减；最后，振动污染属于能量污染，在环境中无残留污染、不积累，振动污染源停止振动，污染即消失。振动可能对人的生理、心理、工作效率以及建筑物的结构等都会产生影响，因此，对环境振动的监测显得极其重要。《城市区域环境振动标准》（GB 10070—1988）是为控制城市环境振动污染而制定的，适用于城市区域环境，该标准规定了城市区域环境振动的标准值及适用地带范围和监测方法。环境振动的测量按照《城市区域环境振动测量方法》（GB 10071—1988）中的有关规定进行。

## 一、实验目的与要求

1. 熟悉环境振动测量仪的使用方法。
2. 掌握环境振动的概念以及监测方法。
3. 通过监测结果对环境振动进行评价。

## 二、实验原理

本实验采用铅垂向 $Z$ 振级作为环境振动的评价量。根据能量原理用等效连续 $Z$ 振级，可通过以下表达式计算：

$$\mathrm{VL_{zeq}} = 10\lg\left\{\frac{1}{T}\int_0^T \frac{[a_z(t)]^2}{a_0^2}\mathrm{d}t\right\} = 10\lg\left(\frac{1}{T}10^{0.1\mathrm{VL}_z}\mathrm{d}t\right) \tag{1}$$

式中：$a_z(t)$——计权加速度值，$a_0$ 为 $10^{-6}$ m/s²；

$VL_z$——$Z$ 计权加速度级或 $Z$ 计权振级。

通常测量或计算累计百分 $Z$ 振级 $VL_{ZN}$ 定义为在规定的测量时间 $T$ 内有 $N\%$ 时间的 $Z$ 振级超过某一 $VL_z$ 值，这个 $VL_z$ 值就叫作累计百分 $Z$ 振级 $VL_{ZN}$，单位为 dB。

### 三、实验仪器

#### 1. 环境振动测量仪

测量仪器采用环境振动测量仪，其性能必须符合 ISO/DP 8041—1984 有关条款的规定，测量系统每年至少送计量部门校准一次。在测量前后使用进行电校准。本实验采用杭州爱华电子 AWA6256B 环境振动分析仪。

振动传感器灵敏度：40 mV/（m/s²）；

频率范围：1～80 Hz；

测率范围：50～140 dB（以 $10^{-6}$ m/s² 为参考）；

频率计权：全身垂直（W.B.z），全身水平（W.B.x-y），线性；

检波器特性：有效值，峰值因数≥3；

准确度：2 型；

量程控制：自动或手动，分高低两挡；

A/D：10bit；

显示器：120×32 点阵式 LCD（带背光）；

测量时间：可设定为手动、10 s、1 min、10 min、20 min、1 h、4 h、8 h、24 h；

积分采样时间间隔：0.01～10 s 可设定；

工作环境条件：温度 0～40℃，相对湿度不大于 85%。

2. 被测设备，如空压机。

3. 柔性基座。

### 四、实验步骤

1. 准备好符合要求的环境振动分析仪和被测设备（如空压机），打开电源待稳定后，将拾振器垂向放置于被测振动地面上，把电缆线将拾振器和振动仪相连，把振动仪电源开关向"开"，同时按输出和清除键，显示屏"▲"消失后，即内存清除。

2. 利用内部电校准信号对仪器进行校准，经 5 s 稳定后，读数应为 100 dB，如不是，用小起子调节右侧校准电位器。把顶盖"时钟/测量"开关扳向"时钟"，通过面板上调节/时间和设定/方式键调节时日月年，调节结束后，开关扳向"测量"。根据监测要求，调整量程，用调节/时间键调节测量时间，用设定/方式键调节显示屏显示参数。

3. 按启动/暂停键即监测开始，显示屏上方出现采样符"▲"并闪动，当采样标志消失后，即一次采样结束，可用设定/方式键调节显示参数。如再按一下启动/暂停键，即开始下一次测量。

4．在机器源强选定的测量位置，布置测点。

5．根据振动类别选择采样时间和采样模式，开始监测。

6．待被测设备未运行、运行正常和把被测设备（如空压机）放在柔性基座上时，分别开始测量，监测环境振动，监测结果记录在表1。

**注意：**尽量避免周围环境的振动干扰。

## 五、实验数据记录与整理

测试结果报告中应包括环境简图、监测位置、监测点位、测试时段、监测仪器以及被测设备等情况。整理各种位置的测试数据列表，并计算出各种结果，根据不同方法对该环境振动进行评价，并加以讨论，编写实验报告。

## 六、思考题

1．试分析振动测点选择的重要性。

2．振动与噪声的联系有哪些？

**表 1　环境振动测量原始记录**

测试时段：　　　　　　　　　测量仪器型号：＿＿＿＿＿＿＿　　　被测设备名称：＿＿＿＿＿＿＿

| 被测设备及其运行状态 | | 监测位置与点位 | 测量结果 | |
|---|---|---|---|---|
| 被测设备未运行 | | | | |
| | | | | |
| | | | | |
| | | | | |
| | | | | |
| 被测设备运行正常 | 设备正常放置 | | | |
| | | | | |
| | | | | |
| | 设备放在柔性基座上 | | | |
| | | | | |
| | | | | |

## 七、延伸拓展

### 地铁振动的"蝴蝶效应"

一条条地铁轨道正在北京快速建设。到 2020 年，它们的总里程将有近千公里。高峰时期，近千辆列车将同时在轨道上飞驰。在运载乘客的同时，这些重量超过 100 t 的列车，也成了一个个巨大的振动源。振动通过钢轮、钢轨、隧道和土壤，像波纹一样扩散到地表，进入建筑物内。很少有人注意到这种振动给城市带来的影响。北京交通大学轨道减振与控制实验室是国内较早开展研究的团队。他们测试的数据显示，10 多年间，北京市离地铁 100 m 内的地层微振动提高了近 10 倍。交通带来的微振动强度虽不算大，但持续时间长，影响隐蔽不易被发觉。在地铁激荡起的振动中，对精密仪器干扰最严重的是低频振动。这种振动波长很长，不易在土层中衰减。北京大学环境振动监测与评估实验室主任雷军，曾和学生拎着地震仪，测量过北京多条地铁线路，他们发现，在精密仪器更敏感的低频范围内，离地铁 100 m 内地表振动强度比没有列车通过时高了 30~100 倍。

对北京大学和清华大学的精密仪器来说，地铁几乎意味着"灾难性打击"。地铁开通之前，在这两所中国最著名的高校，因公交和铁路引起的环境振动，已逼近甚至超过某些仪器规定的安全值。不过，因为这些仪器在制定正常使用环境振动要求时留有富余量，绝大部分仍能正常工作。临近的地铁线一旦开通，两所大学中对振动敏感的精密仪器，很可能无法在最高精度下正常工作。有学者认为，这造成巨大的浪费，"花 100 万美元买回来的仪器，只能当 10 万美元的用"。

## 实验四　光源与照度关系实验

人类获得的绝大部分信息都是通过眼睛感受到的光信息。除了视觉作用，环境光能还把足够的光亮穿透哺乳动物的颅骨，使得埋在大脑组织中的光电细胞活跃起来。随着科技的发展，现在的光源与照明给人类带来了辉煌的光文化，能使夜间亮如白昼。但是，光源的过度开发建设以及不合理的规划设计，给人们的生活和工作带来许多不便，甚至妨碍了我们的正常生活，常常使人心情烦乱，精神不安，甚至由于心理机能失调而引起各种疾病。所以有必要详细介绍光污染的监测方法，分析现代人类的光源利用对光环境的影响。发光强度以及光照度是基本的描述光源和光环境特征的物理量，光环境的设计、应用和评价离不开定量的分析。

### 一、实验目的与要求

1. 熟悉照度计使用方法。

2．掌握光照度测量方法。

3．理解照度与距离的平方成反比关系。

## 二、实验原理

根据不同的测量目的，常用的光环境测量仪器有两类，测量受照面光通量的照度计以及亮度计。

一个被光线照射的表面上的照度定义为照射在单位面积上的光通量。

用照度计测量照度与光源的关系，使光源与照度计保持 1 m 距离，分别同时打开 1、2、3、4 只灯验证照度：

$$E = nE_0 \tag{1}$$

式中：$E_0$——1 只灯打开时测得的照度，lx；

　　　$n$——打开的灯只数。

照度与光源位置有关：

$$E = I/r^2 \tag{2}$$

式中：$I$——发光强度，光源在空间某一方向上光通量的空间密度，cd；

　　　$r$——被照面与光源的距离，m。

可以测量测点位于光源不同位置时照度的大小，验证照度与距离的平方成反比。

## 三、实验仪器

1．TES-1332A 型数字式照度计：照度计测量范围为 0.1～200 000 lx。

2．皮尺。

## 四、实验步骤

1．打开光源，照度计选择合适的测量挡位。

2．打开一只灯，使光线与照度计垂直，照度计与光源距离分别为 0.5 m、0.6 m、0.7 m、0.8 m、0.9 m、1.0 m，测量照度。读数时，左侧最高位数 1 显示，即表示过载现象。应立即选择较高挡位的测量，每一位置测量 5 次。

3．设定 20 000 lx 挡位时，所显示的值须×10 才是真值；设定 200 000 lx 挡位时，所显示的值须×10 才是真值。

4．读数锁定时，压 HOLD 开关一下，LCD 显示"H"表示锁定读数。压两下 HOLD，则可取消读数锁定的功能。

5．照度计距离光源改为 1 m，分别同时打开 1、2、3、4 只灯，测量照度与光源个数的关系。测量完毕，关上和探测器盖子并关闭电源。

## 五、实验数据记录与整理

### 表1 E-r 关系实验记录

| 距离/m | 照度 E/lx | | | |
|---|---|---|---|---|
| 0.5 | | | | |
| 0.6 | | | | |
| 0.7 | | | | |
| 0.8 | | | | |
| 0.9 | | | | |
| 1.0 | | | | |

### 表2 E-n 关系实验记录

| 开灯/只 | 照度 E/lx | | | |
|---|---|---|---|---|
| 1 | | | | |
| 2 | | | | |
| 3 | | | | |
| 4 | | | | |

根据测量数据，求出每一条件下的照度平均值。绘出 E-r 曲线和 E-n 直线，分析照度变化的原因，讨论光照度测量体会，编写实验报告。

## 六、思考题

1．什么是点光源？
2．分析本实验的实验误差来源。

## 七、延伸拓展

### 光污染与生态环境

随着现代化城市文明的发展，电光源的应用日益广泛，长明灯、霓虹灯比比皆是。各类灯具的使用，使我们的生活更加丰富多彩。出现这些变化是近十年的事情，更远一些是近百年的事情。众所周知，按照达尔文"适者生存"的理论，随着光环境的巨大变化，必然导致一些生物不能适应光环境的变化，从而对生物数量种类产生影响。而我们总是希望物种保持多样性，它是地球提供给我们的宝贵财富。动物的生存离不开光照，与人类不同的是动物没有科学思维能力。动物依靠本能生存，这意味着它们的自我调节能力差。试想，要是一只候鸟在冬季从非洲到达北欧结果将是灾难性的。同样，一条饥饿的毛虫，在树枝上还没有长出叶子的时候，就孵化出来，即使在春天温暖的日子里也是不适当的。光污染由于具有不同于自然光照的特点以及不确定性等，必然会造成动物的生物钟紊乱，影响觅食、迁移、生殖等诸方面。即使是人类，当人的生物钟受到影响后，也会感到疲劳、心情烦躁，甚至导致消瘦。一些生物具有趋光性，例如，常见的飞蛾扑火现象。由于长明灯的存在，这些生物遭受到的危害是显而易见的，我们这里且不论这些昆虫是益虫还是害虫。我们可以观察到，苏南农村蝙蝠、蜻蜓数量显著减少，也可以认为光污染是其中的一个因素。有报道称，一些候鸟在飞经城市上空时往往会迷失方向。由于城市灯光太亮，鸟类往往看不清楚星空。正如前面所述光照影响生殖，实验表明用激光照射鸡蛋，结果培育出的鸡胚是畸形。也就是光污染将影响遗传因子。另外，光污染还有一个重要危害是，由于光化学反应，一些昆虫、浮游生物可以直接被紫外线杀死，从而影响自然界的食物链。

# 实验五　道路照明照度与均匀度测量

光源与照明给人类带来了光文化，照明不仅满足了生产和安全的目的，还有景观、商业、文化的功用。但是其伴生的光污染也正在日益严重地影响着人们的生产和生活，破坏着生态环境。光污染是由自然光反射或者不合理人工光照导致的违背人的生理与心理需求或有损于生理与心理健康，带来对生态环境产生负面影响的现象，包括眩光污染、人工白昼、彩光污染以及紫外线污染、红外线污染和视觉污染等。为了减少夜间意外事件的发生，方便畅通交通流量，保障行人的安全以及有利于商业并促进社区发展，除了机动车的自备灯，我们还必须进行道路照明。然而，光污染已经逐渐成为运输设备的环境影响所主要关注的问题。据估计，所有光污染中35%～50%是由道路照明产生的。因此加强对道路交通光污染的监测以及光照均匀度的测量至关重要。对于不同类型的道路，其道路照明评价指标也不同。机动车交通道路照明以路面平均亮度（或路面平均照度）、路面亮度均匀度和纵向均匀度（或路面照度均匀度）、眩光限值、环境比和诱导性为评价指标。照度及其均匀度是最常用的反映道路照明质量的指标。

## 一、实验目的与要求

1. 熟悉照度计使用方法。
2. 掌握光照度测量方法。
3. 检验照明设施所产生的照明效果。

## 二、实验原理

### 1. 照度测量

在照度测量的区域一般将测量区域划分成矩形网格，网格宜为正方形，应在矩形网格中心点测量照度。

中心布点法的平均照度的计算公式为

$$E_{av} = \frac{1}{M \cdot N} \sum E_i \tag{1}$$

式中：$E_{av}$——平均照度，lx；

$E_i$——在第 $i$ 个测点上的照度，lx；

$M$——纵向测点数；

$N$——横向测点数。

### 2. 照度均匀度的计算

$$U_2 = E_{min} / E_{av} \tag{2}$$

式中：$U_2$——照度均匀度（均差）；

$E_{min}$——最小照度，lx；

$E_{av}$——平均照度，lx。

## 三、实验仪器

1. 对于照明的照度测量，应采用不低于一级的光照度计，对于道路和广场照明的照度测量，应采用分辨力≤0.1 lx 的光照度计。

2. 照明测量用光照度计在计量性能要求上应满足以下条件：

（1）相对示值误差绝对值：≤±4%；

（2）$V(\lambda)$ 匹配误差绝对值：≤6%；

（3）余弦特性（方向性响应）误差绝对值：≤4%；

（4）换挡误差绝对值：≤±1%；

（5）非线性误差绝对值：≤±1%。

光照度计的检定应符合《光照度计检定规程》（JJG 245—2005）的规定。

3. 在现场进行测量照明时，现场的照明光源宜满足下列要求：

（1）白炽灯和卤钨灯累计燃点时间在 50 h 以上；

（2）气体放电灯类光源累计燃点时间在 100 h 以上。

4. 在照明现场进行照明测量时，应在下列时间后进行：

（1）白炽灯和卤钨灯应燃点 15 min；

（2）气体放电灯类光源应燃点 40 min。

5．宜在额定电压下进行照明测量。在测量时，应监测电源电压；若实测电压偏差超过相关标准规定的范围时，对测量结果应做相应的修正。

### 四、实验步骤

#### 1．测量的路段和范围

（1）测量路段的选择：宜选择在灯具的间距、高度、悬挑、仰角和光源的一致性等方面能代表被测道路典型的路段。

（2）照度测量的路段范围：在道路纵向应为同一侧两根灯杆之间的区域；而在道路横向，当灯具采用单侧布灯时，应为整条路宽；对称布灯、中心布灯和双侧交错布灯时，宜取 1/2 的路宽。

#### 2．测量方法与步骤

步骤如下图所示：

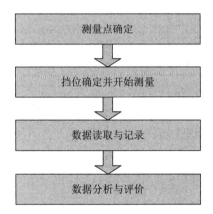

测量点确定

↓

挡位确定并开始测量

↓

数据读取与记录

↓

数据分析与评价

（1）将测量区域划分成矩形网格（网格一般为正方形），然后在每个矩形网格中心点测量照度。

（2）测量时先用大量程挡数，然后根据指示值大小逐步找到需测的挡数，原则上不允许在最大量程的 1/10 范围内测定。

（3）指示值稳定后读数。

（4）为提高测量的准确性，一个测点可取 2～3 次读数，然后取算术平均值。

#### 3．测量注意事项

（1）室外照明测量应在清洁和干燥的路面或场地上进行测量，不宜在明月和测量场地有积水或积雪时进行测量。室内照明测量应在没有天然光和其他非被测光源影响下进行。

（2）应排除杂散光射入光接收器，并应防止各类人员和物体对光接收器造成遮挡。

## 五、实验数据记录和处理

表 1　照度测量记录

| 测量布点 | 一次读数 | 二次读数 | 三次读数 | 平均读数 |
|---|---|---|---|---|
| 1 | | | | |
| 2 | | | | |
| 3 | | | | |
| 4 | | | | |
| 5 | | | | |
| 6 | | | | |
| 7 | | | | |
| 8 | | | | |
| 9 | | | | |
| 10 | | | | |
| 11 | | | | |
| 12 | | | | |
| 13 | | | | |

根据布点方式和测量数据，算出平均照度值和均匀度值。分析平均照度与均匀度的状况及原因，讨论光照度测量体会，编写实验报告。

## 六、思考题

1. 分析本实验的实验误差来源。

2. 城市功能照明方式有单侧布置、双侧交错布置、双侧对称布置、中心对称布置和横向悬索布置等多种方式，试分析各种布灯方式的照明效果。

## 七、延伸拓展

### 光污染对人类健康的影响

晚间强烈光源及由它们造成的人工白昼已经成为大量研究所关注的对象。虽然尚未得到充分透彻的理解，但是对人类健康的负面影响已经是不容置疑的。美国医学协会科学和公共卫生委员会（2012）报道称："夜晚照明产生的眩光会造成严重的危害，可能导致不适甚至残疾。"

"几乎每个晴天，都会遭受对面写字楼玻璃幕墙反射光的刺激。"办公室窗户正对广州市天河区某商业大厦的谢女士说，强烈的反射光经常刺得人睁不开眼睛。同样深受光污染困扰的还有长春市民小陈，小陈住所临街，每天晚上都会受到窗外超亮广告牌的光辐射，"晚上看电视根本不需要再开灯。户外投射进房间的光，就已经很晃眼睛了。"谢女士和小陈所遭遇的正是"光污染"。

光污染严重地影响了人类的生物钟，造成了人类视觉质量下降，这也是现代社会人们亚健康的原因之一。从我国的一项研究结果表明，光污染对人眼的角膜和虹膜造成伤害，引起视疲劳和视力下降，我国高中生近视率达 60% 以上的主要原因，并非用眼习惯所致，而是视觉环境受到污染。2 岁前开着灯在房里睡觉的孩子，近视率约为 55%，而习惯熄灯睡觉的孩子，近视率只有 10% 左右。还有研究指出，长时间在白色光亮污染环境下工作和生活，白内障的发病率高达 45%。若长时间处于强光或彩光环境，眼睛晶状体功能将受影响，损伤后就可能导致白内障。电光源改变了人类的生活习惯，而伴随而至的光污染危害，则实实在在地对环境和我们的身体健康产生了不可逆的伤害，更为惊悚的事情是，我们却还沉浸在对于明亮世界的依赖中而不自知。

# 实验六　环境电磁辐射测量

当前，无线电技术、卫星通信技术、雷达与微波技术、高频淬火焊接与熔炼技术、高压与超高压输变电技术等被广泛应用于生产与生活，在提高人们生活质量方面发挥着巨大作用。但是，由这些电子电气设备产生的各式各样的电磁波也充斥着世界的每一个角落。电磁辐射污染是能量流污染，看不见，摸不着，却充满了整个空间，且穿透力极强，任何生物或设备都处于其包围之中。这些电磁波不仅导致电子电气设备之间发生电磁干扰，也侵蚀着人们的身体健康，主要对人体中枢神经、机体免疫功能、心血管系统、血液系统、生殖系统和遗传等产生影响。因此，认清电磁辐射的本质与危害并采取有效措施对电磁污染进行防控，成为当下的重要课题，本实验主要介绍环境电磁辐射的测量方法，并对结果进行分析说明。环境电磁场可以分为两大类：一类称为"一般电磁环境"，它是指在较大范围内电磁辐射的背景值，是由各种电磁辐射源通过各种传播途径造成的电磁辐射环境本底；另一类称为"特殊电磁环境"，它是指一些典型的辐射源在局部小范围内造成的较强的电磁辐射环境。一般电磁环境可以作为特殊电磁环境的本底辐射电平。

## 一、实验目的与要求

1. 熟悉场强仪（或频谱仪）的使用方法。
2. 掌握一般环境电磁辐射测量方法。

## 二、实验原理

电磁辐射测量仪器根据测量目的分为非选频式宽带辐射测量仪和选频式辐射测量仪。

场强仪属于选频式辐射测量仪。这类仪器用于环境中低电平电场强度、电磁兼容、电磁干扰测量。

待测场的场强值：

$$E（dB）= E_0（dB）+ K_1（dB）+ L（dB） \tag{1}$$

式中，$K_1$ 是天线校正系数，它是频率的函数，可由场强仪的附表中查得。场强仪的读数 $E_0$ 必须加上对应 $K_1$ 值和电缆损耗 $L$ 才能得出场强值 $E$。但现在生产的场强仪所附天线校正系数曲线所示 $K$ 值已包括测量天线的电缆损耗 $L$ 值。

当被测场是脉冲信号时，不同带宽 $E_0$ 值不同。此时需要归一化于 1 MHz 带宽的场强值，即

$$E（dB）= E_0（dB）+ K_1（dB）+ 20 \lg(BW)^{-1} + L（dB） \tag{2}$$

式中：BW——选用带宽，MHz。

### 三、实验仪器

用于一般环境电磁辐射测量的场强仪有不少型号，但测量步骤大同小异。本实验以天津市德力电子仪器有限公司生产的 DS（B）系列产品为例，所用天线是该公司生产的 900E 型标准测量天线，该测量天线阻抗为 75 Ω，该测量天线校正系数 $K$（dB）见图 1。

### 四、实验步骤

#### 1. 监测布点

一般电磁环境的测量可以采用方格法布点：以主要的交通干线为参考基准线，把所要测量的区域划分为 1 km×1 km 或者 2 km×2 km 的方格，原则上选每个方格的中心点作为测试点，以该点的测量值代表该方格区域内的电磁辐射水平，实际选择测试点时，还应考虑附近地形、地物的影响，测试点应选在比较平坦、开阔的地方，尽量避开高压线和其他导电物体，避开建筑物和高大树木的遮挡。由于一般电磁环境是指该区域内电磁辐射的背景值，因此测量点不要距离大功率的辐射源太近。

#### 2. 环境条件

气候条件：环境温度一般为–10～+40℃，相对湿度小于 80%，室外测量应在无雨、无雪、无浓雾、风力不大于三级的情况下进行。

在电磁辐射测量中，人体一般可以看作导体，对电磁波具有吸收和反射作用，所以天线和测量仪器附近的人员对测量都有影响。实验表明：天线和测量仪器附近人员的移动、操作人员的姿势、与测量仪器间的距离都影响数据，在强场区可达 2～3 dB。为了使测量误差一定，保证测量数据的可比性，测量中测量人员的操作姿势和与仪器的距离（一般不应小于 50 cm）都应保持相对不变，无关人员应离开天线、馈线和测量仪器 3 m 以外。

### 3．实验方法和步骤

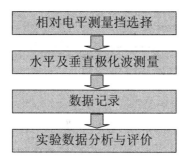

打开电源开关，选择电平测量挡，在某测量位选中某一频道，进行水平极化波测量和垂直极化波测量。进行水平极化波测量时，天线应平行于水平面；进行垂直极化波测量时，天线应平行于垂直面。无论是水平极化波测量还是垂直极化波测量，应在360°范围内旋转天线，读出其电平最大值，此值用 $E_0$（dB）表示。某频道实际场强 $E$（dB）：

$$E = E_0 + K_2 \tag{3}$$

式中：$E_0$——测量的电平最大值，dB；

$K_2$——测量天线校正系数，dB，见图1。

对频道表中的其他频道亦按上面所述进行测量，并记录于表1。

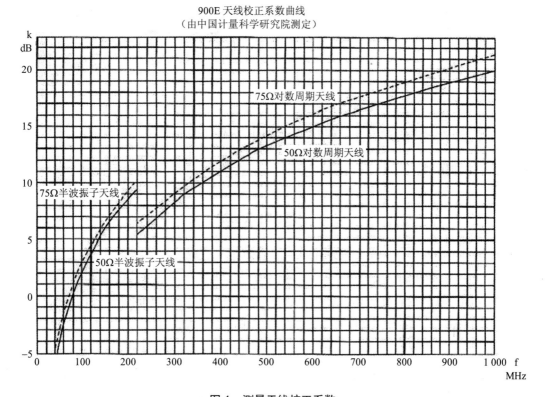

图 1　测量天线校正系数

表 1 场强 $E_0$ 测量结果记录表

测量点位：＿＿＿＿＿＿＿＿  环境温度：＿＿＿＿＿  相对湿度：＿＿＿＿＿

| 频率 | 场强瞬间值 | | | |
|---|---|---|---|---|
|  |  |  |  |  |
|  |  |  |  |  |
|  |  |  |  |  |
|  |  |  |  |  |
|  |  |  |  |  |
|  |  |  |  |  |
|  |  |  |  |  |
|  |  |  |  |  |
|  |  |  |  |  |

## 五、实验数据记录与整理

实验步骤中测量的场强 $E$ 是用分贝（dB）表示的，数据处理中应换算成以 $V/m$ 为单位的场强，有关计算公式见《辐射环境保护管理导则　电磁辐射监测仪器和方法》（HJ/T 10.2—1996）。实验结果应给出 $E_s$［在某测量位、某频段中各被测频率的综合场强（$V/m$）］或 $E_G$［在某测量位、在 24 h（或一定时间内）内测量某频段后的总的平均综合场强（$V/m$）］的具体值。编写实验报告。

## 六、思考题

1．一般电磁环境与特殊电磁环境的区别与联系各是什么？
2．一般电磁环境与典型辐射源的测量布点方法有什么区别？

## 七、延伸拓展

7 招防范电磁辐射

1．别让电器扎堆。不要把家用电器摆放得过于集中或经常一起使用，特别是电视、计算机、电冰箱不宜集中摆放在卧室里，以免使自己暴露在超剂量的电磁辐射的危险中。

2．勿在计算机的背面逗留。计算机的摆放位置很重要。尽量别让计算机显示器的背面朝着有人的地方，因为计算机电磁辐射最强的地方是背面，其次为左右两侧，显示器的正面反而电磁辐射最弱。

3．用水吸收电磁波。室内要保持良好的工作环境，如舒适的温度、清洁的空气等。因为水是吸收电磁波的最好材料，可在计算机的周围多放几瓶水。不过，必须是塑料瓶和玻璃瓶的才行，用金属杯盛水就没有吸收效果了。

4. 减少电器的待机时间。当电器暂停使用时，最好不让它们长时间处于待机状态，因为此时可产生较微弱的电磁场，长时间也会产生电磁辐射积累。

5. 及时洗脸洗手。计算机显示器表面存在着大量静电，其聚集的灰尘可转射到脸部和手部皮肤裸露处，时间久了，易发生斑疹、色素沉着，严重者甚至会引起皮肤病变等，因此在使用后应及时洗脸洗手。

6. 补充营养。计算机操作者应多吃些胡萝卜、白菜、豆芽、豆腐、红枣、橘子、牛奶、鸡蛋、动物肝脏、瘦肉等食物，以补充人体内维生素 A 和蛋白质。还可多饮茶水，茶叶中的茶多酚等活性物质有利于吸收与抵抗放射性物质。

7. 接手机别太急。手机在接通瞬间及充电时通话，释放电磁辐射的强度最大，因此最好在手机响过一两秒后接听电话。充电时不要接听电话。

# 实验七　地表太阳辐射反射率的测定

热环境又称环境热特性，是指提供给人类生产、生活及生命活动的生存空间的温度环境，它主要是指自然环境、城市环境和建筑环境的热特性。太阳能量辐射创造了人类生存空间的大的热环境，而各种能源提供的能量则对人类生存的小的热环境做进一步的调整，使之更适宜于人类的生存。热污染即工农业生产和人类生活排放出的废热造成的环境热化，损害环境质量，进而影响人类生产生活的一种增温效应。热污染发生在城市、工厂、火电站、原子能电站等人口稠密和能源消耗大的地区。社会生产力的迅速发展和人民生活水平的不断提高，消耗了大量的化石燃料和核能燃料。在能源转化和消费过程中不仅产生直接危害人类的污染物，而且还会产生对人体无直接危害的 $CO_2$、水蒸气和热废水等，这些成分排入环境后导致环境温度产生不利变化，达到损害环境质量的程度，形成热污染。为研究地表热能或者热污染，有必要对地表太阳辐射的反射率进行测定，本节主要介绍相关方法及数据结果讨论，为热污染的评价提供依据。从根本上讲，太阳是地球的唯一热源。我们现在所使用的热能，就是现在或者过去储存的太阳辐射能以各种形式的释放。地球表面把一部分太阳辐照反射回去，其余部分则被地球表面所吸收。而不同性质的地表，对太阳光辐射的反射率是不同的。

## 一、实验目的与要求

1. 熟悉反射率表使用方法。
2. 掌握地表太阳辐射反射率测量方法。

## 二、实验原理

物体对入射辐射的反射部分称为反射辐射，反射辐射与入射总辐射之比用反射率表示。自然物体的反射率可分为长波反射率和短波反射率。由于长波反射率的绝对值很小，且目前尚无法将一物体对长波辐射的反射同其自身的热辐射区分开来，故通常所说的反射率系指短波反射率而言。

测量短波反射率的仪器称为反射率表，工作原理为：该表为热电效应原理，感应元件采用绕线电镀式多接点热电堆，其表面涂有高吸收率的黑色涂层。热接点在感应面上，而冷接点则位于机体内，冷热接点产生温差电势。在线性范围内，输出信号与辐照度成正比。反射率表可以用在农田、建筑物、船舶、气球、飞机探测和森林里及树冠上进行反射率的测量。

## 三、实验仪器

反射率表。

## 四、实验步骤

1. 使用安装架将反射率表安装在四周空旷、感应面以上没有任何障碍物的地方。
2. 将反射率表调整到水平位置，将其牢牢固定。
3. 将反射率表输出电缆与记录器相连接，电缆要固定在安装架上，以减少断裂或在有风天发生间歇中断现象。
4. 打开反射率表电源，选定测量波段进行观测。

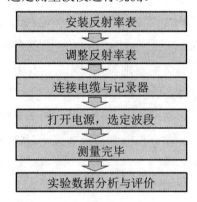

安装反射率表
↓
调整反射率表
↓
连接电缆与记录器
↓
打开电源，选定波段
↓
测量完毕
↓
实验数据分析与评价

## 五、实验数据记录与整理

选取不同性质的地面，在300～3 000 nm的光谱范围内，测量不同波段的反射率数据，求出每一条件下的平均反射率和最大反射率。分析不同性质地面的太阳辐射反射率的差异，编写实验报告。

**表 1　实验数据记录表**

测量时间：　　　　　　　天气状况：　　　　　　　仪器型号与编号：

| 地面性质 | 测量波段 | 反射率 | 平均反射率 | 最大反射率 |
|---|---|---|---|---|
|  |  |  |  |  |
|  |  |  |  |  |
|  |  |  |  |  |
|  |  |  |  |  |
|  |  |  |  |  |
|  |  |  |  |  |
|  |  |  |  |  |

## 六、思考题

1．为什么通常所说的反射率系指短波反射率？

2．不同性质地面的太阳辐射反射率为何存在差异？

## 七、延伸拓展

美国国家海洋及大气管理局公布的一份报告指出，根据全球十大气象衡量指标，地球在这 50 年间变得越来越热，尤以近 10 年为甚。

这份由 48 个国家 160 多所研究机构 300 多名科学家编撰的年度气候状况报告对 10 项与表面温度明确相关的指标进行的分析一致表明：全球气候变暖是不可否认的。在这 10 项指标中，陆地气温、海面气温、海洋气温、海洋水位、海洋热度、湿度与对流层温度这 7 项指标均在上升；北极海冰、冰川与北半球春雪覆盖这 3 项指标则在下降。专家表示，这 10 项指标是"与全球气温相关度最高的指标"。相关数据取自人造卫星、气象气球、气象站、船舶、浮标和实地考察等途径。

美国国家气象数据中心气候监测部门负责人阿恩特指出，20 世纪 80 年代比之前的任何 10 年都要热，而 20 世纪 90 年代的每一年又都比 80 年代的平均值热，21 世纪头 10 年又比 90 年代的平均值要热，因此，近 10 年是迄今最热的 10 年。气候的持续变暖会威胁到沿海城市、基础设施、供水、卫生和农业。

气候状况报告指出，自 1980 年起，每 10 年的气温都较上个 10 年平均上升 0.2F。专家称，地球温度 50 年来上升了 1F（0.56℃）。乍看升幅细微，但足以令冰川和海冰持续融化，豪雨频密，热浪迭至。

## 实验八  环境地表 γ 辐射剂量率的测量

自从 1895 年伦琴发现 X 射线和 1898 年居里夫人发现镭元素以后，原子能科学得到了飞速的发展，特别是核能事业的发展和不断进行的核武器爆炸实验，给人类带来了放射性污染问题。各国科学家在世界范围内对环境放射性水平进行了大量调查研究和系统监测，对放射性物质的分布、转移规律以及对人体健康的影响有了进一步的认识，并确定了相应的控制方法。环境放射性污染是指因人类的生产、生活排放的放射性物质所产生的电离辐射超过环境标准时，产生放射性污染而危害人体健康的一种现象。电离辐射指的是可引起物质电离的辐射，如宇宙射线、α 射线、β 射线、γ 射线、X 射线、中子辐射、氢等。γ 射线实际上就是光子，速度与光速相同，它与 X 射线都具有很强的穿透力，对人的危害最大，往往用铁、铅和混凝土屏蔽。但是过量的长时间的 X 射线、γ 射线的照射会对人体产生危害性的生物效应，甚至影响下一代的生长，产生遗传效应；过量的 X 射线、γ 射线的照射对骨髓造血功能有明显的损伤，诱发白血病，使眼晶体混浊等。因此，对居民所生活的环境进行 γ 射线剂量率的测量并对环境进行评价是关系到居民健康生活的必要措施。辐射监测的对象可分为直接对人进行的个人剂量监测，对放射性工作场所进行的工作场所监测，对放射性污染源排入环境的气体、气溶胶、粉尘或液体所进行的流出物监测和对辐射源所在场所边界以外的环境所进行的辐射环境监测。其中流出物监测和辐射源外围辐射环境监测涉及公众，监测结果是评价公众在辐射污染源运行时所受到的辐射照射剂量的依据，称为辐射环境监测。

### 一、实验目的与要求

1. 了解 γ 辐射剂量率监测仪器的测量原理。
2. 熟悉 γ 辐射剂量率监测仪器的使用方法。
3. 掌握地表 γ 辐射剂量率的测量方法。

### 二、实验原理

本次实验所用的监测仪器的探测器属于闪烁探测器。

闪烁探测器由闪烁体、光电倍增管、前置放大器等电子线路以及屏蔽外壳组成。闪烁体与光电倍增管之间配以"光导"物质，以确保闪烁体产生的光子的收集并传输到光电倍增管。闪烁探测器的工作过程是：射线在闪烁体中产生荧光，荧光光子经光导传输到光电倍增管的光阴极上并转换成光电子，这些光电子经光电倍增管倍增而产生足够大的电信号，再经电子线路放大处理而被记录，其脉冲幅度正比于带电粒子或光子在闪烁体晶体中沉积的能量。

### 三、实验仪器

γ辐射剂量率监测仪。

### 四、实验步骤

#### 1．仪器准备

去现场前应在已设定的稳定辐射场检查仪器的性能。稳定辐射场的环境状况应相对固定，以确保其辐射水平稳定。

#### 2．测量点选择

（1）建筑物内测量，要在室内中央距地面1 m高度处进行。

（2）道路、草坪和广场测量时，测点距附近的高大建筑物的距离需大于30 m，并选择在道路和广场的中间地面上1 m处。

（3）原野测量点应选择在地势平坦、开阔、无积水的裸露土壤上或有植被覆盖的地表上。在监测点位10 m直径的范围内巡测的数据不应有显著的差异，周围的一些天然或人为因素对测量结果的影响应予以避免，如湖海边、砖瓦堆、矿石堆、煤渣堆等附近不能选作测量点位。

（4）仪器宇宙射线响应值的测量，选择水深大于3 m、距岸边大于1 000 m的淡水水面上进行。

#### 3．测量方法与步骤

（1）仪器测量前应充分预热。

（2）对仪器进行自检或用检验源检验，确保仪器工作状态正常。

（3）仪器探测器应放在固定的支架上测量，探测器的探测中心应在离地面1 m高的位置。

（4）闪烁剂量率仪采用多次瞬时读数，每间隔10 s读一个数，每个测点一般读10个数，取其平均值获得一个测量值。

#### 4．仪器的宇宙射线响应测定（此项可根据实际情况选做）

仪器检定后应在选定的水面上测量一次仪器的宇宙射线响应及其自身本底。该项测量应读取50～100个读数。

仪器对宇宙射线响应值的计算公式为

$$D_{宇} = K_1 K_2 (A_0/A) R \tag{1}$$

式中：$K_1$——由照射量换算成吸收剂量的换算系数，取8.73 nGy/μR 或 33.85 nGy/（nC/kg）；

$K_2$——仪器量程刻度因子，由国家计量部门检定时给出；

$A_0$——仪器刻度时对检验源的响应值，由国家计量部门检定时给出；

$A$——仪器在测量宇宙射线响应值时对检验源的响应值;

$R$——水面上仪器多次读数的平均值,nGy/h 或 μR/h 或 nC/(kg·h)。

在环境监测时,测点的海拔高度和经纬度与湖(库)水面不同,必须对湖(库)水面测得的进行修正,得到测点处仪器对宇宙射线的响应值。

## 五、实验数据记录与整理

实验报告应给出具体点位的环境 γ 辐射剂量率测量结果,并同时附现场监测点位示意图和监测原始记录表格(表 1)。

### 表 1　χ-γ 辐射剂量率原始记录

测量时间:　　　　　　　　　　　　　　天气状况:

仪器型号与编号:　　　　　　　　　　　剂量单位:

刻度因子($K_1$):　　　　　　　　　　　宇宙响应($R_c$):

质量控制措施:

| 本底测量值 | 1 | 2 | 3 | 4 | 5 | 6 | 7 | 8 | 9 | 10 |
|---|---|---|---|---|---|---|---|---|---|---|
| 数据处理 | 均值 R | | | 标准差 | | | | | | |
| 测前加源测量值 | 1 | 2 | 3 | 4 | 5 | 6 | 7 | 8 | 9 | 10 |
| 数据处理 | 均值 R | | | 标准差 | | | | | | |
| 本底测量值 | 1 | 2 | 3 | 4 | 5 | 6 | 7 | 8 | 9 | 10 |
| 数据处理 | 均值 R | | | 标准差 | | | | | | |
| 测后加源测量值 | 1 | 2 | 3 | 4 | 5 | 6 | 7 | 8 | 9 | 10 |
| 数据处理 | 均值 R | | | 标准差 | | | | | | |

刻度源净值($A_0$):　　　　测量源净值($A$):　　　　效率因子($K_2$):　　　　刻度误差($F$):　　　%

注:测量校正值:$D=k_1 k_2 R-k_0 R_0$　式中:$k_1$——刻度因子;$k_2$——效率因子,$k_2=A_0/A$;$k_0$——字响因子,其中室内 $k_0=0.8$,室外 $k_0=1$;$R_c$——宇宙响应。

　　刻度误差:$F=(A_0-A)/A_0$　式中:$A_0$——刻度源净值;$A$——测量源净值。

扣除仪器的宇宙射线响应及其自身本底后的环境地表 γ 辐射空气吸收剂量率按式(3)进行计算:

$$D_\gamma = K_1 K_2 (A_0/A) R - K_3 D_宇 \tag{2}$$

式中:$D_\gamma$——测点处地表 γ 辐射空气吸收剂量率,nGy/h;

　　　$K_1$——由照射量换算成吸收剂量的换算系数,取 8.73 nGy/μR 或 33.85 nGy/(nC/kg);

　　　$K_2$——仪器量程刻度因子,由国家计量部门检定时给出;

$A_0$——仪器刻度时对检验源的响应值，由国家计量部门检定时给出；

$A$——仪器在测量宇宙射线响应值时对检验源的响应值；

$R$——仪器在测量点位测量时的读数均值，nGy/h 或 μR/h 或 nC/（kg·h）；

$K_3$——建筑物对宇宙射线的屏蔽修正因子，室外取 1.0，楼房取 0.8；

$D_{宇}$——仪器在测点处对宇宙射线的响应值。

## 六、思考题

1．为什么说核安全是核能与核技术利用事业发展的生命线？

2．辐射环境监测与辐射防护监测有什么联系和区别？

## 七、延伸拓展

### 为什么德国要关闭 20 座核电站，改用煤炭发电？

核能被列为 21 世纪的清洁能源之一，它是人类历史上非常重大的发现。核能也可以称作原子能，它通过核反应从原子核中释放能量，太阳释放的能量就是利用了核反应的原理。而经过人们的积极研究，能够掌握的就是核裂变与核聚变反应，又由于人们对于清洁能源的追逐以及工业发展对电力的需求越来越大，各个国家开始开发核能，并相继建立起了核电站。

德国是在第二次工业革命中发展起来的，当时德国的发展速度迅速，甚至一度追上了第一次工业革命的英国。可以说德国发展的基础是非常好的，并且也是最早进行核电研究的国家之一，如果继续发展下去，德国在核电方面将会取得非常重大的研究，可是为什么他们会放弃前景如此好的核能而改用煤炭发电呢？

利用核能虽然可以发出大量的电，但是也存在很大的危险性，如核泄漏以及核废料的处理，都是必须考虑在内的，可以说一旦发生核泄漏的问题，影响非常大。因为核能蕴含着非常大的辐射，如果辐射到人体就会发生变异，如果吃了被辐射的食物，也会对人体产生不好的影响。

尤其是日本发生的福岛核泄漏事件以及俄罗斯的切诺尔贝利核电站爆炸事件，都让德国居民非常恐慌，甚至举行了示威游行，逼迫德国政府放弃核电站。德国的国土面积比较小，所以恶性事件一旦发生，对于整个国家来说都是毁灭性的灾难，因此他们也考虑到这个因素，决定不再使用核能了。虽说不再使用电能，但是也不是全部使用煤炭发电，只是以煤炭为过渡，积极寻找其他的可代替的可再生清洁能源，毕竟煤炭对于大自然来说也是有很大的污染的。大自然都是优胜劣汰的，如果有比核能更加实用的能源，放弃核能也是必然的。即便如此，对于我国来说，放弃核能，条件还是不成熟的。

# 第十二章　环境影响评价实验

由于《环境影响评价》课程教学具有内容丰富、技术性强的特点，并与《环境分析与监测》《环境化学》《水污染控制》《固体废物处理处置与资源化》《大气污染控制》《物理性污染控制》等上下游专业课程深度交叉等特征，决定了该课程所辖系列实验在内容设计上需要突出自身特点又兼顾已学的专业知识，这就要求在设计该系列实验课程和展开教学实践时，既要体现课程特征，又要对实验教学实践进行必要探索，在内容和形式两个方面有所突破和创新。

## 实验一　污染源评价实验

污染源的调查和评价是开展建设项目环境影响评价工作的重要步骤。对污染源进行调查和评价是为了弄清环境质量的形成和变化原因，找出造成环境污染的主要根源。对于确定评价工作等级、评价范围以及监测评价项目等后续环境影响评价工作的顺利实施具有重大意义。

### 一、实验目的与要求

1. 通过某区域污染源的参数实例来进行污染源评价，得出主要污染物和主要污染源。
2. 掌握等标污染法评价污染源的主要步骤。

### 二、实验原理

对污染源进行调查和评价是为了弄清环境质量的形成和变化原因，找出造成环境污染的主要根源。污染源评价包括调查和实地监测污染源排放的污染物种类、性质、浓度和绝对数量。了解各污染源排放各种污染物的数量后，利用等标污染负荷法确定主要污染源和主要污染物，利用等标污染负荷比进行表征。污染源的评价用等标污染负荷比来表示。要获得等标污染负荷比需要先计算每个污染物的等标污染负荷，如下所示。

#### 1. 等标污染负荷

某污染物的等标污染负荷（$P_{ij}$）定义为

$$P_{ij} = \frac{C_{ij}}{C_{0i}} Q_{ij} \tag{1}$$

若第 $j$ 个污染源中有 $n$ 种污染物参与评价，则该污染源的总等标污染负荷为

$$P_j = \sum_{i=1}^{n} P_{ij} = \sum_{i=1}^{n} \frac{C_{ij}}{C_{0i}} Q_{ij} \tag{2}$$

若评价区域内有 $m$ 个污染源含第 $i$ 种污染物，则该种污染物在评价区内的总等标污染负荷为

$$P_i = \sum_{j=1}^{m} P_{ij} = \sum_{j=1}^{m} \frac{C_{ij}}{C_{0i}} Q_{ij} \tag{3}$$

该区域的总等标污染负荷为

$$P = \sum_{i=1}^{n} P_i = \sum_{j=1}^{m} P_j \tag{4}$$

式中：$P_{ij}$——第 $j$ 个污染源中的第 $i$ 种污染物的等标污染负荷；

$C_{ij}$——第 $j$ 个污染源中第 $i$ 种污染物的排放浓度；

$C_{0i}$——第 $i$ 种污染物的评价标准；

$Q_{ij}$——第 $j$ 个污染源中第 $i$ 种污染物的排放流量。

#### 2. 等标污染负荷比

等标污染负荷比的计算公式为

$$K_{ij} = P_{ij} / P_j \tag{5}$$

评价区内第 $i$ 种污染物的等标污染负荷比 $K_i$ 为

$$K_i = P_i / P \tag{6}$$

评价区内第 $j$ 个污染源的等标污染负荷比 $K_j$ 为

$$K_j = P_j / P \tag{7}$$

### 三、实验材料

1. 某河流工程库区沿岸主要城市生活污水排放情况数据。

表 1　某河流工程库区沿岸主要城市生活污水排放情况统计

| 城市 | 污水量/万 t | 化学需氧量/（mg/L） | 生化需氧量/（mg/L） | 氨氮/（mg/L） | 总氮/（mg/L） | 总磷/（mg/L） |
|---|---|---|---|---|---|---|
| A | 338 | 48 | 10 | 8 | 14 | 0.45 |
| B | 845 | 40 | 10 | 8 | 13 | 0.35 |

| 城市 | 污水量/万 t | 化学需氧量/（mg/L） | 生化需氧量/（mg/L） | 氨氮/（mg/L） | 总氮/（mg/L） | 总磷/（mg/L） |
|---|---|---|---|---|---|---|
| C | 19 112 | 25 | 6 | 4 | 8 | 0.2 |
| D | 1 372 | 30 | 8 | 6 | 12 | 0.35 |
| E | 2 260 | 42 | 7 | 7 | 12 | 0.3 |
| F | 548 | 35 | 9 | 6 | 10 | 0.25 |
| G | 785 | 43 | 8 | 5 | 10 | 0.3 |
| H | 3 470 | 28 | 10 | 6 | 11 | 0.35 |

2. 评价标准为《城镇污水处理厂污染物排放标准》（GB 18918—2002）中的一级 A 标准，查标准获取各监测指标数值。

表2 一级A标准限值

| 序号 | 控制项目 | 标准限值 | 单位 |
|---|---|---|---|
| 1 | pH | 6~9 | 量纲一 |
| 2 | $BOD_5$ | ≤10 | mg/L |
| 3 | 总磷 | ≤0.5 | mg/L |
| 4 | 石油类 | ≤1.0 | mg/L |
| 5 | $COD_{cr}$ | ≤50 | mg/L |
| 6 | 氨氮 | 5（8） | mg/L |
| 7 | 总氮 | ≤15 | mg/L |
| 8 | SS | ≤10 | mg/L |
| 9 | 甲苯 | ≤0.1 | mg/L |
| 10 | 挥发酚 | ≤0.5 | mg/L |

### 四、实验步骤

1. 列表计算所有污染物的等标污染负荷。
2. 列表计算所有污染物的等标污染负荷比。
3. 主要污染物和主要污染源的确定。

按照调查区域内污染物的等标污染负荷比 $K_i$ 排序，分别计算累计百分比，将累计百分比大于80%的污染物列为该区域的主要污染物（同上用 $K_j$ 确定主要污染源）。

### 五、实验数据记录与分析

#### 1．实验记录

表3 等标污染负荷结果

| | COD | | BOD | | 氨氮 | | 总氮 | | 总磷 | | $P_j$ | $K_j$ |
|---|---|---|---|---|---|---|---|---|---|---|---|---|
| | $P_{ij}$ | $K_{ij}$ | $P_{ij}$ | $K_{ij}$ | $P_{ij}$ | $K_{ij}$ | $P_{ij}$ | $K_{ij}$ | $P_{ij}$ | $K_{ij}$ | | |
| A | | | | | | | | | | | | |
| B | | | | | | | | | | | | |
| C | | | | | | | | | | | | |
| D | | | | | | | | | | | | |
| E | | | | | | | | | | | | |
| F | | | | | | | | | | | | |
| G | | | | | | | | | | | | |
| H | | | | | | | | | | | | |
| $P_i$ | | | | | | | | | | | | |
| $K_i$ | | | | | | | | | | | | |

#### 2．实验结果分析

（1）确定区域主要污染物和污染源；

（2）给出区域水污染防治的建议对策。

### 六、注意事项

等标污染负荷比法易造成一些毒性大、流量小、易积累的污染物排不到主要污染物中去，而对这些污染物的排放控制又是必要的，故应结合计算结果全面考虑和分析，最后确定主要污染物和主要污染源。

### 七、思考题

1．等标污染负荷比法计算的关键点是什么？

2．确定了主要污染物和主要污染源之后，可以有哪些针对性的防治措施？

## 实验二 水环境质量评价实验

当前水体污染仍是环境污染当中的重要组成部分，水环境质量现状评价对水环境影响评价具有十分重要的指导意义。对水环境质量的调查和评价是为了弄清水环境污染形成和变化原因，找出造成环境污染的主要根源，并为项目建设提供建议与保护措施。

## 一、实验目的与要求

1．通过几组水环境质量参数现状数据实例来进行水环境质量评价。

2．掌握标准指数法和内梅罗水质指数在水环境质量评价中的应用。

## 二、实验原理

目前对于水环境质量的评价方法主要分为两类，分别是单污染指数评价法和综合污染指数评价法。单污染指数评价法只用一个参数作为评价指标，简单明了，可直接了解水质状况与评价标准之间的关系。单污染指数评价法能客观地反映水体的污染程度，可清晰地判断出主要污染物、主要污染时段和水体的主要污染区域，能较完整地提供监测水域的时空污染变化规律，反映污染历史状况。

综合污染指数评价法选择多项评价参数进行水质的综合评价，是目前我国主要采用的水质评价法，常用的几种指数分别是内梅罗污染指数法、有机污染综合评价指数、罗斯水质指数，其中前两者使用频率较多。内梅罗污染指数根据水的不同用途，拟定了相应的水质评价标准作为计算水污染指数的依据，进而计算出各种不同用途水的水污染指数值。内梅罗污染指数考虑了各种污染物的平均水平、污染浓度最大的污染物污染水平及水的用途这三方面因素，指数形式的设计比较合理。我国环境科学工作者鉴于上海地区黄浦江等河流的水质受有机污染的问题比较突出，对此进行了一系列研究，在此基础上提出了有机污染综合评价指数，该指数考虑以有机污染为主的情况，评价参数只选了代表有机物污染状况的 4 项参数（BOD、COD、$NH_3$-N 和 DO），其中溶解氧项前面的负号表示它对水质的影响与其他 3 项污染物相反（溶解氧不能理解为污染物质）。有机污染综合评价指数可以综合地评价水体受到有机物污染的情况，实际工作证明，在受有机污染严重的河段是适用的。但各项标准值的规定要根据当地具体情况酌情确定，切不可盲目选取。

本实验采用单污染指数法和内梅罗污染指数法对某建设项目所在区域的水环境质量进行评价。首先采用单污染标准指数法进行评价，再用内梅罗污染指数评价。根据这些评价方法对水环境进行评价，可以相对准确地描述水环境质量现状。

### 1．单污染标准指数法

（1）DO 的标准指数为

$$S_{\mathrm{DO},j} = \frac{\left| \mathrm{DO}_f - \mathrm{DO}_j \right|}{\mathrm{DO}_f - \mathrm{DO}_s}, \ \mathrm{DO}_j \geqslant \mathrm{DO}_s \tag{1}$$

$$S_{\mathrm{DO},j} = 10 - 9 \frac{\mathrm{DO}_j}{\mathrm{DO}_s}, \ \mathrm{DO}_j < \mathrm{DO}_s \tag{2}$$

$$\mathrm{DO}_f = 468 / (31.6 + T) \tag{3}$$

式中：$DO_f$——水中饱和溶解氧浓度；

$\quad\quad DO_j$——实测水中溶解氧浓度；

$\quad\quad DO_s$——水质标准中 DO 标准值。

（2）pH 的标准指数为

$$P_i = \frac{7.0 - \mathrm{pH}_i}{7.0 - \mathrm{pH}_x}, \ \mathrm{pH}_i \leqslant 7.0 \tag{4}$$

$$P_i = \frac{\mathrm{pH}_i - 7.0}{\mathrm{pH}_s - 7.0}, \ \mathrm{pH}_i > 7.0 \tag{5}$$

式中：$P_i$——pH 的标准指数；

$\quad\quad \mathrm{pH}_i$——pH 的实测值；

$\quad\quad \mathrm{pH}_x$——水质标准中 pH 的下限；

$\quad\quad \mathrm{pH}_s$——水质标准中 pH 的上限。

### 2. 内梅罗污染指数法

在单污染参数评价中，一般情况，某水污染参数的数值可采用多次监测的平均值，但如该水污染参数变化甚大，为了突出高值的影响可采用内梅罗（Nemerow）平均值或其他计入高值影响的平均值，内梅罗平均值表达式为

$$C = \sqrt{\frac{C_{极}{}^2 + C_{均}{}^2}{2}} \tag{6}$$

式中：$C$——某参数的评价浓度值；

$\quad\quad C_{均}$——某参数监测数据（共 $k$ 个）的平均值；

$\quad\quad C_{极}$——某参数监测数据集中的极值（COD 取最大值，DO 取最小值）。

### 三、实验材料

1. 使用单污染指数法（标准指数法）和内梅罗污染指数法评价某项目监测点的水质现状。

表 1　某项目监测点水质分析结果　　　　单位：mg/L，pH 为量纲一

| 序号 | 污染物 | 莲花水库北 | 莲花水库南 | 集水坑 | 小石河渠 |
|---|---|---|---|---|---|
| 1 | pH | 7.70 | 7.97 | 7.90 | 7.5 |
| 2 | DO | 7.0 | 6.8 | 7.3 | 6.1 |
| 3 | $BOD_5$ | 2 $^L$ | 2 $^L$ | 2 $^L$ | 3.05 |
| 4 | $COD_{Mn}$ | 5.3 | 5.3 | 1.8 | 3.23 |
| 5 | 氨氮 | 0.26 | 0.24 | 0.05 | 0.27 |
| 6 | SS | 54.0 | 48.0 | 28.0 | 37.0 |
| 7 | 总磷 | 0.04 | 0.11 | 0.10 | 0.18 |

| 序号 | 污染物 | 莲花水库北 | 莲花水库南 | 集水坑 | 小石河渠 |
|------|--------|-----------|-----------|--------|----------|
| 8 | 总氮 | 1.30 | 1.06 | 1.03 | 1.22 |
| 9 | 叶绿素 a | 0.012 | 0.013 | — | — |
| 10 | 石油类 | 0.20 | 0.21 | $0.02^L$ | $0.02^L$ |
| 11 | LAS | 0.14 | 0.13 | $0.05^L$ | 0.17 |
| 12 | 动植物油 | 0.37 | 0.35 | $0.02^L$ | 0.45 |

注：低于最低检测浓度，结果以最低检出浓度右上角加 L 表示。

2．评价标准为《地表水环境质量标准》（GB 3838—2002）中的Ⅲ类标准，各标准值见表 2。

表 2　地表水环境质量标准　　　　　　　单位：mg/L，pH 为量纲一

| pH | $COD_{Mn}$ | $BOD_5$ | DO | SS | 氨氮 | 总磷 | 总氮 | 石油类 | LAS | 动植物油 |
|------|------|------|------|------|------|------|------|------|------|------|
| 6~9 | ≤6 | ≤4 | ≥5 | ≤100 | ≤1.0 | ≤0.05 | ≤1.0 | ≤0.05 | ≤0.2 | ≤0.05 |

## 四、实验步骤

1．计算水质单因子污染指数。
2．计算污染物内梅罗污染指数。
3．绘制成表分析两种污染指数结果。

## 五、实验数据记录与分析

1．使用单污染指数法（标准指数法）和内梅罗污染指数法评价某项目环评监测点的水质。

表 3　单因子污染指数评价结果

| 污染物 | 莲花水库北 | 莲花水库南 | 集水坑 | 小石河渠 | 平均值 |
|--------|-----------|-----------|--------|----------|--------|
| pH | | | | | |
| DO | | | | | |
| $BOD_5$ | | | | | |
| $COD_{Mn}$ | | | | | |
| 氨氮 | | | | | |
| SS | | | | | |
| 总磷 | | | | | |
| 总氮 | | | | | |
| 石油类 | | | | | |
| LAS | | | | | |
| 动植物油 | | | | | |
| 平均值 | | | | | |

#### 2. 实验结果分析

（1）根据单因子污染指数分析主要污染物，重点污染河段；

（2）结合内梅罗污染指数综合分析所给监测区域水质污染的总体状况。

### 六、注意事项

1. DO 和 pH 单因子污染指数计算时，注意不同使用范围。

2. 内梅罗污染指数计算时，注意不同指标标准浓度限值的取值。

### 七、思考题

利用单因子污染指数法和内梅罗污染指数法评价水质状况有哪些异同之处？

## 实验三　声环境质量现状评价实验

噪声污染是物理性污染的最主要表现形式，属于环境污染的范畴，受到人们的日益重视。开展声环境质量的调查与评价工作，对于防治噪声污染，保障和改善城乡居民正常生活、工作和学习的环境质量有着十分重要的意义。

### 一、实验目的与要求

1. 通过噪声源参数现状数据实例来进行声环境质量评价。

2. 熟悉等声值线图绘制的基本方法。

3. 掌握声环境质量现状调查监测计划的设置方法。

4. 掌握声环境预测软件 EIAN2.0 和 Surfer 绘图软件在声环境质量评价中的应用。

### 二、实验原理

声环境现状调查是声环境评价的重要组成部分，它利用收集资料法、现场调查法和现场测量法对影响声波传播的环境要素、声环境功能划分、敏感目标、现状声源等情况的调查，对声环境质量现状做出精确判断，并采用有效的措施解决噪声污染问题。参照《环境影响评价技术导则　声环境》（HJ 2.4）标准，针对给定评价区域，合理设置声环境现状监测计划。对成都某大学家属区的声环境质量的调查和评价是为了弄清噪声污染形成和变化的原因，找出造成噪声污染的主要根源，并为项目建设提供建议与措施。

### 三、实验仪器

1. 噪声计（HS 6288 型声级计）。

2. 成都某大学家属区卫星图（布置监测点）。

### 四、实验步骤

#### 1. 实验准备

确定评价等级、评价范围、评价因子、评价标准。其中，评价标准参照《声环境质量标准》（GB 3096—2008）和《社会生活环境噪声排放标准》（GB 22337—2008）。

表 1 　《声环境质量标准》（GB 3096—2008）　　　　　单位：dB

| 类别 | | 昼间 | 夜间 |
|---|---|---|---|
| 0 | | 50 | 40 |
| 1 | | 55 | 45 |
| 2 | | 60 | 50 |
| 3 | | 65 | 55 |
| 4 | 4a | 70 | 55 |
| | 4b | 70 | 60 |

表 2 　《社会生活环境噪声排放标准》（GB 22337—2008）　　　　　单位：dB

| 类别 | 昼间 | 夜间 |
|---|---|---|
| 0 | 50 | 40 |
| 1 | 55 | 45 |
| 2 | 60 | 50 |
| 3 | 65 | 55 |
| 4 | 70 | 55 |

#### 2. 监测点设置

在卫星图上标出设置的噪声监测点。

#### 3. 监测方案制定

确定监测时间、监测因子、监测方法、监测范围和监测次数、小组分工。

#### 4. 监测结果分析与评价

结合声环境质量标准和噪声监测结果，分析超标情况。

#### 5. 噪声衰减预测与等声值线绘制

噪声衰减预测采用 EIAN2.0 软件进行模拟，本次模拟中，以采样点监测数据作为点源噪声，进行衰减模拟。

从 EIAN2.0 导出数据，利用 Sufer 软件绘制等声值线图示意如图 1 所示。具体操作参考软件使用手册。

别计算每一种污染物的最大地面浓度占标率 $P_i$（第 $i$ 个污染物），以及第 $i$ 个污染物的地面浓度达标准限值 10% 时所对应的最远距离 $D_{10\%}$。

$$P_i = \frac{C_i}{C_{0i}} \times 100\% \qquad (1)$$

表1　评价等级判断依据

| 评价工作等级 | 评价工作分级判据 |
|---|---|
| 一级 | $P_{\max} \geqslant 10\%$ |
| 二级 | $1\% \leqslant P_{\max} < 10\%$ |
| 三级 | $P_{\max} < 1\%$ |

### 三、实验准备

1．AERSCREEN 计算模型。

2．评价项目区域污染源及项目周边条件基本信息：

（1）污染源排放速率：总量 63 000 m³/h；

（2）烟囱高度：120 m；

（3）烟囱内径：5 m；

（4）排放口温度：293 K；

（5）烟气出口速度：15 m/s；

（6）农村地区；

（7）区域湿度条件：潮湿。

3．某城市生活垃圾环保发电厂污染源污染排放情况。

表2　某城市生活垃圾环保发电厂污染源污染排放情况

| 序号 | 污染物名称 | 单位 | 工业企设计卫生标准 | 项目排放值 |
|---|---|---|---|---|
| 1 | 颗粒物 | mg/m³ | 900 | 30 |
| 2 | HCl | mg/m³ | 50 | 50 |
| 3 | HF | mg/m³ | 20 | 2 |
| 4 | $SO_x$ | mg/m³ | 500 | 200 |
| 5 | $NO_x$ | mg/m³ | 250 | 200 |
| 6 | CO | mg/m³ | 10 000 | 80 |

#### 四、实验步骤

**1. 污染物源强与模型计算**

共选取 6 个大气污染物指标，作为大气环境质量现状调查的指标，具体的污染物、项目排放值和计算得到的污染源强。

**2. AERSCREEN 模型计算**

结合源强数据，输入 AERSCREEN 模型，并将污染源周边相关信息参数输入，输出结果，获得各个污染物的最大落地浓度及影响距离。同时计算出各个污染物对应的 $P_i$ 值。计算出各个污染物在距离范围内的分布情况。

**3. 确定评价等级和评价范围**

通过 AERSCREEN 模型估算出的污染物最大落地浓度和 $D_{10\%}$ 数据确定评价工作等级和评价范围。

**4. 制订大气环境质量监测计划**

（1）监测布点设置：在环保发电厂所在的卫星图上布点（图1），监测点位的设置原则，对于不同评价等级项目合理设置，监测点应当包括评价范围内有代表性的环境空气保护目标。对于地形复杂、污染程度空间分布差异较大，环境空气保护目标较多的区域，可酌情增加监测点位。

**图1　布点卫星图**